省级一流本科专业建设成果教材

简明煤化学

Essentials of Coal Chemistry

丁 健 郭小惠 主编

化学工业出版社

· 北京 ·

内容简介

《简明煤化学》全书共分10章，主要介绍煤的生成、煤岩学基础、煤的结构、煤的工业和元素分析、煤的理化性质、煤的工艺性质、煤转化工艺、煤的分类和煤质评价等知识，以及煤炭工业应用实例。本书的主旨是为学生后续学习煤炭加工与转化等专业课程奠定基础。同时，在生产实践中，判断与指导煤炭的加工和合理利用，有效解决煤炭利用中出现的工艺和设备等问题，培养学生的综合工程能力。此外，有力地支撑炼焦工艺学、煤气化技术、洁净煤技术和化学工艺等后续专业必修课程。

本书可供高等学校尤其是地方应用型大学化学、化工、矿业、煤炭等领域相关专业师生教学和研究使用，也可供从事煤炭开采和高效利用工作的企业技术人员、科研人员参考。

图书在版编目（CIP）数据

简明煤化学 / 丁健，郭小惠主编. -- 北京 : 化学工业出版社，2026. 1. -- （省级一流本科专业建设成果教材）. -- ISBN 978-7-122-49375-0

Ⅰ. TQ530

中国国家版本馆 CIP 数据核字第 2025FR6712 号

责任编辑：丁建华　　文字编辑：高　琼　师明远
责任校对：宋　玮　　装帧设计：刘丽华

出版发行：化学工业出版社
(北京市东城区青年湖南街 13 号　邮政编码 100011)
印　　装：涿州市般润文化传播有限公司
787mm×1092mm　1/16　印张 10¾　字数 299 千字
2026 年 1 月北京第 1 版第 1 次印刷

购书咨询：010-64518888　　售后服务：010-64518899
网　　址：http://www.cip.com.cn
凡购买本书，如有缺损质量问题，本社销售中心负责调换。

定　　价：49.00 元

前言

目前，国内高校的煤化学课程主要面向矿业、化工、能源、环境等专业开设，教学内容涵盖了煤的形成、结构、性质、分类、转化及清洁利用技术等核心知识。研究型高校（如中国矿业大学、太原理工大学等）侧重理论研究和前沿技术；而应用型高校更注重实践教学，结合行业需求培养学生解决实际问题的能力。随着“双碳”目标的推进，课程普遍加强了对煤基新材料、低碳转化和污染控制等内容的讲授，并融入实验、仿真和校企合作等教学手段，以适应当地煤炭相关产业需求，助力学生就业。同时，依传统煤化学教材展开的课程建设整体上仍面临教学内容更新滞后、实践资源不足等挑战，因此迫切需要适应地方应用型高校教学大纲及教学发展的新编教材，不但要适应少课时（40～48 课时及以下）教学，同时还要完成煤化学基本内容的全覆盖，内容深入浅出利于学生理解和掌握，最重要的是以培养煤化工及下游产业的工程人才为目的，突出简洁性和实用性，力求达到适用性和通俗性。

本教材满足“OBE”（成果导向教育）理念指导下的少课时教学使用，同时根据教学大纲和任课教师成熟的讲义精简教材内容，基于真实的生产过程，引入大量煤化工行业标准，将煤炭的性质与应用有机地联系起来，达到与生产实际真正零距离，做到了有的放矢、理论联系实际。本教材立足于本专业学生的实际知识水平和接受能力，既有利于学生们对重点知识的掌握，又有利于教师们对教材的系统讲授，更好地实现煤炭性质的理解和深加工应用的培养目标，也充分符合地方应用型大学的办学宗旨（高水平地方应用型大学，培养高质量的工程应用型人才、服务地方经济发展）。

《简明煤化学》全书共分 10 章，主要介绍煤的生成、煤岩学基础、煤的结构、煤的工业和元素分析、煤的理化性质、煤的工艺性质、煤转化工艺、煤的分类和煤质评价等知识，以及煤炭工业应用实例。本书的主旨在于为学生进一步学习煤炭加工与转化等课程奠定基础。同时，在生产实践中，判断与指导煤炭的加工和合理利用，有效解决煤炭利用中出现的工艺和设备等问题，培养学生的综合工程能力。此外，为炼焦工艺学、煤气化技术、洁净煤技术和化学工艺等后续专业必修课程的学习打下基础。

本书在内蒙古自治区教育科学“十四五”规划 2021 年度课题（NGJGH2021174）和 2025 年度课题（NGJGH2025269）、国家自然科学基金（22062018）、内蒙古自治区高等学校青年科技英才支持计划（NJYT22070）、内蒙古自治区直属高校基本科研业务费项目（2023QNJS064）的资助下完成，可供化学、化工、矿业、煤炭等领域高等学校尤其是地方应用型大学相关专业师生教学和研究使用，也可供从事煤炭开采和高效利用工作的企业技术人员、科研人员参考。

本书由内蒙古科技大学丁健（第 1 章～第 8 章）和郭小惠（第 9 章、第 10 章）主编，全书由丁健统稿。在写作与修改过程中，承蒙赫文秀教授的审核与悉心指导，同时得到了内蒙古科技大学有关部门的大力支持和煤化学化工教学团队（于戈文、徐喜民、周晨亮、王玉清、王延铭、王聪、邱恒睿、马腾飞）的全力协作，在此深表感谢。此外，编写过程中参考了国内外相关文献，在此谨向各位作者表示由衷的感谢。

因学术水平和时间所限，书中疏漏与不足之处在所难免，敬请读者批评指正。

编者
2025 年 8 月

目录

绪 论

0.1 煤炭——我国主要能源和日益重要的化工原料

我国煤炭资源丰富，自从1989年煤炭产量超过10亿吨后，我国煤炭产量一直稳居世界第一。2024年，全国原煤产量达到47.6亿吨。中国和印度、南非等是世界上少数几个以煤炭为主要能源的国家，煤炭消费曾经占一次能源消费的70%以上。近年来，随着国家能源战略的调整，煤炭在一次能源中的比例逐步下降，并逐渐转变为重要的基础化工原材料。如2005年，煤炭在能源结构中的比例为63%～64%，2010年为59%～60%，2023年维持在53.8%左右（见表0-1）。

表0-1 2023年世界主要国家一次能源消费结构

国家	石油/%	天然气/%	煤炭/%	核能/%	水能/%	可再生能源/%	能量总计/EJ
中国	19.2	8.5	53.8	2.3	6.7	9.4	170.74
美国	38.0	33.8	8.7	7.8	2.3	9.3	94.28
澳大利亚	36.0	23.9	25.1		2.3	12.6	6.02
法国	31.9	14.1	2.1	35.0	6.0	11.0	8.66
德国	35.1	23.8	16.0	0.5	1.6	22.8	11.41
英国	38.7	32.9	2.6	5.3	0.7	19.9	6.95
俄罗斯	23.0	52.2	12.2	6.2	6.0	0.3	31.29
加拿大	31.2	31.2	2.7	5.7	24.4	4.9	13.95
日本	38.2	19.1	26.1	4.0	4.0	8.6	17.4
韩国	43.1	17.4	21.6	13.0	0.2	4.5	12.43
印度	27.1	5.8	56.3	1.1	3.6	6.1	39.02
巴西	36.8	7.8	4.1	0.9	28.9	21.4	13.87
南非	22.5	3.5	68.7	1.6	0.4	3.7	4.85

注：数据摘自英国能源研究院发布的《世界能源统计年鉴2024》。

我国煤炭利用方式的改变，是因为火力发电、金属冶炼、燃烧供暖等传统煤炭资源利用方式所带来的环境压力和经济效益低下等弊端日益凸显。重要的是水电、风电、太阳能发电、核电等新能源技术的快速发展和国家对此的政策倾斜，限制了火电的发展。而全球各国对CO_2等温室气体减排的要求，更极大地挤压了煤炭的利用空间。因此，大力发展新型煤化工技术，即以煤炭作为基本原料就地生产其他化工原料或高附加值的化工产品，改变传统的高能耗、低资源利用率的经济增长模式，提升资源利用效率，缓解我国经济社会发展中的重大瓶颈如环境污染等所带来的问题，符合我国产业结构性调整和经济增长方式转变的基本国策。

0.2 我国煤炭资源储量及分布

根据国际能源署（IEA）近年来的统计，中国煤炭探明储量位居世界前列，但人均占有量低于世界平均水平。

根据自然资源部发布的《中国矿产资源报告（2023）》数据显示，我国煤炭探明储量基础庞大。然而，由于地理条件、地质构造等因素制约，其中易于经济开发的资源比例有限，煤炭后备资源，特别是可供新建矿井的优质储量相对不足。

从全国煤炭资源分布看（表 0-2），煤炭产地多远离经济发达地区和煤炭主要消费地。除上海市外其他省、市、自治区都有探明煤炭储量，但分布极不均衡。总体格局呈现明显的北多南少、西多东少的特点。北方地区，尤其是山西、新疆、内蒙古、陕西四省（区）的探明储量占据了全国的绝大部分；而经济发达的东部沿海各省（区）的资源量则非常有限。

表 0-2　全国各省市煤炭资源分布

省(区)	煤炭储量/亿吨	占全国比例/%	省(区)	煤炭储量/亿吨	占全国比例/%
山西省	494.2	23.8	安徽省	59.9	2.9
新疆维吾尔自治区	364.4	17.5	宁夏回族自治区	56.9	2.7
内蒙古自治区	327.0	15.7	河南省	45.0	2.2
陕西省	310.6	14.9	甘肃省	41.4	2.0
贵州省	134.9	6.5	其他省(区)	170.5	8.2
云南省	74.1	3.6	全国总计	2078.9	100

0.3 煤化学的内容及其在煤炭利用中的作用

煤化学是研究煤的生成、化学和岩相组成、分子和孔隙结构、性质、分类以及它们之间相互关系的学科。从广义上说，其研究内容还包括煤炭转化工艺及其过程机理。煤化学起源于工业革命时期的 18 世纪末。工业革命对煤炭的需求，提出了对煤炭的来源、性质等基本问题进行系统研究的需要。19 世纪 30 年代至 20 世纪初，元素化学的兴起促成了煤岩学的诞生。而煤岩学的发展促进了对煤的生成、组成、性质以及煤炭应用的更深入研究。如今，基本化学手段和显微镜等先进技术的联合应用，在煤炭研究和指导煤炭应用方面发挥着重要的作用。

煤的组成和结构复杂且极不均匀。从组成上看，煤炭是由**上千种有机物**和**几十种无机物**组成的复杂混合物。其中有机物是煤炭利用和研究的主体，而从传统角度来看无机物在这之中是不利甚至有害的（不过随着目前对煤炭综合利用的深入研究，很多煤炭已成为部分无机物的重要资源载体）。然而迄今为止，对煤中有机物的种类及其分子结构仍未完全了解。此外，煤的组成和性质受多种因素的影响，如成煤植物的种类、植物遗体积聚的环境（气候因素、水体因素、地质因素、地理位置等）、埋藏深度、地壳运动、沉积时间、地下水质及水流等。

虽然煤的分子结构是阻碍对煤认识的最大难题，但借助大量先进的分析仪器如 X 射线衍射、计算机断层扫描和 X 光电子能谱等对煤的分子结构的研究和认识有了很大的进步。

煤化学是多学科领域融合的综合性学科，即以化学为基础，利用地球化学、地质学、地理学、沼泽学、微生物学、高分子学、电化学、表面化学、胶体化学、煤岩学等学科，对煤的基础科学和应用问题进行交叉分析和研究。

煤的组成和性质是煤化学研究的核心，也是指导煤炭加工利用的基础：

① 煤炭分选工艺：须知原煤的变质程度、密度、灰分、硫分和矿物质与煤的结合情况等指标。

② 粉煤成型工艺和配方：须知原煤的密度、粒度、挥发度、灰分、水分和硫分等指标。

③ 动力煤配煤工艺和配方：须知原料煤的密度、粒度、挥发度、灰分、水分、硫分、发热量和灰熔点等指标。

④ 水煤浆制浆工艺和添加剂的用量：须知原料煤的密度、粒度、灰分、挥发度、水分、硫分、发热量、灰熔点和表面性质等指标。

⑤ 煤炭燃烧设备的选择：须知原料煤的黏结性、粒度、灰分、挥发度、水分、硫分、发热量和灰熔点等指标。

⑥ 煤炭气化工艺：须知原料煤的粒度、灰分、挥发度、水分、元素组成、发热量、灰熔点、灰黏度、黏结性、反应性和结渣性等指标。

⑦ 煤炭液化工艺：须知原料煤的粒度、灰分、挥发度、水分、元素组成、矿物组成和黏结性等指标。

⑧ 煤炭焦化工艺：须知原料煤的灰分、水分、硫分、挥发度、矿物组成和黏结性等指标。

⑨ 煤基碳素耐火材料的制造：须知原料煤的粒度、灰分、挥发度、水分、硫分和矿物组成等指标。

⑩ 电极糊的制造：须知原料煤的粒度、灰分、挥发度、水分、硫分、导电性和矿物组成等指标。

⑪ 活性炭、炭分子筛等炭质吸附剂的制造：须知原料煤的粒度、灰分、挥发度、水分、硫分和矿物组成等指标。

⑫ 对特殊工艺来说，要求的性质可能更多，如煤的导电性、磁性质、热性质和煤的岩相组成等。

0.4 本书内容及编写原则和教材特色

根据“OBE”（outcome-based education，成果导向教育）理念，学校办学定位来自社会经济发展的需求，这样毕业生既能满足社会经济发展的需求，又可通过服务社会促进社会经济发展，验证学校办学定位和专业培养目标，促进其持续改进。内蒙古科技大学化学工程与工艺专业是自治区级“双一流”学科，该专业以煤化工与绿色综合利用及其下游应用为重点方向，专业建设和人才培养质量已达到自治区一流水平。此外，该专业于 2019 年通过教育部高等教育教学评估中心和中国工程教育专业认证协会的考核，成为内蒙古自治区化工类专业中唯一通过工程认证的专业。

内蒙古原煤产能连年居全国首位，迫切需要大力发展新型煤化工技术，即以煤炭作为基本原料生产其他化工原料或高附加值的化工产品，解决因巨大的煤炭产能所带来的环境和社会问题，同时改变传统的高能耗、低资源利用率的经济增长模式，提升资源利用效率，增加科技含量，符合把内蒙古建成保障首都、服务华北、面向全国的清洁能源输出基地和全国重要的新型煤化工基地。抓住国家实施石油替代战略、推进煤炭清洁高效利用的政策机遇，引导企业以煤为基、多元转化，走资源加工增值之路。内蒙古自治区现代煤化工产业呈蓬勃发展之势，对化工人才的需求大幅提升。然而，一边是企业对煤化工人才的迫切需求，另一边却是化工类毕业生的专业素养不能满足企业对人才的需求。对于煤制油、煤制乙二醇和煤化工下游产业如煤基聚氯乙烯（polyvinyl chloride，PVC）、乙炔基 1,4-丁二醇（1,4-butanediol，BDO）及可降解塑料等，新兴煤化工企业需要高度专业复合型人才，而地方应用型大学化工专业毕业生在固有模式的培养下，缺少相关工程能力的培养和训练，导致缺乏工程思维和工程态度、遇到复杂工程问题则束手无策、就业对口度不高、岗位胜任能力不足，因此仅仅在传统化工企业中的中控室、分析化验室、生产巡检等岗位就业。**所以，亟需对该类人才培养涉及的煤化学课程进行改革，编写适应煤炭产业形势和地方应用型大学学生特点的教材，训练并提高学生解决煤化工过程中涉及的复杂工程问题的能力，符合工程教育理念的要求。**

煤化学是地方应用型大学化学工程与工艺专业的重要专业课程，是化工、能化（能源化学工程）、矿业等专业学生完成课程设计和毕业设计的重要基础，同时也是完成本专业培养目标的重要支撑课程。煤化学课程教学应重点关注煤的形成原理和过程、煤的结构特性、煤的岩相和化学组成及其带来的特点、煤的理化性质、煤的工艺性质及与之相关的应用途径和基于煤炭实际生产应用的分类原则、方法等知识，为学生进一步学习煤炭加工与转化等技术与工艺奠定丰厚的理论基础。在生产实践中，能够针对性地判断与指导煤炭加工和合理利用方式，同时有效解决煤炭利用中出现的工艺和设备问题，最终达到培养学生综合工程能力的目的。此外，煤化学课程还有力地支撑后续专业课程如炼焦工艺学、煤气化技术、洁净煤技术和化学工艺等。

本教材与现有教材的主要区别如下：

① 压缩煤化学课程中原有的关于成煤演变和煤质分析等概念性内容，结合目前实际情况（企业对煤化工人才专业素养和解决复杂工程问题的需求），适当增大煤化工内容的比重和深度，针对新增的煤化工所涉及的煤制乙二醇和乙醇、煤制油、煤气化、煤基 PVC 和煤基可降解塑料等内容，查找和收集相关资料；项目实施人员编写少课时《简明煤化学》教材，融入地方性、特色性的内容，因地制宜、因材施教，利用有限课时开展课程教学，达到培养学生工程思维和工程态度的目的。

② 针对少课时教学的不利因素，有的放矢，精简煤化学课程内容（减少通识类内容，增大关于煤炭性质和应用内容，尤其突出二者的相互联系），着力培养学生解决实际煤化工工程问题的能力。

③ 增加案例分析、探究式教学等，弥补作业和项目设计的不足，强调师生和学生间的交流、互动，加强知识点应用、思维训练和提升解决复杂工程问题的能力。但案例设计中的每项内容都需要在新编教材中体现出与细化知识点或与能力点相对应的内容。

本教材的主要特色：

① 适应少课时（40～48 课时及以下）教学，同时实现对煤化学基本内容的全覆盖。

② 立足于普通地方院校学生的知识水平和接受能力，教材内容深入浅出，利于学生理解和掌握，同时适当增加案例教学内容促进教学。

③ 立足于学校培养高技能工程复合型人才、服务地方经济发展的要求，本教材更加注重理论联系实际，重点阐述煤炭生成对其结构、性质的影响，突出性质-应用的对应关系，指导和启发学生对煤炭应用的各种影响因素乃至决定性影响因素的认识。因此本教材更加注重培养学生的实践能力和创新能力，为学生提高岗位胜任度和解决煤化工领域复杂工程问题的能力、拓宽将来的职业道路打下坚实的基础。

● 课后题

0-1　简述我国与世界主要国家能源构成的区别和特点。

0-2　简述我国煤炭资源的储量及分布的特点。

0-3　简述煤化学的特点和主要内容。

0-4　煤炭利用的方式有哪些？

第1章 煤的生成

煤是植物遗体经生物化学作用后又经物理化学作用而转变成的沉积有机矿物，也是由多种高分子化合物和矿物质组成的混合物。从植物死亡、堆积到转变为煤的一系列复杂的演变过程称为“成煤作用”。煤与煤之间的性质千差万别，不仅不同煤田，即使是同一煤田中不同煤层的煤质差异也很大；同一煤田同一煤层不同地点采的煤样，其煤质也有较大的差别；甚至同一煤田同一煤层同一地点将煤层从上到下分成若干分层采样，各层煤质也有差别。这与成煤物质、成煤环境和成煤作用有关。

1.1 地质年代中的主要聚煤期

自从地球上出现植物，便有了成煤的物质基础。但由于在地球亿万年历史中气候和环境的不同，植物的繁盛程度和演化程度也不同。加之地质和水文等条件的影响，各时期聚煤作用的强弱有很大差异。如表 1-1 所示，几个聚煤作用较强的时期是：

新生代：古近纪—新近纪；

中生代：晚三叠世、早—中侏罗世、晚侏罗世—早白垩世；

晚古生代：早石炭世、晚石炭世—早二叠世、晚二叠世；

早古生代：早寒武世。

高等植物形成的煤为“腐植煤”，低等植物形成的叫“腐泥煤”，而高等植物、低等植物共同形成的称为“腐植腐泥煤”。上述 8 个聚煤期中，早寒武世属于菌藻植物时代，形成腐泥无烟煤；其他 7 个聚煤期均以腐植煤为主，其中晚石炭世—早二叠世、晚二叠世、早—中侏罗世和晚侏罗世—早白垩世 4 个聚煤期的聚煤作用更强。

表 1-1 地质年代表

代	纪	世	距今时间/亿年	开始繁殖时期	
				植物	动物
新生代	第四纪	全新世			古人类出现
		更新世	0～0.018		
	新近纪	上新世			
		中新世	～0.236	被子植物大量繁殖，为成煤提供原始物质	
	古近纪	渐新世			
		始新世			
		古新世	～0.66		哺乳动物
中生代	白垩纪	晚白垩世			
		早白垩世	～1.442		
	侏罗纪	晚侏罗世		被子植物	
		中侏罗世			
		早侏罗世	～2.03		
	三叠纪	晚三叠世		裸子植物极盛，为成煤提供原始物质	
		中三叠世			
		早三叠世	～2.51		爬行动物

续表

代		纪	世	距今时间/亿年	开始繁殖时期	
					植物	动物
古生代	晚古生代	二叠纪	晚二叠世 中二叠世 早二叠世	~2.98	裸子植物	两栖动物
		石炭纪	晚石炭世 早石炭世	~3.54	孢子植物极盛，为成煤提供原始物质	
		泥盆纪	晚泥盆世 中泥盆世 早泥盆世	~4.10		
	早古生代	志留纪	顶志留世 晚志留世 中志留世 早志留世	~4.40	裸蕨植物	鱼类
		奥陶纪	晚奥陶世 中奥陶世 早奥陶世	~4.96		
		寒武纪	晚寒武世 中寒武世 早寒武世	~5.45	海藻大量繁殖，为石煤的形成提供原始物质	无脊椎动物

1.2 成煤物质

成煤物质是形成煤的原始物质，包括高等植物、低等植物和浮游生物。本节主要介绍植物的演化及其组成和成煤物质对煤炭性质的影响。

1.2.1 植物的演化及其组成

植物演化经历了5个阶段，这些阶段与煤的形成和聚集有直接的关系。最早出现的是由单细胞或多细胞组成的丝状或叶片状低等植物，没有根、茎、叶等器官的分化（如菌类和藻类等）。藻类大多生活在水中，而菌类的生存环境十分广泛，后演化为具有根、茎、叶等器官分化的高等植物（如苔藓、蕨类、裸子和被子植物等）。除苔藓外，高等植物均能形成高大的乔木，且具有粗壮的根和茎，成为重要的成煤物质。

无论高等还是低等植物，其基本组成单元都是细胞。植物细胞由细胞壁、细胞核和细胞质构成。细胞壁的主要成分是纤维素、半纤维素和木质素，而细胞质的主要成分是蛋白质和脂肪，不过高等植物细胞的细胞质含量较低。茎是高等植物的主体，其外表面被角质层和木栓层的表皮所包裹，内部为形成层、木质部和髓心。高等植物除了根、茎、叶外，还有孢子和花粉等繁殖器官和功能组分。从化学组成看，高等植物的有机组成可以分为4类：

（1）糖类及其衍生物

① 纤维素：是一种高分子碳水化合物，其链式结构可用通式 $(C_6H_{10}O_5)_n$ 表示（图1-1）。植物死亡后，好氧细菌通过纤维素水解酶的作用可将纤维素水解为单糖，单糖进一步氧化分解为 CO_2 和 H_2O；当成煤环境缺氧时，厌氧细菌使纤维素发酵生成 CH_4、CO_2、

C_3H_7COOH 等中间产物，参与煤化作用。但无论水解产物还是发酵产物，它们都可能与植物的其他分解产物作用形成更复杂的物质并参与成煤。

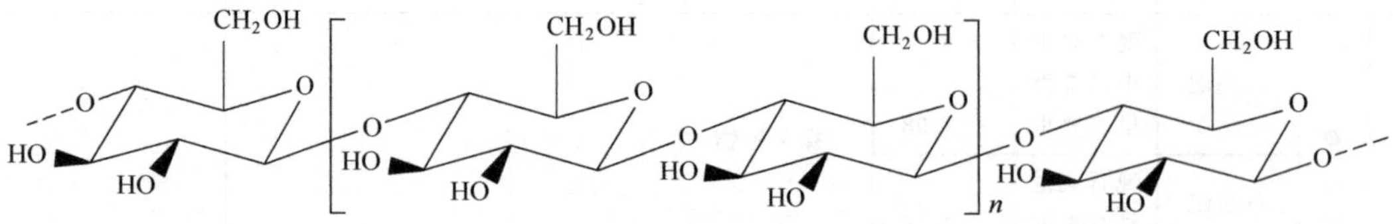

图 1-1　纤维素的分子结构

② 半纤维素：结构多种多样，也能在微生物的作用下分解成单糖。

③ 果胶质：糖类衍生物，以果冻状存在于植物的果实和木质部中。果胶分子中有半乳糖醛酸，故呈酸性。果胶质不太稳定，在泥炭形成的开始阶段，可在生物化学作用下水解成一系列的单糖和糖醛酸。

（2）木质素

木质素是成煤物质中**最主要的有机成分**，主要分布于高等植物的细胞壁中，包围着纤维素并填满其间隙。其组成因植物种类的不同而异（表 1-2），但一般具有一个芳香核，带有侧链并含有—OCH_3、—OH、—O—等多种官能团。木质素的单体以不同的连接方式连接成三维空间的大分子，因而比纤维素稳定，不易水解。但在富氧情况下，经微生物作用会氧化成芳香酸和脂肪酸。

表 1-2　木质素的三种不同类别的单体

项目	植物种类		
	针叶树	阔叶树	禾本
单体名称	松柏醇	芥子醇	γ-香豆醇
结构式	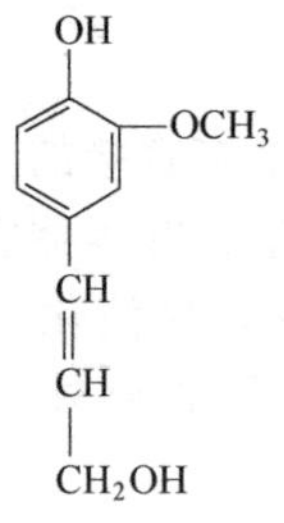	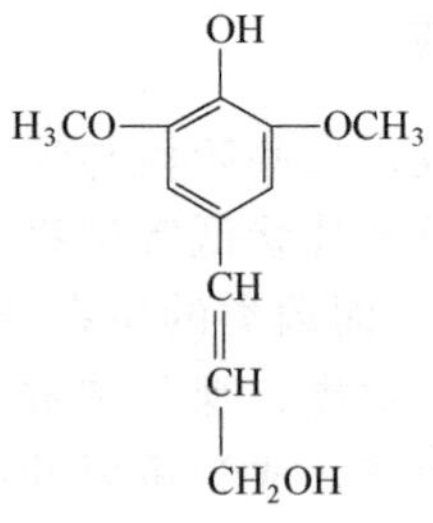	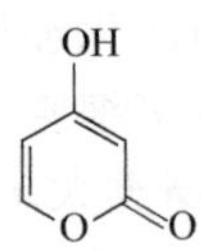

（3）蛋白质

蛋白质是构成植物细胞原生质的主要物质，由多种氨基酸分子按照一定的排列规律缩合，以肽键相连而成的具有多级复杂结构的高分子化合物（图 1-2）。蛋白质分子量在 10000 以上，一般含有羧基、氨基、羟基、二硫键等。煤中含有的氮和硫元素与植物的蛋白质有关。

（4）脂类化合物

脂类化合物包括脂肪、蜡质、角质、木栓质和孢粉素等，通常不溶于水，而溶于苯、醚和氯仿等有机溶剂。该类化合物的共同特点是化学性质稳定，因此能较完整地保存在

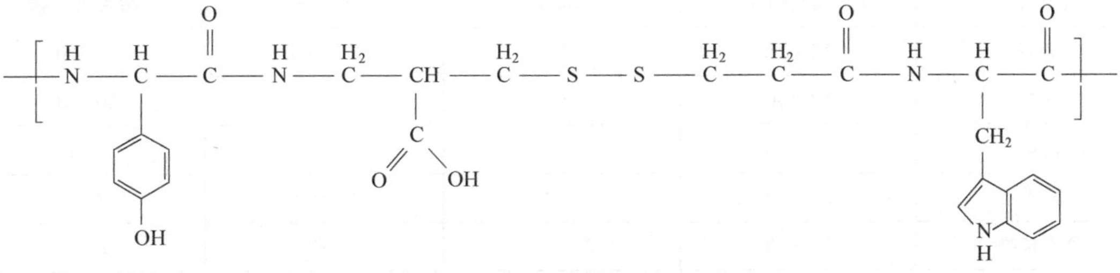

图 1-2　蛋白质片段的化学结构

煤中。

① 脂肪：植物脂肪（如花生油、大豆油）主要由不饱和脂肪酸构成，其化学结构包含甘油与三个脂肪酸分子形成的甘油三酯，如三软脂酸甘油酯（图 1-3）。低等植物含脂肪较多，如藻类含脂肪可达 20%，高等植物一般仅含 1%～2%，且多集中在植物的孢子或种子中。脂肪受生物化学作用水解后生成脂肪酸和甘油参与成煤。

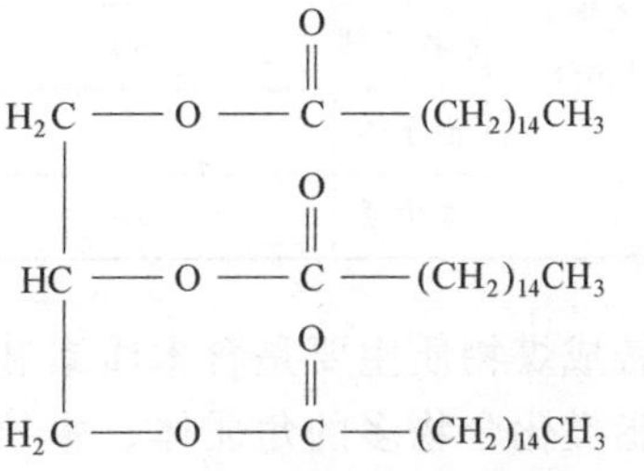

图 1-3　三软脂酸甘油酯的结构式

② 蜡质：常以薄层覆盖于植物的叶、茎和果实表面，主要是由长链脂肪酸和含有 24～36（或更多）个碳原子的高级一元醇形成的脂类，其化学性质比脂肪更稳定。

③ 角质：一般存在于植物的叶、嫩枝、幼芽和果实的表皮覆盖物中，主要是含有 16～18 个碳原子的角质酸，是脂肪酸脱水或聚合的产物。

④ 木栓质的主要成分是 ω 羟基脂肪酸（长链亚甲基羟基脂肪酸［$CH_2OH(CH_2)_nCOOH$］）、二羧酸以及其他碳原子数大于 20 的长链羧酸和醇类。

⑤ 孢粉素是构成植物繁殖器官孢子花粉外壁的主要有机成分，具有脂肪-芳香族网状结构。其化学性质稳定、耐酸碱且不溶于有机溶剂，并在较高的温度下不分解。

除上述 4 类有机化合物外，植物中还有少量鞣质、色素和树脂等。鞣质（又称单宁）是由芳香族化合物如单宁酸、没食子酸、鞣花酸等混合而成的，并具有酚的特性。鞣质浸透了老年木质部细胞壁和种子外壳。许多树皮中鞣质高度富集，如红树皮中鞣质达 21%～58%。鞣质具有抗腐性，难以分解。而色素是植物内贮存和传递能量的重要因子，含有与金属原子结合的吡咯化合物结构。树脂是植物生长过程中的分泌物，高等植物中的针状物含树脂较多。树脂是混合物，其成分主要是二萜和三萜类的衍生物。在树脂中存在的典型树脂酸有松香和右旋海松酸，因具有不饱和性，可发生聚合反应。

1.2.2　成煤物质对煤炭性质的影响

如表 1-3 所示，成煤物质种类不同，其各有机组分的含量也不同。低等植物中木质素很少且蛋白质和脂肪含量较高，而高等植物则以糖类和木质素为主。而且，相同植物不同部分的有机组分含量也不同。不论高等植物还是低等植物甚至微生物，都是成煤的原始物质，它们的各种有机组成都可通过各种途径参与成煤，因此使得煤具有高度复杂性。

表 1-3　成煤物质的主要有机组分含量　　单位：%

成煤物质		糖类及其衍生物	木质素	蛋白质	脂类化合物
细菌		12～28	0	50～80	5～20
绿藻		30～40	0	40～50	10～20
苔藓		30～50	10	15～20	8～10
蕨类		50～60	20～30	10～15	3～5
草本植物		50～70	20～30	5～10	5～10
松柏及阔叶树		60～70	20～30	1～7	1～3
木本植物的不同部分	木质部	60～75	20～30	1	2～3
	叶	65	20	8	5～8
	木栓质体	60	10	2	25～30
	孢子体	5	0	5	90
	原生质	20	0	70	10

若成煤物质主要是含木质素和纤维素的根、茎等组织，则煤中氢含量较低；若成煤物质是含脂类化合物多的角质体、木栓质体以及树脂体、孢子体等，则煤中的氢含量增高；若成煤物质由藻类组成，则煤的氢含量更高。所以成煤物质是影响煤炭性质及其加工利用的重要因素之一（见表 1-4）。

表 1-4　成煤物质的有机组分及其元素组成

有机组分	元素组成/%			
	C	H	O	N
纤维素	44.4	6.2	49.4	—
木质素	62.0	6.1	31.9	—
蛋白质	53.0	7.0	23.0	16.0
脂肪	77.5	12.0	10.5	—
蜡质	81.0	13.5	5.5	—
角质	61.5	9.1	9.4	—
树脂	80.0	10.5	9.0	—
孢粉素	59.3	8.2	32.5	—
鞣质	51.3	4.3	44.4	—

1.3 成煤环境

植物遗体不是在任意情况下都能堆积并转变为泥炭的，而是需要一定条件的，具备这样条件的场所就是沼泽。

1.3.1 泥炭沼泽的起源

煤层通常由沉积在沼泽中的泥炭形成。沼泽是常年积水或极其潮湿的地段，内有大量植物生长。植物死亡后遗体堆积并被沼泽水覆盖，与氧不完全隔绝后减少了植物体的氧化分解，经过生物化学作用，即可转变为泥炭。泥炭沼泽的形成取决于古植物、古气候、古地理、大地构造（古结构）等因素。

① 古植物：植物演化到一定阶段，高大的木本植物繁殖堆积，才可形成广泛的、有工业意义的煤层。

② 古气候：植物在适宜的温度，尤其是湿度下生长发育为泥炭沼泽并形成泥炭层。气温既可影响植物繁殖速度，也可影响植物遗体分解速度。

③ 古地理：提供成煤的场所——由于海退或海浸形成常年积水的洼地，有利于泥炭和腐泥的富集。

④ 大地构造：缓慢而均匀的地壳运动利于成煤作用，但植物的堆积和地壳沉降的平衡，决定泥炭层形成的厚度。

以上 4 个条件中，大地构造（古结构）通常起主导作用，不但在区域上决定了海水进退，局部调节微地貌和水文条件，还影响古气候和古地理。而古植物等古生物的大量繁殖又是在合适的古气候、古地理条件下产生的（见图 1-4）。

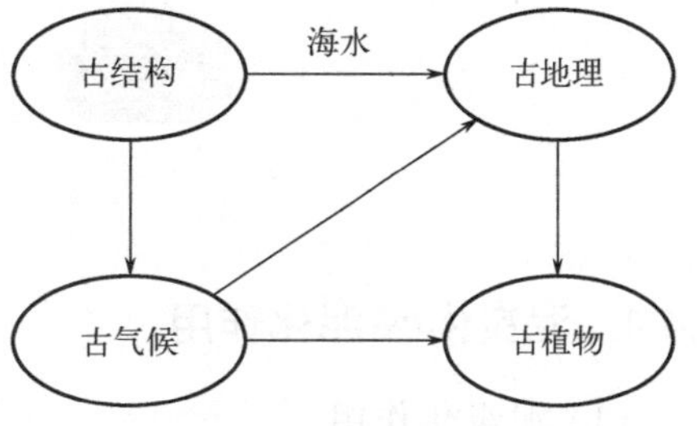

图 1-4　泥炭沼泽形成条件的关系

1.3.2　沼泽分类

沼泽可在浅海的滨岸、水上三角洲、山间盆地、湖泊、冲积扇前缘和河漫滩阶地等处形成。根据水分补给来源的不同，可分为低位沼泽（地下水补给）、高位沼泽（大气降水补给）、中位沼泽或过度沼泽（两者均有补给）；根据沼泽距离海岸的远近，可分为近海泥炭沼泽和内陆泥炭沼泽；根据沼泽内的植物群，可分为草本泥炭沼泽和木本泥炭沼泽；根据水介质的含盐度，又可分为淡水沼泽、半咸水沼泽和咸水沼泽。

1.3.3　煤相的发育

所谓“煤相”，即为一定环境下所形成并沉积泥炭物质的表现，是煤的原始成因类型。煤相是通过煤的显微组分、矿物组分（显微煤岩类型组合）、某些化学参数（如硫、氮的含量和镜质组的氢碳比）以及某些结构特征来表现的。它也反映了不同的工艺类型。因此，可分为陆地森林沼泽煤相、森林沼泽煤相、芦苇沼泽煤相和开阔水体沼泽煤相。

决定煤层的原始性质或煤相的因素有：形成泥炭的植物群落、堆积方式（原地生成/异地生成）、沉积环境（浅沼/湖沼/微咸水-咸水/富含钙质水）、养分供给（富养分/贫养分）、硫供给、泥炭的温度、细菌活动性、氧化还原电位（好氧/厌氧）和 pH 值。

1.4　成煤过程

由植物转化为煤要经历复杂而漫长的过程，逐步由低级向高级转化，即：**植物→泥炭（腐泥）→褐煤→烟煤（长焰煤、气煤、肥煤、焦煤、瘦煤、贫煤）→无烟煤**。整个成煤作用过程大致可划分为两个阶段，即泥炭化作用阶段（或腐泥化作用阶段）和煤化作用阶段（图 1-5）。煤化阶段又分为成岩作用（泥炭变为褐煤）和变质作用（褐煤变为烟煤和无烟煤）两个连续的过程。

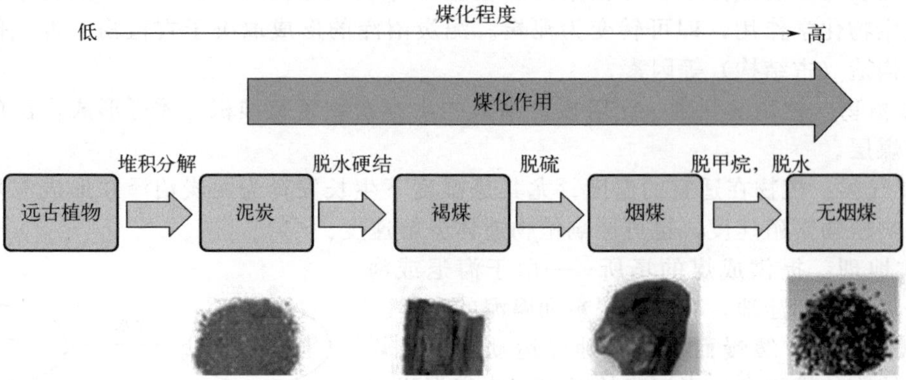

图 1-5　成煤过程概览

1.4.1　泥炭化/腐泥化作用

（1）泥炭化作用

植物死亡后，在**生物化学作用**下变成泥炭的过程称为泥炭化作用。植物中所有的有机组分和泥炭沼泽中的微生物都参与了此过程，而且各种组分对形成泥炭与泥炭进一步转变成煤的过程均有影响，并在不同程度上决定着煤的性质。泥炭化过程中的**生物化学**作用分为两个阶段：①植物遗体中的有机化合物经氧化分解和水解后，转化为化学性质活泼的简单化合物；②紧接着，分解产物相互作用后进一步合成新的稳定的有机化合物（如腐植酸、沥青等）。

泥炭沼泽分为氧化环境表层、中间层和还原环境底层。泥炭沼泽氧化环境表层空气流通、温度高，又有大量有机质，有利于微生物（如好氧细菌、放线菌和真菌等）的生存。植物的氧化分解和水解主要在该层进行，因而氧化环境表层又称为泥炭形成层。随着深度的增加，上述细菌数量减少，而厌氧细菌增多（其消耗了有机质中的氧，留下富氢残留物）。总之，微生物在作用过程中消耗了部分有机组分，剩余部分则被转化成新的化合物。

植物中各有机组分都可通过微生物分解。例如：好氧细菌通过纤维素酶的催化作用，将纤维素水解成单糖并最终分解为二氧化碳和水；但当环境逐渐缺氧时，纤维素、果胶质又在厌氧细菌作用下发酵并形成甲烷、二氧化碳、氢气、丁酸、醋酸等中间产物，进而参与泥炭化作用；脂肪经微生物分解出脂肪酸，脂肪酸再进一步氧化为二氧化碳和水；蛋白质在无芽孢杆菌等好氧细菌的作用下最终分解为水、氨、二氧化碳及硫、磷的氧化物等，在分解过程中也可以生成氨基酸、卟啉等含氮化合物参与泥炭化作用；木质素虽然比较稳定，但也能被特定的真菌和芽孢菌等缓慢分解，形成简单的酚类化合物，随后其芳香环被细菌破坏并形成脂肪族产物，最终分解为水和二氧化碳。

植物各有机组分抵抗微生物分解的能力是不同的，如把植物遗体埋在土壤中，若干时期后，在微生物的分解作用下，糖类消失 99%以上，半纤维素消失近 75%，木质素消失约 50%，蜡质消失可达 25%，而有机酸仅消失 10%左右。故按稳定性来看，最易分解的是原生质，其次是脂肪、果胶质、纤维素、半纤维素，再次是木质素和木栓质，最后是具有抗微生物分解能力的角质、孢粉素、蜡质和树脂。

由此可见，如果氧化分解彻底，植物有机组分将全部变为气态或液态产物而逸出，就无法形成泥炭。但实际上泥炭沼泽中植物遗体的氧化分解作用往往并不充分，原因如下：

① 泥炭沼泽覆水和植物遗体堆积厚度的增加，使正在分解的植物遗体逐渐与大气隔绝。

② 植物分解和微生物新陈代谢产生的酸性产物使沼泽水的 pH 值减小甚至变为酸性，不利于好氧细菌的生存。所以酸性越强，细菌越少，有机组分保存得越完好。

③ 有些植物本身具有防腐和杀菌的成分，使植物不至于完全分解。

随着植物遗体分解，泥炭层底部由氧化环境逐步变为还原环境，分解作用逐渐减弱。同时，在厌氧细菌的参与下，分解产物之间或与植物遗体之间的相互作用开始占主导地位。此时存在的大量活泼官能团（羰基、羟基、羧基以及活泼的 α-氢等）相互作用和反应，导致一系列新产物的出现，最主要的产物就是腐植酸和沥青质。如表 1-5 所示，植物转变为泥炭后，所含蛋白质消失，木质素、半纤维素和纤维素等在泥炭中含量也较少，取而代之的是产生大量植物中没有的腐植酸；在元素组成上，泥炭中的碳含量和氮含量较植物显著增高，而氧含量则减少。

表 1-5　植物与泥炭化学组成的比较　　　　单位：%

植物与泥炭	元素组成				有机组成				
	C	H	N	O+S	纤维素/半纤维素	木质素	蛋白质	沥青 A	腐植酸
莎草	47.2	5.6	1.6	39.4	50.0	20～30	5～10	5～10	0
木本植物	50.1	6.2	1.0	42.1	50.6	20.30	1～7	1～3	0
桦川草本泥炭	55.9	6.3	2.9	35.0	19.6	0.7	0	3.5	43.6
合浦木本泥炭	65.5	6.5	1.2	26.7	0.9	0.4	0	0	42.9

泥炭是呈棕褐色或黑褐色的不均匀物质，因具有胶体的特征，能将水吸入其微孔结构而本身并不膨胀，所以含有大量的水分（70%～90%），经自然干燥后，其水分可降至 25%～35%，体积约缩小 40%。**泥炭中碳水化合物含量很高，这是泥炭的主要特征**。其有机组成主要包括：

① 腐植酸：泥炭最主要的成分，是由高分子羟基芳香羧酸组成的复杂混合物，显酸性，溶于碱性溶液而呈黑色。腐植酸是一种无定形高分子胶体，能吸水膨胀。

② 沥青质：由合成作用形成，也可以由树脂、蜡质、孢粉素等转化而来，溶于有机溶剂。

③ 未分解或部分分解的纤维素、半纤维素、果胶质和木质素等。

④ 变化微弱的稳定组分，如角质、树脂和孢粉素等。

⑤ 各种保存了完整细胞结构的植物组织碎片（显微镜下可见）。

泥炭可用作燃料或进行低温干馏而制取液体燃料和多种化学品，尤其是提取其中的腐植酸制成腐植酸肥料乃至一些高端精细化学品。我国的泥炭产地遍布全国各地，是很重要的碳资源。

(2) 腐泥化作用

在滞水和缺氧的环境中，浮游生物、菌类和低等植物死亡后的分解产物相互作用并沉入水底，通过厌氧细菌的作用，使其中的蛋白质、碳水化合物、脂肪等分解后又经聚合和缩合作用，形成含水量较大的棉絮状胶体物质，该物质经进一步变化、去水致密后逐渐形成腐泥。在还原环境下，由低等植物转变为腐泥的作用，称为腐泥化作用。

腐泥通常呈黄色、暗褐色和黑褐色，其含水量很高（达 70%～92%），是一种粥状流动或冻胶淤泥状物质，风干后含水量可降至 18%～20%，成为具有弹性的橡皮状物质。由于部分腐泥常混有细小的泥质和砂质颗粒，其灰分可高达 20%～60%。森林沼泽深水地带形成的腐泥灰分很低，用于干馏时，焦油产率很高；高灰分（超过 40%）的腐泥煤类似于油页岩，含油率甚至可以高于 3.5%。

1.4.2 煤化作用

当泥炭化/腐泥化作用阶段结束后，泥炭/腐泥进入了煤化作用阶段，最终可能转变为褐煤、烟煤乃至无烟煤（表 1-6）。煤化作用包括先后进行的成岩作用和变质作用。由于煤对温度敏感的特点，根据化学组成和物理结构在煤化过程中的变化，将煤划分出若干个煤化阶段。

表 1-6 煤化过程中四类物质的主要特征比较

特征	泥炭	褐煤	烟煤	无烟煤
颜色	棕褐色	褐色至黑褐色	黑色	灰黑色
光泽	无	大多无光泽	有一定光泽	有金属光泽
外观	有原始植物残体、土状	无原始植物残体、无明显条带	有亮、暗相间的条带	无明显条带
燃烧现象	易着火、有烟	易着火、有烟	多烟	难着火、无烟
自然水分	多	较多	少	较少
硬度	很低	低	较高	高

当地壳下降速度较大时，泥炭被泥沙等沉积物覆盖。泥炭在温度和压力的作用下发生压紧、失水、胶体老化、固结等一系列剧烈变化。此时，生物化学作用逐渐停止，取而代之的是缓慢的**物理化学作用**。这样，泥炭逐渐变成了较为致密的岩石状褐煤（成岩作用）。

当其继续沉降到地壳较深处时，上覆岩层压力逐渐增大，地温逐渐增高，褐煤中的物理化学作用逐渐加强，煤的分子结构和组成产生了较大变化，如碳含量明显增加、氧含量迅速减少、腐植酸也迅速消失。此时，褐煤逐渐转化成烟煤。随着煤层进一步沉降，压力和温度继续增高，煤的分子结构和性质持续变化，最终成为无烟煤。这一系列过程称为变质作用。煤变质作用的上限到转变为超无烟煤阶段为止，煤的变质不包括石墨化阶段。成岩作用、煤化作用与变质作用的相互关系如图 1-6 所示。

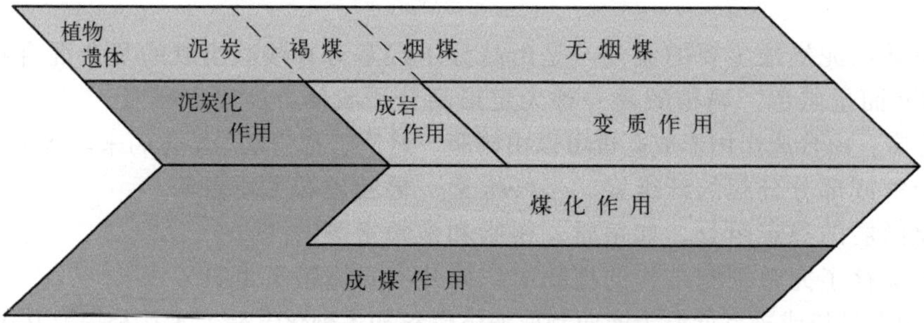

图 1-6 成煤作用的阶段划分

需要注意的是，变质作用的实质是煤分子的化学变化，所以促进煤变质作用的主要因素是温度（>50～60℃）和时间。通常，温度越高变质作用的速度越快，或在较低的温度下长时间受热和在较高温度下短时间受热，都可得到同样煤化程度的煤。

1.4.3 煤化程度指标

煤化程度指标简称煤化指标。煤化作用包括物理结构和化学组成两个方面的变化，前者如孔隙度和传热性能以及光学性能的变化等，后者反映碳、氢、氧含量和挥发分产率的变化等。其中一些性质变化显著，可作为煤化程度指标；或在某阶段变化较明显，适于作为某阶段的煤化程度指标。

进行煤化程度研究，对试样有统一要求，以便进行比较。目前以工业牌号表示煤化程度，而工业牌号以煤层平均煤样的干燥无灰基挥发分（V_{daf}）值作为主要指标，即用平均煤样的 V_{daf} 值表示煤化程度。不过，平均煤样的 V_{daf} 值受煤岩成分的影响，而煤的各种显微组分在煤化过程中变化趋势并不一致。因此，工业牌号只能在煤岩成分差别不明显时，近似地代表煤化程度。在各种显微组分中，烟煤、无烟煤的镜质组和褐煤的腐植组，具有杂质少、质地比较纯净均一、分布广且易于剥离等优点，因此通常取该类样品进行相关分析来反映煤化程度。主要煤化程度指标变化如图 1-7 所示。

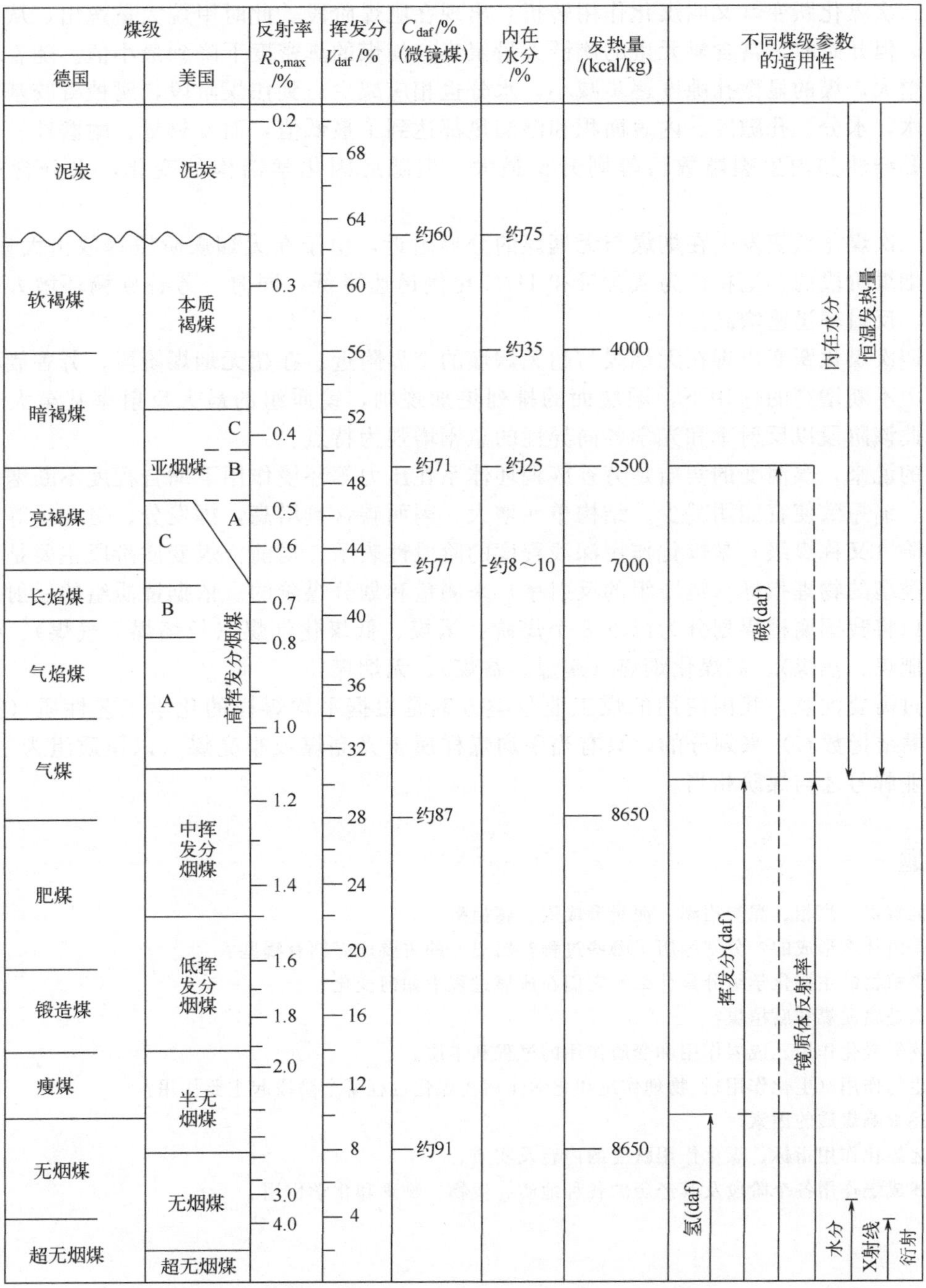

图 1-7　主要煤化程度指标（1kcal/kg＝4.184kJ/kg）

1.4.4 煤化作用跃变及煤阶

煤演变过程中存在四次明显的变化，称为煤化作用跃变（煤化跃变）。

第一次煤化跃变出现在长焰煤的开始阶段，此时发生明显的沥青化作用。该作用的残余产物进一步缩合，提高了反射率。另外从长焰煤到肥煤阶段水分下降，发热量和碳含量相应增高。

第二次煤化跃变（又叫煤化作用转折）出现在肥煤阶段，此时甲烷大量逸出，从而损失大量氢。但开始时，富含氢元素的侧链大量聚集，使煤的真密度下降到最小值。随着上覆压力不断增大，煤的显微孔隙度逐步减小，水分也相应减少。到焦煤阶段，腐植凝胶基本上完成了脱水，水分、孔隙度、内表面积和湿润热都达到了最低值，而发热量、耐磨性、焦化流动性、黏结性和内生裂隙数目等则升至最大。但随后因化学结构的变化，水分含量有所回升。

第三次煤化跃变发生在烟煤与无烟煤的分界附近，由于在无烟煤阶段释放出大量甲烷，因此无烟煤阶段的典型特征为氢含量和 H/C 比例迅速降低；同时，芳香族稠环增大，缩合度增高，反射率迅速增高。

第四次煤化跃变出现在无烟煤与超无烟煤的交界附近。在超无烟煤阶段，芳香族稠环在上覆压力不断增高的作用下，顺层面的排列更加规则，镜质组的最大反射率甚至大于丝质体，因此该阶段以反射率和光学各向异性的急剧增强为特点。

总的说来，煤演变的实质是芳香族稠环体系在压力等环境作用下缩合程度不断增强，侧链减少、缩短致使官能团减少、结构单元增大，因而碳含量增高，挥发分、氢含量等减少。

煤阶（又称煤级）是煤化作用深浅程度的阶段性表示。当前，煤变质阶段主要是根据单一煤岩类型的物理指标（镜质组的反射率）来测量和划分煤阶的。依据镜质组的反射率由低到高可以将我国腐植煤划分为以下 8 个煤阶：褐煤、低煤化烟煤（长焰煤、气煤）、中煤化烟煤（肥煤、焦煤）、高煤化烟煤（瘦煤、贫煤）、无烟煤。

不过需要注意，我国使用的煤工业分类方案是根据平均煤样的化学工艺性质（挥发分 V_{daf} 和黏结指数 G）来划分的，只有当平均煤样属于光亮煤或半亮煤（以镜质组为主）时，煤的工业牌号才与煤阶相当。

• 课后题

1-1 名词解释：煤相、泥炭沼泽、泥炭形成层、腐植酸。

1-2 煤是由什么形成的？分别经历了哪些过程？历史上的主要成煤期有哪些？

1-3 成煤植物的主要化学组分是什么？它们在成煤过程中如何变化？

1-4 什么是腐泥煤和腐植煤？

1-5 简述泥炭化作用、成岩作用和变质作用的过程和本质。

1-6 微生物作用（生化作用）、物理作用和化学作用在煤化过程哪个阶段起主要作用？

1-7 论述影响煤质的因素。

1-8 简述煤化作用指标、煤化作用跃变的内容及实质。

1-9 简述成煤作用各个阶段及其经历的各种地质、生物、物理和化学作用。

第2章　煤岩学基础

煤岩学从岩石学的角度来研究煤的成分、类型和性质等，主要研究领域是煤的显微镜学。按照岩石学的观点，煤是一种特殊的沉积岩——可燃有机岩。当用肉眼观察时，可以看到它的物质组成不均一，主要表现为有机物质和无机矿物质的混合物。如果用显微镜对煤进行观察，其不均一性就更加明显。运用煤岩学的方法确定煤的岩石组成和煤化程度，是研究煤的成因、评价煤质和确定煤利用途径的主要依据。

煤岩学研究方法不破坏煤的原生结构和表面性质，以物理方法为主，直接对煤的各方面性质进行研究，一般采用宏观研究法或微观研究法。宏观研究法利用肉眼或放大镜来观察煤的颜色、条痕色、光泽、硬度、断口和密度等特征。该法简单易行，但较粗略。微观研究法则借助显微镜来研究煤，通过在透射光下研究煤薄片（尺寸为 2cm ×2cm、厚 0.02mm）的颜色（透光色）、形态和结构等；或者在反射光下研究煤块或煤粉制成的光片（尺寸为 2cm ×2.5cm、厚 1.5～2cm 的方柱体或直径为 2cm、厚 1.5～2cm 的圆柱体）的颜色（反光色）、形态、结构、突起和反光性等。若以普通反射光研究，通过物镜观察时光线在空气中的折射将有较大的影响。由于油浸介质的折射率（一般为 1.515～1.518）与物镜光学玻璃的折射率相近，所以物镜在油浸介质中观察时光线集中，观察到的显微镜特征更加明显、易于辨识。

2.1　煤的有机显微组分

显微组分是煤在显微镜下能够被辨识的最基本的有机成分。

根据成因和工艺性质的不同（图 2-1），国际硬煤的显微组分为镜质组、稳定组（稳定组和类脂组）和丝质组（惰质组）三类（表 2-1）。依据颜色、形态和结构等特征则可进一步划分显微组分。

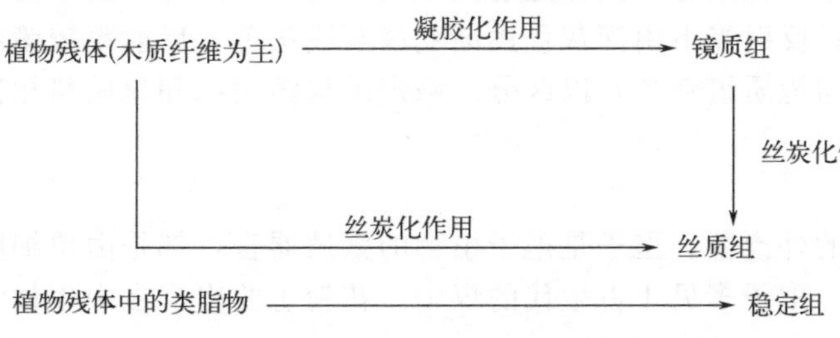

图 2-1　煤岩主要显微组分的成因

表 2-1　国际硬煤的显微组分分类方案

显微组分	镜质组			稳定组										丝质组					
细分显微组分	结构镜质体	无结构镜质体	镜屑体	孢子体	角质体	树脂体	木栓质体	树皮体	藻类体	荧光体	沥青质体	渗出沥青质体	壳屑体	半丝质体	丝质体	粗粒体	菌类体	微粒体	惰屑体

2.1.1 镜质组

镜质组由植物的木质纤维组织受凝胶化作用转化形成，是煤中最常见和最重要的显微组分。而凝胶化是指植物组织一方面在生物化学的作用下，分解和化合形成新的化合物；另一方面，植物组织吸水膨胀，使植物细胞结构破坏乃至消失，或进一步分解为凝胶。

从低煤级到高煤级煤中，镜质组在透射光下呈橙红色并逐渐加深为黑色，而在反射光下呈深灰至浅灰色。部分低煤级烟煤中镜质组氢含量较高，在蓝色激光下发暗褐色到褐色荧光，因此称为富氢镜质体或荧光镜质体。与其他显微组分相比，镜质组含氧量较高，但碳、氢含量介于二者之间。镜质组又可细分为三个显微组分：

（1）结构镜质体

指普通显微镜下植物细胞结构清楚或朦胧可见的镜质组分，即以细胞形态保留在煤中的镜质化（凝胶化）细胞壁。其细胞结构完整或变形，细胞腔被无结构镜质体、树脂体、微粒体或黏土矿物所填充。

（2）无结构镜质体

指普通显微镜下未显示植物细胞结构的镜质组分。它常作为其他各种显微组分碎片和共生矿物的基质胶体物或填充物。无结构镜质体可再细分为 4 种显微亚组分：均质镜质体（作为测量反射率以确定煤级的标准组分）、胶质镜质体（无确定形态，不含杂质的凝胶）、基质镜质体（无固定形态，胶结其他显微组分和矿物）和团块镜质体（卵圆形均质体，作为细胞填充物）。

（3）镜屑体

由镜质组碎屑颗粒（$<10\mu m$）组成，多呈粒状或不规则形状，大多来源于成煤早期被分解的植物碎片和腐植泥炭碎颗粒。镜屑体在煤中较少见，其颜色和反射率等与基质镜质体相似。

2.1.2 稳定组（壳质组）

稳定组来源于植物的孢子、角质层、木栓、油、树脂、脂肪和蜡等。稳定组是成煤植物中化学稳定性较强的有机组分，在成煤过程中几乎未发生质的改变。多数稳定组具有黏结性。从低煤级烟煤到中煤级烟煤，其在透射光下轮廓清晰，由透明到半透明，颜色呈柠檬黄色并逐渐加深至红色；反射光下由深灰色逐渐变浅至浅灰色，反射率较镜质组低。中煤级煤至高煤级煤中稳定组与镜质组颜色难以区分。稳定组与镜质组和丝质组相比，氢含量和挥发分产率较高。

（1）孢子体

是指孢子和花粉的外孢壁。孢子是孢子植物的繁殖器官，都是由单细胞组成；而花粉是种子植物的繁殖器官。孢子多见于古生代的煤中，花粉主要出现在中生代、新生代的煤中。

（2）角质体

由植物的角质层转变而来，主要由复杂的脂类混合物组成。角质体存在于植物叶、枝、芽的最外层并保护植物组织。在显微镜下呈宽度不等的长条带状，一边外缘平滑，而另一边（内缘）呈现明显锯齿状，转折端为尖角状。

（3）树脂体

是植物分泌组织的分泌物，在植物受伤时流出体外以保护植物不致干枯腐烂，同时防止微生物侵袭。其性质稳定，以轮廓清楚的多种形状（圆形、椭圆形或不规则形状）较好地保存在煤中，因没有结构和形状多变可以填充在细胞腔中。树脂体在透射光下呈浅黄色或黄色、透明或半透明，反射光下呈灰色，表面均一、无结构、轮廓清楚，其化石为琥珀。

（4）木栓质体

主要由植物茎和根的周皮组织中木栓层细胞壁转变而来，其主要成分是木栓素，具有抵抗高温、强酸和细菌的能力，并且不透水、不透气，可较好地保护植物组织。因此，能较好地保存于煤中，并以碎片状和长条状存在。木栓质体多是褐煤和低级烟煤的显微组分。

（5）树皮体

是由细胞壁和木栓质化的细胞腔填充物形成的稳定组分。树皮体在反射光和透射光下都不均匀，在煤中常以轮廓清楚的宽条带状或碎片状出现，是我国石炭-二叠纪煤中特有的显微组分，尤其在我国南方煤中含量很高。

（6）藻类体

是由绿藻和蓝绿藻等形成的组分，由几十至几百个黄绿色单细胞组成，外缘不规则，表面呈蜂窝状或海绵状结构。透射光下透明并呈淡黄绿色等，在反射光下颜色较深。

（7）壳屑体

由孢子体、角质体、树脂体和藻类体等稳定组分的细碎屑颗粒组成，只有在高倍荧光显微镜下，才能和其他显微组分因其荧光性而区分开来。

2.1.3 丝质组（惰质组）

丝质组在反射光下呈白色至亮白色，且反射率在三种显微组分中最高；透射光下呈棕黑色或黑色，微透明或不透明；蓝色激光下不发荧光。在三种显微组分当中，丝质组碳含量最高、氢含量最低、挥发分产率最低，并且无黏结性（微粒体除外）。

（1）丝质体

指具有清晰且规则的木质细胞结构的丝炭化组分，可由植物的木质组织被烧焦炭化而形成，其细胞结构保存完好，呈筛孔状或星状结构；或是在成煤早期，经丝炭化作用形成。**丝炭化作用指成煤植物组织在积水少、湿度低时，木质纤维经脱水和缓慢氧化后，在缺氧环境下进一步经煤化作用转化为丝质体的过程，且此时细胞结构保存不完全**。已发生凝胶化的组分也可发生丝炭化作用，但经丝炭化作用后的组分不能再进行凝胶化过程而成为凝胶化组分。

（2）半丝质体

是结构镜质体与丝质体之间的过渡丝炭化组分。其细胞结构大多没有丝质体，保存完好。

（3）粗粒体

是一种无明显结构的无定形丝炭化作用基质，可黏结孢子体、角质体、树脂体和丝质体等显微组分。在煤中数量较少，但在暗煤中较常见。

（4）菌类体

多由真菌的遗体（菌核、菌丝和菌孢子）形成，或由高等植物的分泌物形成，在显微镜下多呈大小不等的圆形或椭圆形，在泥炭及近纪煤中常见。

（5）微粒体

多为煤化过程中的次生显微组分，呈圆形，粒径很小。微粒体一般呈细分散状态存在于无结构镜质体中，其中可混有矿物质颗粒。

（6）惰屑体

由上述显微组分的碎片组成，碎片的形状各异，多为棱角状或不规则状，通常具有再沉积的特征，鲜见完整的细胞结构。

我国煤炭资源的特点是镜质组含量高、稳定组和丝质组含量低，但西北中生代煤中丝质组含量较高。需要注意的是，褐煤和硬煤不仅在物理、化学、工艺性质和成因等方面有很大的不同，而且在显微组分的组成上也存在差异。

2.1.4 显微组分随煤化程度的变化

由于盆地的沉降，植物残体形成泥炭后，在上覆物的覆盖下被埋藏于地下，经压实、脱水、增碳作用后，游离纤维素消失，凝胶化组分出现，随后逐渐固结并具有了微弱的反射率等光学性能，泥炭转变成年轻褐煤。接下来开始成岩作用，该过程中的化学变化主要体现在泥炭内的腐植酸、腐植质分子侧链上的亲水官能团以及环氧基数目不断减少，形成多种挥发性产物并导致碳含量增加，氧、氮和硫等元素含量降低，水分含量减少。而此时物理作用主要体现在胶体反应中（即成岩凝胶化作用），从而使未分解或未完全分解的木质纤维组织等转变为腐植酸等，最终使形成的腐植酸、腐植质成为具有微弱光泽的黑色凝胶化组分。成岩作用中，丝炭化组分和稳定组分也发生了变化。

之后发生变质作用。年轻褐煤在较高的温度、压力及较长地质时间的作用下，进一步受到物理和化学作用，变成年老褐煤、烟煤、无烟煤，甚至超无烟煤。这一阶段的化学作用表现为腐植质进一步聚合而减少，同时失去大量羧基和甲氧基等含氧官能团，使更多腐植质转变为腐植复合物而由酸性变为中性。在物理作用下，凝胶化作用结束并形成凝胶化组分，植物残体完全消失。稳定组发生沥青化作用，叶片表皮蜡质和孢粉素的外层等组分脱去甲氧基，形成易软化、塑性强、具黏结性的沥青质，并开始具有微弱的光泽。在温度、压力的持续作用下，腐植复合物不断发生聚合反应，使稠环芳香缩合度不断加大，侧链减少，分子排列更加规则，变质程度也不断提高，最终转变为烟煤、无烟煤和超无烟煤。

煤经过煤化过程的系列演化后，显现出明显的增碳化趋势，即由泥炭阶段含有 C、H、O、N、S 等五种主要元素演变为无烟煤阶段基本以碳元素为主。因此，煤化过程是杂元素的排出过程，排出方式是杂元素与碳形成挥发性化合物而脱离煤，故随着煤化程度增加，煤中的挥发物减少、碳含量增加。重要的是结构单一化趋势增大，即由泥炭阶段含多种官能团的结构，逐渐演变为无烟煤阶段只含高度缩合芳环结构，最终演变为石墨结构。因此，煤化过程实际上是逐渐排除不稳定结构的过程，即随着煤化作用的进行，结构呈现出致密化和定向排列，煤的有机分子侧链由长变短且数目变少，芳香系统不断增大使煤中的有机结构逐渐趋于紧密、分子量加大、缩合度提高，以及分子排列逐渐规则化，即从混杂排列到层状有序排列，因此光学性能等增强。

如图 2-2 所示，煤化作用最终使得显微组分性质趋于均一，即在煤化作用的低级阶段，显微组分的化学组成、结构和光学性质差异显著，但是随着煤化作用的进行，这些差异逐渐减小并完全消失，各种显微组分变得愈来愈不易区分。

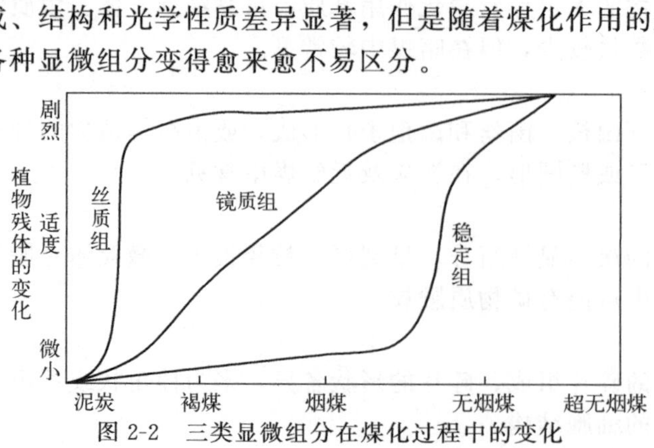

图 2-2　三类显微组分在煤化过程中的变化

2.2 煤中的矿物质

显微镜下观察到的矿物以及与有机质相结合的金属/非金属元素、化合物（无机质）称为煤的无机成分（矿物质）。矿物质也是煤的重要组成部分。其存在对有机质的性质和转化有重要的影响。

2.2.1 煤中矿物质的成因

① 植物成因的原生矿物质（成煤植物的无机成分）：主要是碱金属和碱土金属的盐类，因其与有机质紧密结合，很难用机械方法分开。

② 陆源碎屑成因的次生矿物质：由水/风带入到煤矿床中的无机成分，如细黏土、沙粒或水中钙、镁离子及硫铁矿的沉淀等。

③ 化学和生物化学成因的矿物质（成煤阶段的同生和后生矿物质）。

④ 在采煤过程中混入煤中的外来矿物质（底板和夹矸层中的矸石等）：它与煤独立存在，也不影响选煤。

原生矿物质和次生矿物质合称内在矿物质，其赋存状态是影响煤炭可选性的主要因素。若矿物质呈细分散状，就难以用常规选煤方法分离出来；呈粗颗粒状，则易于通过常规方法脱除。

2.2.2 煤中矿物质的分类

（1）黏土类矿物

煤中所占比例很大、分布极广且是煤中最重要的矿物质。常见的黏土类矿物有高岭石、伊利石、水云母等。在煤中，该类矿物通常呈透镜状或薄层状，有的也呈细分散的微粒状而散布于基质或充填在植物的细胞腔中，此时很难通过分选清除。

（2）硫化物类矿物

多为不透明矿物，在反射光下有耀眼的金属光泽，如黄铁矿和白铁矿等。其中黄铁矿在煤中尤为常见，常呈晶粒、透镜体或球状结核，也充填于植物细胞腔中或完全替代孢子体、角质体等。

（3）碳酸盐类矿物

主要包括方解石和菱铁矿等。其中方解石常以薄膜状或脉状充填于煤的裂隙和层面内；而菱铁矿多呈球状或粒状分布在基质中。此外，钙、钠等也多以碳基盐的形式存在。

（4）氧化物类矿物

该类矿物主要是陆源碎屑沉积的石英，呈粉砂状、棱角状、半棱角状存在于煤中；其次是化学成因的自生石英颗粒，多以不规则的细粒或微粒形式分布于基质中。

（5）硫酸盐类矿物

该类矿物主要是沿裂隙或层面呈微小晶粒形态存在的石膏等，常见于煤层近地表处。

煤中矿物按来源及存在形式的分类具体见表 2-2。

表 2-2 煤中矿物的分类

矿物组	泥炭化作用阶段形成		煤化作用阶段形成	
	水或风运移	化学反应形成	沉积在空隙中（松散共生）	共生矿物的转化（紧密共生）
黏土矿物	高岭石、伊利石、绢云母、蒙脱石等			伊利石、绿泥石

续表

矿物组	泥炭化作用阶段形成		煤化作用阶段形成	
	水或风运移	化学反应形成	沉积在空隙中（松散共生）	共生矿物的转化（紧密共生）
碳酸盐矿物		菱铁矿、铁白云石、白云石、方解石、菱铁矿等	铁白云石、白云石、方解石等	
硫化物矿物		黄铁矿结核、胶黄铁矿、白铁矿等	黄铁矿、白铁矿、闪锌矿、方铅矿，黄铜矿、丝炭中黄铁矿、	共生 $FeCO_3$ 结合转化为黄铁矿
氧化物矿物		赤铁矿	针铁矿、纤铁矿	
石英	石英粒子	玉髓和石英、来自风化的长石和云母	石英	
磷酸盐矿物	磷灰石	磷钙土、磷灰石		（羟基）磷灰石
重矿物和其他矿物	金岩石、金红石、电气石、正长石、黑云母		氯化物、硫酸盐和硝酸盐	

2.2.3 煤中的微量元素

在煤的矿物质和有机质中，除了含量较高的C、H、O、S、N、Si、Al、Mg和Fe等非金属/金属元素之外，还包含许多以无机或有机赋存形式存在的微量元素，如常见元素（铜、铍、锶、钡、氟、锰、镓、锗、锡、钒、铬、砷、镍、钴、钛、锆等）、不常见元素（钪、钇、镧、镱、锑、锂、铯、铊、铋、镭、铀等）及少见/痕量元素（铪、铌、钽、铂、钯、铑、铼、钍、铈等）。下面介绍几种煤中常见的稀有微量元素。

（1）锗

锗主要用作半导体材料，常与硅酸盐、碳酸盐以及铌、钽、铁和硫化物矿物共生而不会单独存在。锗在煤层中往往会形成大面积的富集区，尤以在褐煤、长焰煤、气煤中含量较高，且薄煤层中锗的含量比厚煤层高，个别可达20g/t的工业可采品位。在煤岩组分中，镜煤中的锗含量较高。

（2）镓

通常镓半导体的元件性能优于锗、硅半导体。镓与铝的原子半径相近，因而两者常常共生，导致镓在自然界中没有独立的矿床，但其在煤中普遍存在，部分煤中镓的含量可高达250g/t（镓的工业可采品位是30g/t）。镓常在煤层顶板、底板和夹矸层中富集。

（3）铀

铀主要用作原子能工业的燃料，也是煤中易富集的元素之一，通常在褐煤中富集较多，且含量超过工业提取品位（300g/t）。

（4）钒

钒用于制造优质合金钢及合成催化剂，在地壳中含量很低（约0.02%），且多与其他矿物共生，但在煤中常常与镓共生。在我国浙江、湖南等地的石煤中，钒含量较高，具有一定的提取价值。

（5）铍

铍广泛用于原子能工业、武器制造、航空航天以及电子工业中。铍在煤中的含量不高（一般为10～20g/t，部分高达40g/t），以有机结合为主，通常在煤化程度低的煤中含量较高。铍致癌且是一种剧毒元素，当煤燃烧时，铍的氧化物和氯化物进入大气后会以气溶胶的形式滞留在大气中，对生物体的危害极大。

(6) 铼

铼可用于制造宇宙飞船的耐高温部件和重要的仪表，其在煤中也有富集，工业可采品位多在 1g/t 以下，部分达到 2g/t 以上，因而具有工业利用价值。

(7) 钍

钍用于冶炼优质合金钢和热核燃料，其以二氧化钍的形式在煤中富集，但含量极低，难以达到 900g/t 以上的工业开采品位。

(8) 钛

钛用于制造具有良好抗腐蚀性和耐高温性的合金，在煤中也大量富集。

2.2.4 煤中的有害元素

煤中对工艺、设备、产品、人体、环境等会产生危害的元素主要有硫、磷、氯、氟、汞、铍、镉、铅等。当然，如果这些元素达到工业提取品位，从而被提取出来，也将是有用的原料。

(1) 煤中主要的有害物质——硫

硫以硫铁矿及有机质等形式存在于煤中。煤作为燃料使用时，其中的硫在燃烧后会变成 SO_2 和 SO_3 进入大气，下雨时成为酸雨而严重危害环境和生物体的健康；在焦化过程中，约有 20%～30%的硫元素转化为 H_2S、COS、CH_3SH、CH_3SCH_3 等进入煤气和焦油。残留在焦炭中的硫在炼铁时进入生铁中，会导致生铁的硫含量过高而不能炼钢。所以，为防止过量的硫进入生铁，在炼铁高炉中必须配入大量的石灰石，而石灰石用量增加会降低高炉的生产能力。通常钢中的硫含量低于 0.07%，因为硫以 FeS 的形式存在于钢中并与 Fe 形成低熔点化合物（985°C），会导致“热脆性”的发生。煤在气化时，其中的硫可主要形成 H_2S、COS 等，作为燃气燃烧后又会形成大量的 SO_2，使用该合成气时，这些硫化合物将会使催化剂中毒失效。

(2) 磷

煤中的磷含量通常在 0.001%～0.1%之间，主要以磷灰石 [$Ca_5(PO_4)_3\cdot(F,Cl,OH)$] 和磷酸铝矿物 [$Al_6P_2O_{14}$] 等无机物的形式存在，少量以有机磷的形式存在于煤中。在煤，磷炼焦时几乎会全部进入焦炭，用该焦炭炼铁时过量的磷元素将进入生铁，使所炼钢材产生“冷脆性”，因此，炼焦用煤的磷含量必须小于 0.1%，这样钢中磷含量就会小于 0.06%；煤作为燃料使用时，磷形成的化合物会在锅炉的受热面上冷凝并胶结飞灰颗粒，形成难清除的污垢，对受热面的传热效率影响极大。

(3) 氯

煤中氯含量差别较大，含量一般为 0.005%～0.2%（个别可达 1%）。我国煤中氯含量较低（绝大部分在 0.05%以下），平均 0.02%。煤中的氯主要以 NaCl 或 KCl 的形式存在，此外也会以有机质的形式存在。煤中的氯对煤炭利用的危害很大，如炼焦煤中氯含量高于 0.3%，将严重腐蚀焦炉炭化室的耐火砖；若氯含量高的煤用于燃烧，会对锅炉产生严重的腐蚀。但若经分选，氯化物会因溶于水而使煤中的氯含量显著下降。

(4) 砷

煤中的砷含量极小，且大部分以硫化物的形式与硫铁矿结合在一起（$FeS_2\cdot FeAs_2$），小部分以有机质的形式存在。但是煤燃烧时，砷元素会以 As_2O_3（剧毒物质，俗称砒霜）的形式排放到大气中。因此，当作为食品工业用的燃料时，煤中砷含量必须小于 0.0008%。

(5) 汞

煤中的汞含量一般较低，但是煤在燃烧时，汞蒸气排入大气并积累到一定浓度后将对人体产生危害。此外，汞蒸气吸附在粉尘颗粒上进入水体和土壤后，通过微生物作用会转化为毒性更大的有机汞（如二甲基汞 CH_3HgCH_3、甲基汞 CH_3Hg）进入食物链而严重危害生物体。

（6）氟

煤中的氟含量一般在 0.03%以下，主要以矿物质形式存在。煤在燃烧后，氟元素以 SiF_4、H_2F_2 的形式挥发，并形成含 NaF 和 CaF_2 的粉尘，这些氟化物会滞留在空气中或进入土壤和水体。燃烧高氟煤将对周围的生物体造成严重危害。

（7）铅

我国煤中的铅含量在 0.0001%～0.0005%，主要以方铅矿的形式存在。煤在燃烧时，铅元素会转变为氧化铅后飘散至大气，由呼吸道或消化道进入人体引发铅中毒。

（8）镉

镉元素以无机物的形式存在于煤中，含量为 0.0001%～0.0026%。在煤燃烧时，镉元素会转变为氧化物的形式进入大气，经呼吸道进入人体，累积并取代骨骼中的钙，从而造成骨质疏松和重金属累计造成的其他严重后果。

2.3 煤的岩石类型

煤的岩石类型（煤岩类型）是指煤层中的不同条带。依据肉眼观察所得对煤作出的划分称为宏观煤岩类型；利用显微镜观察所得作出的划分称为显微煤岩类型。表 2-3 为常见的煤岩类型及其重要特征。

表 2-3 常见的煤岩类型及其重要特征

煤的类型	煤岩类型	肉眼可识别的特征
腐植煤	镜煤	光亮，黑色，一般很脆，常具裂缝，简单的煤岩类型（由结构镜质体和均质镜质体等组成）
	亮煤	半亮，黑色，极薄层状，复杂的煤岩类型（镜质组较多，稳定组和丝质组较少）
	暗煤	暗淡，黑色或灰黑色，坚硬，表面粗糙，复杂的煤岩类型
	丝炭	丝绢光泽，黑色，纤维状，软，极易碎，简单煤岩类型（由丝质组的组分组成）
腐泥煤	烛煤	暗淡或弱油脂光泽，黑色，均一状，非层状，很坚硬，贝壳状断口，黑色条痕
	藻煤	像烛煤，但外观略带褐色，褐色条痕

2.3.1 腐植煤的宏观煤岩类型

腐植煤煤层由镜煤（光亮条带）、亮煤（半光亮条带）、暗煤（暗淡条带）和丝炭（矿物木炭）等宏观煤岩成分组成。

（1）镜煤

镜煤是煤中颜色最深、光泽最强的煤岩类型，因明亮如镜而得名。其质地纯净、均匀，以贝壳状/眼球状断口和垂直的内生裂隙发育为特征，性脆，易破碎成棱角状小块，以透镜状或条带状存在于煤中，有时也以透入性的线状构造夹在亮煤和暗煤中。镜煤的颜色、光泽和内生裂隙数目等随煤化程度有规律地变化。

在显微镜下，镜煤轮廓清晰、质地纯净，主要是由木质纤维组织经凝胶化作用而成。其氢含量和挥发分高，黏结性强，矿物质含量少。

（2）亮煤

亮煤是煤中最常见的煤岩类型，其光泽、脆性和内生裂隙发育程度次于镜煤，密度较小，有时有贝壳状断口。其均匀程度不如镜煤，往往可见细微纹理，在煤层中以厚层或透镜状存在。

在显微镜下，亮煤的各种物化性质和工艺性质介于镜煤和暗煤之间。

（3）暗煤

呈灰黑或暗黑，光泽暗淡，密度大、坚硬、韧性较大，内生裂隙不发育、层理不清晰，断口呈不规则状或平坦状且断面粗糙。在煤中可形成较厚的分层，甚至单独成层。

在显微镜下，暗煤组成相当复杂，镜质组较少，稳定组和丝质组较多，矿物质含量较高，且不同暗煤的物化性质和工艺性质均不同：富含稳定组的暗煤略带油脂光泽，氢含量和挥发分高，黏结性好；富含丝质组的暗煤则略带丝绢光泽，挥发分低，黏结性差；富含黏土矿物的暗煤密度大、灰分高。

（4）丝炭

呈灰黑或暗黑，外观像木炭且带有丝绢光泽，具有纤维结构；疏松多孔（若其空腔被矿物质填充则称为矿化丝炭），性脆易碎，致密坚硬。丝炭在煤层中分布较少，常以透镜状连续/不连续地沿着煤的层面分布，厚度仅数毫米。

在显微镜下，丝炭具有明显的植物细胞结构，氢含量和挥发分低、碳含量高，无黏结性。由于孔隙度大，丝炭吸氧性强，易发生氧化和自燃。丝炭含量高的煤可选性较差。

如图 2-3 所示，腐植煤的四种煤岩类型（镜煤、亮煤、暗煤和丝炭）是由三种显微组分（镜质组、稳定组和丝质组）以不同比例混合而成的。其中，镜煤和丝炭的显微组成单一，而暗煤和亮煤则是由三种显微组分以不同含量组合而成的。

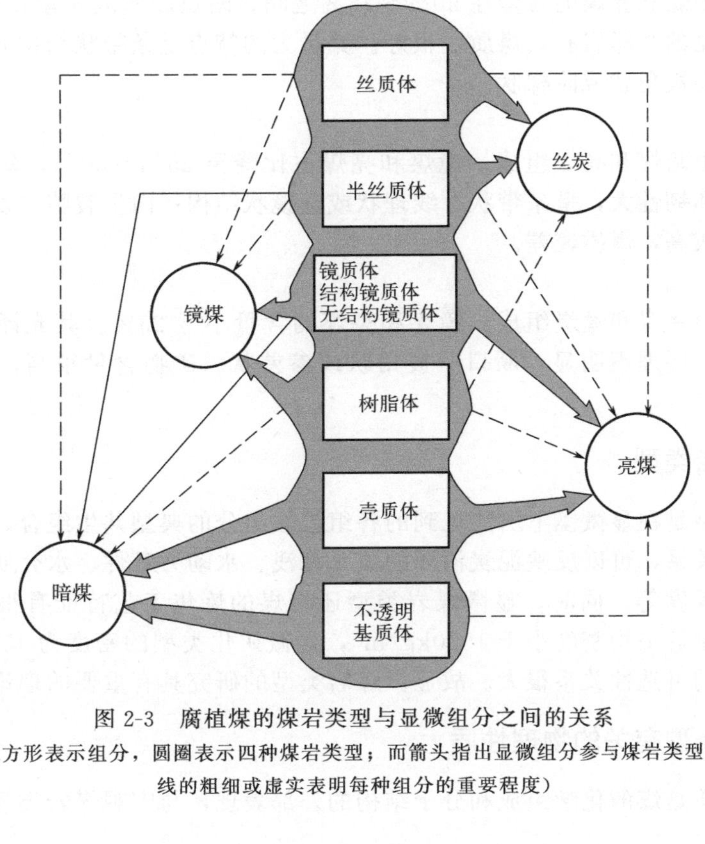

图 2-3　腐植煤的煤岩类型与显微组分之间的关系

（沿轴长方形表示组分，圆圈表示四种煤岩类型；而箭头指出显微组分参与煤岩类型的组成，线的粗细或虚实表明每种组分的重要程度）

2.3.2 腐泥煤的宏观煤岩类型

腐泥煤在显微镜下以缺乏层理而区别于腐植煤。但腐泥煤呈均一的结构，强度和韧性都很大，在古代可用于制造手镯。低级腐泥煤中氢含量和挥发分很高，用于干馏时气体和焦油产率较高。腐泥煤的煤岩类型可分为烛煤和藻煤。

腐植煤的煤岩类型中还划分出一种特殊的暗煤，即腐植煤中稳定组在某些特殊条件下高度富集形成的残植煤，分为角质残植煤、树皮残植煤、孢子残植煤和树脂残植煤等几种类型，含量一般都在50%以上。残植煤光泽暗淡（或具有油脂光泽），韧性较大，氢含量和挥发分高，干馏时焦油产率较高（与腐泥煤相近）。

2.3.3 煤的光泽岩石类型

四种煤岩类型常有互相过渡的现象，且分层界限不明显，所以不便于了解煤层的全貌和进行定量分析。根据煤的平均光泽强度、煤岩类型的数量比例和组合情况，划分出煤的光泽岩石类型作为煤层观察的基本单位。不同煤岩类型的组合表现出不同的光泽强度，如镜煤和亮煤组合在一起，光泽明显强于暗煤和丝炭的组合。对于同一煤层剖面上煤化程度相同的煤，按平均光泽度的高低把煤的光泽岩石类型分为光亮煤、半亮煤、半暗煤和暗淡煤四种。

（1）光亮煤

光亮煤主要由镜煤和亮煤组成（75%，甚至80%以上），含有少量暗煤和丝炭或不含，光泽很强。光亮煤由于成分均一，条带状结构不明显；内生裂隙发育完全，质硬而脆，易破碎且断口呈贝壳状，黏结性较好。

（2）半亮煤

半亮煤中，镜煤和亮煤的含量在50%～75%之间，暗煤和丝炭含量较少，光泽也较强，半亮煤是煤中常见的光泽岩石，煤质也很好。其最大的特点是条带状结构明显，内生裂隙发育良好，断口常为棱角状或阶梯状。

（3）半暗煤

半暗煤主要由暗煤和亮煤组成，镜煤和亮煤占比降至25%～50%，丝炭含量增大。其光泽较弱，硬度和韧性大，呈条带状、线理状或透镜状结构；内生裂隙未发育，断口参差不齐，矿物质含量较高，煤质较差。

（4）暗淡煤

暗淡煤主要由暗煤和丝炭组成，镜煤和亮煤的含量小于25%。其光泽暗淡，呈块状构造，致密、坚韧，层理不明显，断口呈棱角状或参差状。矿物含量很高，难以分选，煤质很差。

2.3.4 显微煤岩类型

显微煤岩类型是在显微镜下所能见到的各组显微组分的典型共生组合。显微煤岩类型与煤的成因有密切关系，可以反映泥炭沼泽的覆水深浅、水动力条件、水介质的酸碱性、植物分解的氧化还原程度等。同时，显微煤岩类型还与煤的炼焦工艺特征有很好的相关性。此外，显微煤岩类型的平均密度小于1500kg/m^3，显微矿化类型的密度为1500～2000kg/m^3，其含量高低与煤的可选性关系很大。故显微煤岩类型的研究具有重要的理论和实际意义。

2.3.5 与煤岩类型有关的物理性质

煤的物理性质是煤的化学组成和分子结构的外部表现，与宏观煤岩类型有关的物理性质包含光泽、颜色、断口、硬度等。影响该系列性质的主要因素是煤岩类型的差别、煤化程度、成煤物质、矿物质的含量和分布等。

(1) 光泽

光泽是指煤表面的反光能力，是以肉眼鉴定煤的主要指标之一。观察煤的光泽时，要选择镜煤或较纯净的亮煤的光洁的新鲜断面。

(2) 颜色

颜色是由于煤对不同波长可见光的吸收，新鲜煤块表面表现出的自然色彩。煤的颜色随煤化程度的增加而变化。若煤中水分增加，其颜色变深；煤中矿物质增加，其颜色变浅。煤粉的颜色（煤在瓷板上划出条痕的颜色）反映了煤的真正颜色。

(3) 断口

煤在受到外力作用断开后呈现出的凹凸不平的表面即为断口，如贝壳状和参差状断口等。

(4) 内生和外生裂隙

内生和外生裂隙指在成煤过程中，受到自然界各种应力的影响所造成的煤裂开现象。

(5) 煤的结构

煤的结构指宏观或显微镜下各种煤岩类型或显微组分单体的形态、大小所表现的特征。常见的煤宏观结构有条带状结构（最常见）、线理状结构（常见于半暗煤中）、透镜状结构（常见于半暗煤和暗淡煤中）、均一状结构（常见于镜煤和某些腐泥煤中）、粒状结构（常见于暗淡煤中）、木质结构（多见于褐煤及低煤化程度的烟煤中）、纤维状结构（常见于丝炭中）、叶片状结构以及碎屑结构（常见于土状软褐煤中）。

(6) 煤的构造

煤的构造指宏观煤岩类型或显微组分之间的共生关系、空间分布和排列方式等特点，以及相互关系，主要与植物遗体的聚集条件和变化过程有关。在烟煤中常见层状构造和块状构造，褐煤中常见交织或交叉构造。

由于在成煤作用过程中，煤的化学组成和分子结构不断变化，所以这些性质也不断随之改变（见表 2-4）。

表 2-4　不同煤化程度煤的光泽、颜色和煤粉的颜色

煤化程度	光泽	颜色	煤粉的颜色
褐煤	无光泽或暗淡的沥青光泽	褐色、深褐色、黑褐色	浅棕色
长焰煤	沥青光泽	黑色带褐色	深棕色
气煤	强沥青光泽、玻璃光泽	黑色	棕黑色
肥煤	玻璃光泽		黑色
焦煤	强玻璃光泽		黑棕色
瘦煤			黑色
贫煤	金刚光泽	黑色带灰色	黑色
无烟煤	似金属光泽	灰黑色带有古铜色	灰黑色

• 课后题

2-1　名词解释：显微组分、凝胶化、丝炭化、煤岩类型、煤粉的颜色。

2-2　试述国际硬煤显微组分分类及分类原则。
2-3　简述我国煤炭资源显微组分的特征。
2-4　简述煤中矿物质的成因和分类。
2-5　从煤生成过程的角度分析凝胶化作用和镜质组的形成。
2-6　丝炭的成因有哪几种？
2-7　简述腐植煤的宏观煤岩类型和特点。
2-8　简述煤的光泽岩石类型及特点。
2-9　简述与煤岩类型有关的煤的物理性质。

第3章　煤的结构

煤的结构包括煤有机质的化学结构（大分子结构）和煤的物理结构。由于煤炭组成的复杂性、多样性、非晶质性和不均匀性，所以将其分离成为简单的化合物并研究其结构是非常困难的。因镜质组在成煤作用过程中变化平稳、组成均匀、杂质含量低，而且含量基本占主导地位，所以，研究煤的结构时常采用镜质组作为研究对象。本章重点介绍关于煤分子结构研究的结论。

3.1　煤的大分子结构

3.1.1　煤大分子结构的基本概念

煤是由分子量不同、分子结构相似但又不完全相同的一组“相似化合物”的混合物组成的。煤的有机质可分为两部分：①具有芳香结构的环状化合物（煤有机质的主体，一般占煤中有机质的90%以上）；②具有非芳香结构的化合物（低分子化合物且含量较少，主要存在于低煤化程度的煤中）。

煤的大分子结构通常指煤中芳香族化合物的结构，其结构十分复杂，虽然类似但又不同于一般的高分子聚合物（没有统一的聚合单体）。芳香族化合物由多个结构相似的“基本结构单元”通过桥键连接而成。该基本结构单元类似于聚合物的聚合单体，可分为规则部分和不规则部分。规则部分由多个乃至几十个苯环、脂环、氢化芳香环及杂环（含氮、氧、硫等元素）缩合而成，称为基本结构单元的核或芳香核；不规则部分则是连接在核周围的侧链和各种官能团。

3.1.2　煤的结构参数

采用一些结构参数来描述煤的结构：

① 芳碳率（f_{ar}^{C}）：煤的基本结构单元中属于芳香族结构的碳原子数（C_{ar}）与总碳原子数（C）之比，$f_{ar}^{C}=C_{ar}/C$；

② 芳氢率（f_{ar}^{H}）：煤的基本结构单元中属于芳香族结构的氢原子数（H_{ar}）与总氢原子数（H）之比，$f_{ar}^{H}=H_{ar}/H$；

③ 芳环率：煤的基本结构单元中芳香环数与总环数之比。

3.1.3　规则部分

煤的基本结构单元的核是缩合环结构（芳香环或芳香核），可以通过结构参数评价核的结构（见表3-1）。

表 3-1 不同煤化程度煤的结构参数

碳含量/%	f_{ar}^{C}		f_{ar}^{H}		(H_{ar}/C_{ar})③	(H_{al}/C_{al})④	平均环数
	NMR①	FTIR②	NMR①	FTIR②			
75.0	0.69	0.72	0.29	0.31	0.33	1.48	2
76.0	0.75	0.75	0.34	0.33	0.36	0.74	2
77.0	0.71	0.65	0.33	0.24	0.34	1.89	2
77.9	0.38	0.49	0.16	0.14	0.42	1.32	1
79.4	0.77	0.77	0.31	0.31	0.31	1.91	3
81.0	0.70	0.69	0.31	0.34	0.34	1.45	2
81.3	0.77	0.74	0.30	0.36	0.35	2.11	3
82.0	0.78	0.73	0.36	0.32	0.34	2.14	3
82.0	0.74	0.76	0.33	0.31	0.33	1.74	3
82.7	0.79	0.73	0.32	0.29	0.31	2.34	3
82.9	0.75	0.79	0.39	0.39	0.38	1.59	3
83.4	0.78	0.69	0.33	0.29	0.32	2.31	3
83.5	0.77	0.69	0.34	0.29	0.36	2.42	3
83.8	0.54	0.56	0.18	0.16	0.31	1.69	1
85.1	0.77	0.80	0.43	0.45	0.36	1.38	3
86.5	0.76	0.78	0.33	0.42	0.36	1.75	3
90.3	0.86	0.84	0.53	0.50	0.35	1.91	6
93.0	0.95	—	0.68	—	0.23	2.06	30

①核磁共振数据；②红外光谱数据；③芳香氢、碳原子比；④脂肪氢、碳原子比。

基本结构单元的核主要由不同缩合程度的芳香环构成，也含有少量的氢化芳香环、氮杂环、硫杂环和氧杂环等。随着煤化程度的提高，煤分子的结构单元呈规律性变化，结构单元的核缩合加剧。如低煤化程度煤的基本结构单元的核以苯环、萘环和菲环为主；中等煤化程度的烟煤则以菲环、蒽环和吡环为主；无烟煤基本结构单元的核中芳香环数急剧增加并逐渐向石墨结构转变。

3.1.4 不规则部分

（1）烷基侧链

烷基侧链指连接在缩合环上的甲基、乙基、丙基等烷基基团，其平均长度随煤化程度的提高而缩短（表 3-2）。表中 C_{daf} 表示煤中干燥无灰基碳含量。

表 3-2 烷基侧链的平均长度

C_{daf}/%	65.1	74.3	80.4	84.3
侧链的长度(碳原子数)	5.0	2.3	2.2	1.8

（2）含氧官能团

含氧官能团主要是甲氧基（$—OCH_3$）、羟基（—OH）、羧基（—COOH）、羰基（C═O）和醚键（—O—）等。除此以外，相当一部分氧是以非活性状态（如杂环中的氧）存在于煤中的。

含氧官能团随煤化程度的提高而减少。其中甲氧基消失得最快，在年老褐煤中已几乎消失；其次是羧基，羧基是褐煤的典型特征，但到中等煤化程度的烟煤时，羧基已基本消失；羟基和羰基在整个烟煤阶段都存在，甚至在无烟煤阶段还会存在；尤其是羰基在煤中含量虽少，但随煤化程度变化不大，在不同煤化程度的煤中均存在。

（3）含硫官能团和含氮官能团

含硫官能团与含氧官能团的结构类似，包括硫醇、硫醚、二硫醚、硫醌及杂环硫等；煤中的氮含量一般在1%～2%之间，氮主要以六元杂环、吡啶环或喹啉环等形式存在。此外，其他存在于煤中的含氮官能团还有氨基、亚胺基、氰基、五元杂环（吡咯和咔唑）等。

3.1.5 桥键

煤的大分子是由若干基本结构单元通过化学键等桥键连接而成的三维结构，这些桥键包括烷基键（$—CH_2—$、$—CH_2—CH_2—$和$—CH_2—CH_2—CH_2—$等）、醚键（—O—）、硫醚（—S—）、二硫键（—S—S—）、亚甲基醚键（$—CH_2—O—$）、亚甲基硫醚键（$—CH_2—S—$），以及芳香碳碳键（$C_{ar}—C_{ar}$）等。随煤化程度的提高，煤分子的结构单元呈规律性变化，加之结构单元中桥键数减少、缩合环数增加。

3.1.6 煤中的低分子化合物

在煤的缩聚芳香结构中分散着一些独立存在的、与煤主体有机质的性质差别很大且分子量约为500的非芳香化合物，可用普通有机溶剂如苯、醇等萃取，因此称为低分子化合物。该物质可分为两类，即烃类和含氧化合物。烃类主要是正构烷烃和少量的环烷烃、长链烷烃；含氧化合物有长链脂肪酸、醇、酮和甾醇等。

煤中的低分子化合物来源于成煤植物（如树脂、树蜡等）及成煤过程中未参与聚合的化合物或低分子聚合物，它们与煤的大分子通过氢键和范德华力相结合。煤中低分子化合物的测定含量一般低于5%，但在褐煤和烟煤中，实际可达煤中有机质的10%～23%，这是因为萃取时间短以及低分子化合物与煤的大分子结合过于紧密而难以萃取所致。低分子化合物的含量虽然不多，但它们的存在对煤的黏结和液化等性能影响却很大。

3.2 煤的结构模型

利用已得出的煤结构信息建立煤的结构模型来分析和描述煤。

3.2.1 煤的化学结构模型

煤的化学结构模型是表示煤平均化学结构的分子图示。不过，这种分子模型并不真实，只是一种统计平均的结果。现简要介绍常用模型：

（1）Wiser模型

如图3-1所示，该模型的芳香环数分布较宽，包含了1～5个环的芳香结构。模型中的元素组成与煤中元素组成一致，其中芳香碳约占65%～75%。模型中的氢大多存在于脂肪结构（如氢化芳环）、烷基结构和桥键等中，芳香氢较少。模型中含有酚、硫酚、芳香醚、酮以及含 O、N、S 的杂环结构。模型中还含有一些不稳定的结构，如醇羟基、氨基和羧基等。模型中结构单元之间的桥键主要是短烷键 [—$(CH_2)_{1\sim3}$—]、醚键和硫醚键等弱键以及两芳环直接相连而成的芳香碳碳键。模型中还含有羟基、羰基、硫醇和噻吩等基团。

该模型针对年轻烟煤（碳含量为 82%～83%），展示了煤结构的大部分现代概念，可以合理解释煤的液化和其他化学性质，是比较全面、合理的一个模型。

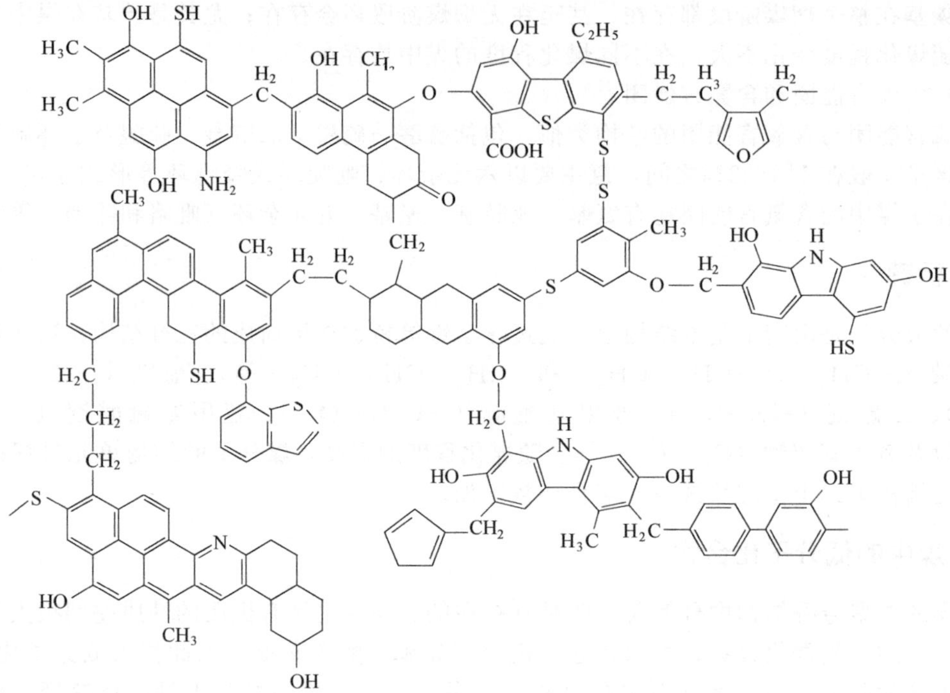

图 3-1　Wiser 模型

（2）本田模型

本田模型的特点是考虑了低分子化合物的存在，缩合环以菲为主且它们之间以较长的亚/次甲基键相连接。模型中氧的存在形式比较全面，但却没有考虑硫和氮的结构（图 3-2）。

（3）Shinn 模型

该模型是根据煤在一段和二段液化产物的分布提出的，也是目前广为人们接受的煤大分子模型，所以又叫反应结构模型。如图 3-3 所示，其以烟煤为对象，以分子量 10000 为基础，将所考虑的结构单元扩充至 C 原子个数为 661，通过数据处理和优化，得到分子式为 $C_{661}H_{561}O_{74}N_{11}S_6$。该结构假设中，芳环或氢化芳环单元由较短的脂链和醚键相连，形成大分子的聚集体，小分子镶嵌于聚集体孔洞或空穴中，可通过溶剂抽提萃取出来。

3.2.2 煤的物理结构模型

煤的物理结构是指煤中有机分子间的堆垛和孔隙结构等。

（1）Hirsch 模型

图 3-4 为 Hirsch 模型，对煤的小角 X 射线衍射研究表明，煤中有紧密堆积的微晶、分散的微晶和直径小于 500nm 的孔隙。据此，该模型将不同煤化程度的煤划分为三种物理结构：

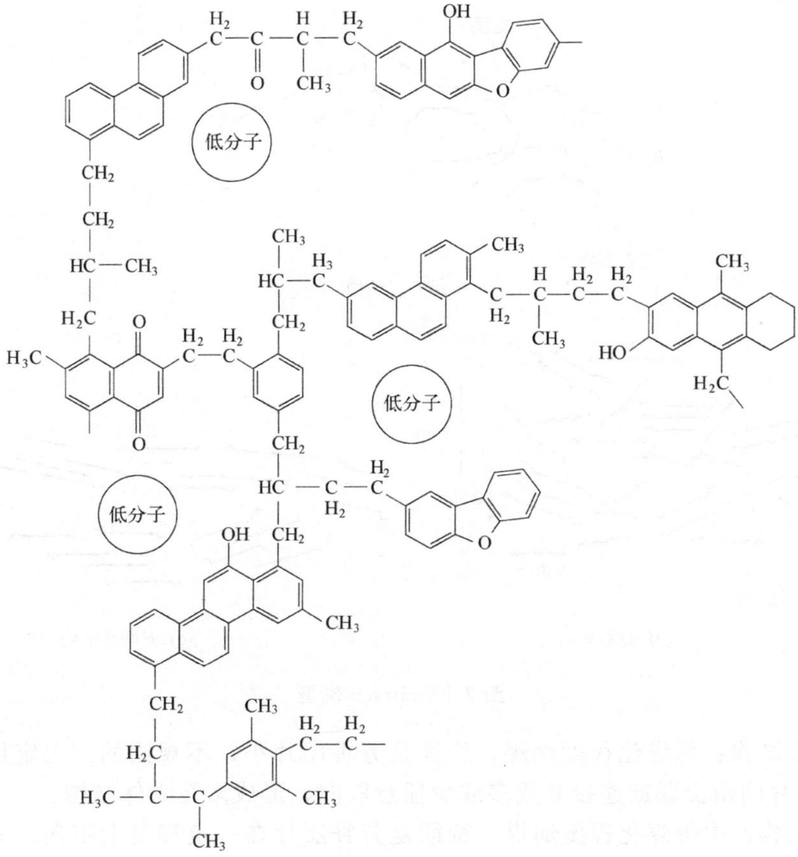

图 3-2 本田模型

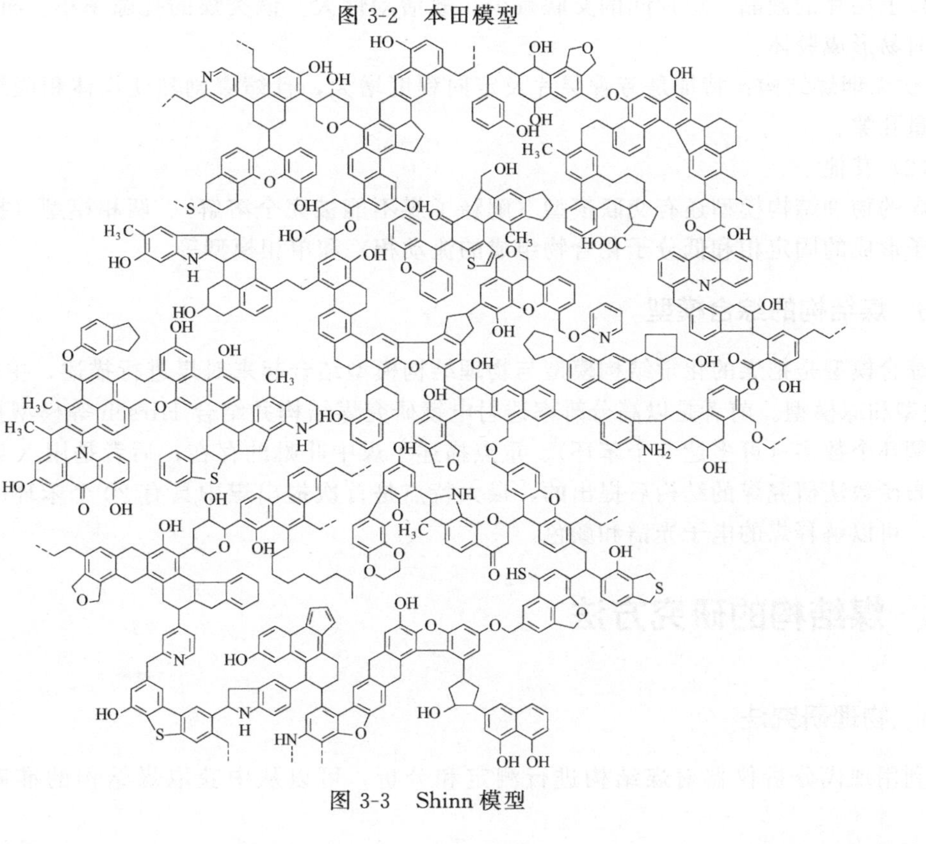

图 3-3 Shinn 模型

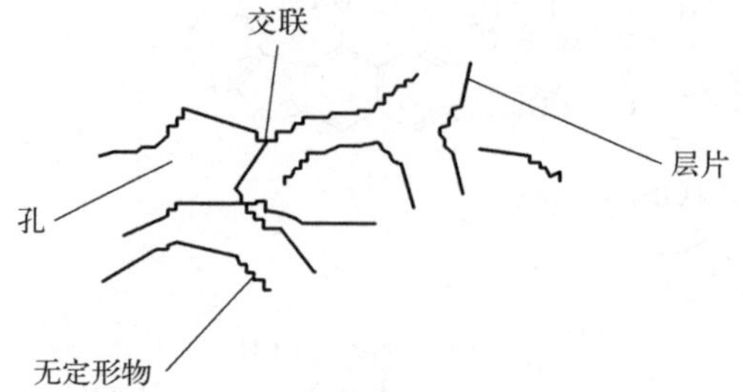

(a) 敞开式结构

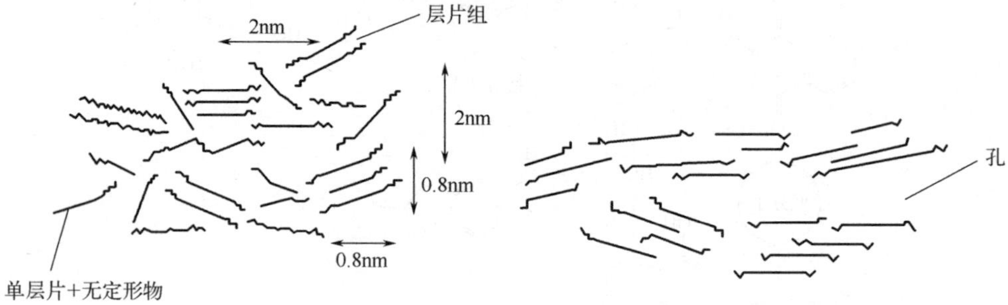

(b) 液态结构　　(c) 无烟煤结构

图 3-4　Hirsch 模型

① 敞开式结构：低煤化程度烟煤，特征是芳香层片小，不规则的“无定形结构”比例较大。芳香层片间由交联键连接并或多或少任意取向，形成多孔立体结构。

② 液态结构：中等煤化程度烟煤，特征是芳香层片在一定程度上定向，并形成包含两个及以上层片的微晶。层片间的交联减少，故活动性大。该类煤的孔隙率小、机械强度低，热解时易形成胶体。

③ 无烟煤结构：特征是芳香层片及定向程度增大，且缩聚剧烈使煤体积收缩，故而形成大量孔隙。

（2）其他

煤的物理结构模型还有交联模型（解释了煤不能被完全溶解）、两相模型（提出了有机大分子形成的固定相和低分子化合物组成的流动相）和单相模型等。

3.2.3　煤结构的综合模型

综合模型是把煤的化学结构模型与物理结构模型结合起来对煤进行描述，主要有 Oberlin 模型和球模型。前者是以高分辨率透射电镜研究煤结构并结合 Hirsch 等模型提出的，特点是稠环个数多（可多达 8 个苯环）、重点描述了煤中卟啉的存在；后者是用 X 射线衍射径向分布函数法研究煤的结构后提出的，最大特点是首次提出煤中具有 20 个苯环的稠环芳香结构，可以解释煤的电子光谱和颜色。

3.3　煤结构的研究方法

3.3.1　物理研究法

利用现代分析仪器对煤结构进行测定和分析，可以从中获取煤结构的准确信息（见

表 3-3)。

表 3-3　各种现代仪器研究煤结构的方法及其提供的信息

方　法	所提供的信息
密度测定	密度
物理吸附法、小角 X 射线散射(SAXS)、核磁共振成像(NMRI)、计算机断层扫描(CT)	比表面积、孔容、孔结构、气体吸附与扩散、反应特性
扫描/透射电镜(SEM/TEM)、原子力显微镜(AFM)、扫描隧道显微镜(STM)	形貌、表面结构、孔结构、微晶石墨结构
X 射线衍射(XRD)	微晶结构、芳香结构的大小与排列、键长
紫外-可见光谱(UV-Vis)	芳香结构大小
红外光谱(IR)、拉曼光谱	官能团、脂肪和芳香结构、芳香度
核磁共振谱(NMR)	C 和 H 原子分布、芳香度、缩合芳香结构
顺磁共振谱(EPR)	自由基浓度、未成对电子分布
X 光电子能谱(XPS)、X 射线吸收近边结构谱(XANES)	原子的价态与成键、杂原子组分
穆斯堡尔谱	含铁矿物
原子光谱(发射/吸收)、X 光电子能谱、能量色散 X 射线光谱(EDS)	矿物质成分
质谱(MS)	碳原子分布、碳氢化合物类型、分子量
电学方法(电阻率)	半导体特性、芳香结构大小
磁学方法(磁化率)	自由基浓度
光学方法(折射率、反射率)	煤化程度、芳香层大小与排列

3.3.2　化学研究法

化学研究法指将煤进行适当的氧化、氢化、卤化和水解等化学处理后，对所得产物的结构进行分析测定，并据此推导母体煤的结构。此外，煤的元素组成和官能团的种类如羟基、羧基、甲氧基和醚键等也可采用化学分析法进行测定。

3.3.3　物理化学研究法

物理化学研究法指利用溶剂萃取等手段，将煤中的不同组分分离并进行分析测定，以获取煤结构的信息。

3.3.4　计算化学研究法

利用计算机技术对煤的结构和能量进行模拟和计算，得到诸如显微组分的化学结构模型和反应信息（如热解机理）。

3.4　煤大分子结构的现代概念

（1）煤是三维空间高度交联的非晶质高分子缩聚物（聚合单体不均一）

煤是由许多结构相似但又不完全相同的基本结构单元通过桥键连接而成的。结构单元由规则的缩合芳香核与不规则的、连接在核上的烷基侧链和官能团两部分构成。

（2）结构单元的核心是缩合芳香核

缩合芳香核为缩聚的芳环、氢化芳环或各种杂环，环数随煤化程度的提高而增加。如碳含量为70%～83%时，平均环数为2；83%～90%时，平均环数为3～5；大于90%时，环数急剧增加；大于95%时，平均环数大于40。换句话说，烟煤的芳香率一般小于0.8，而无烟煤则趋近1。

（3）结构单元的不规则部分

不规则部分主要包括烷基侧链和官能团。烷基侧链的长度随煤化程度的提高而缩短；官能团主要是含氧官能团，如羟基、羧基、羰基、甲氧基等，随煤化程度的提高，甲氧基、羧基很快消失，但是其他含氧基团如羰基在各种煤化程度的煤中均存在；另外，还有少量的含硫和含氮官能团。

（4）连接结构单元的桥键

桥键主要是亚/次甲基键、醚键、次甲基醚键、硫醚键以及芳香碳碳键等。低煤化程度的煤中桥键最多，主要形式是前三种；中等煤化程度的煤中桥键最少，主要是—CH_2—和—O—；无烟煤中的桥键主要是芳香碳碳键，其数量显著增多。

（5）氧、氮、硫的存在形式

氧除了以含氧官能团的形式存在外，醚键和含氧杂环等中也含有部分氧原子；硫的存在形式有巯基、硫醚和噻吩等；氮的存在形式有吡咯环、氨基和亚胺基等。

（6）低分子化合物

在煤的高分子化合物的间隙中还独立存在具有非芳香族结构的低分子化合物（主要是脂肪族化合物），如广泛存在于褐煤和泥炭中的树脂和树蜡等。

（7）煤化程度对煤结构的影响

低煤化程度的煤含较多的非芳香结构和含氧基团，芳香核的环数较少。除化学交联键外，分子内和分子间的氢键对煤的性质也有较大的影响。由于该类煤的规则部分小，侧链长而多，官能团也多，因此形成较疏松的空间结构，具有较高的比表面积和较大的孔隙率；中等煤化程度的煤（如肥煤和焦煤）含氧官能团和烷基侧链减少，结构单元间的桥键数量也减少，芳核数有所增大，使煤的结构较为致密、孔隙率低，故煤的物化性质和工艺性质在此处发生转折，出现极大值或极小值；年老煤（无烟煤等）的环缩合率显著增大，大分子排列的有序化增强，形成大量的类似石墨结构的芳香层片，同时有序化增强使芳香层片排列更加紧密，产生收缩应力致使形成新的裂隙，又使孔隙率和比表面积增大。

• 课后题

3-1　什么是煤分子的基本结构单元？该结构单元如何构成煤的大分子？

3-2　衡量煤分子结构的参数有哪些？与煤化程度有何关系？

3-3　简要介绍 Wiser 模型和 Shinn 模型。

3-4　什么是低分子化合物？在煤的结构中有什么作用？对煤炭的应用有什么影响？

3-5　煤分子结构的研究方法有哪些？简述各种现代仪器用于煤结构研究的原理和方法。

3-6　简述煤分子结构的现代概念及要点。

3-7　煤分子结构随煤化程度的变化呈现怎样的规律性变化？

3-8　列举煤大分子中桥键的类型。

第4章　煤的工业和元素分析

从化学观点来看，煤是由有机物和无机物组成的。有机物是煤的主要组成部分，也是传统煤炭加工利用的主要对象。煤的化学成分特别是有机质十分复杂，为了解煤的性质和方便煤炭的加工利用，通常采用工业分析和元素分析的方法来研究煤的组成。

4.1　煤的工业分析

工业分析是确定煤组成最基本、最简单的方法，即在国家标准中规定的条件下，将煤的组成分为水分、挥发分和固定碳（两者总和可近似代表煤中有机质）、灰分（近似代表煤中的矿物质）四种组分。工业分析是一种条件实验，除水分外，灰分、挥发分和固定碳是煤在测定条件下的转化产物，并非煤中固有成分，所以其测定结果依测定条件而变。工业分析结果对研究煤炭性质及指导煤炭的用途具有重要的作用。

4.1.1　煤中的水分

4.1.1.1　存在状态

煤中的水分是煤炭质量的重要指标，分为游离水和化合水。游离水是指与煤物理结合的水，它吸附于煤的外表面和内部孔隙，在温度稍高于100℃后即可从煤中完全析出。因此，颗粒越细、内部孔隙越发达，煤中吸附的水分就越多。游离水可分为两类，即在常温大气中易失去的外在水分和不易失去的内在水分。前者吸附在煤粒的外表面和较大的毛细孔隙中（孔径＞100nm），煤长时间暴露在空气中就会失去；后者则存在于较小的孔隙中，煤长时间暴露后仍然残留，也称风干煤样水分。内在和外在水分的质量之和就是煤的全水分，代表刚开采出来或刚收到煤中的全部水分（游离水分）。内在水分、外在水分和全水分以其占煤样质量的百分数来表示，分别表示为M_{inh}、M_f和M_{ar}。

按一定标准所采的煤样称为应用煤样，应用煤样送到化验室后则称为收到煤样。相应的，以收到状态的煤为表示分析结果的基准称为收到基。将应用煤样放置在空气中后水分不断蒸发，失去外在水分的煤样称为空气干燥煤样（或风干煤样）。相应的，以与空气湿度达到平衡的煤为表示分析结果的基准称为空气干燥基。残留在风干煤样中的全部水分的质量占风干煤样质量的百分数称为空气干燥基（内在）水分（M_{ad}）。通常，煤质分析化验采用的均是空气干燥煤样，为方便起见，将收到基（外在）水分和空气干燥基（内在）水分简称外在水分和内在水分。全水分与外在水分和内在水分的关系如下：

$$M_{ar}=(100\%-M_f)M_{inh}+M_f \tag{4-1}$$

煤的化合水包括结晶水和热解水。结晶水来自煤中含结晶水的矿物质如石膏（$CaSO_4\cdot 2H_2O$）和高岭石（$2Al_2O_3\cdot 4SiO_2\cdot 4H_2O$）等，通常含量较少、析出温度高于160℃；热解水则是在高温热解时，煤中氧和氢在300℃以上结合生成的水，它取决于热解的条件和煤中的氧含量。通常，煤中的水分是指煤中游离水，其测定温度一般为105～110℃。

在煤质研究中，常会用到的一个重要概念是煤的最高内在水分（MHC）。MHC指煤样在30℃、相对湿度96%时吸附水分达到饱和时测得的水分，该指标用于煤质研究和煤的分类，反映了年轻煤的煤化程度。由于空气干燥基水分的平衡湿度一般低于 96%，因此，最高内在水分高于空气干燥基水分。在煤的工业分析中，水分一般指空气干燥基水分（M_{ad}）。

4.1.1.2 煤中水分测定的基本原理

煤中水分的测定方法有很多，但测定的原理相同。

（1）加热干燥法

① 干燥失重法：将煤加热到 105～110℃并保持恒温，直至煤样处于恒重时，计算煤样干燥后失去的质量占煤样干燥前质量的百分数即为测定的水分数据。该法缺点在于年轻煤等容易在测定时氧化，导致测定结果偏低。

② 直接重量法：在 105～110℃的氮气流中加热煤样，产生的水分被氮气流带走并被吸收，根据吸水剂的增重计算水分量。该法避免了煤样氧化，但实验设备和过程复杂。

（2）共沸蒸馏法

将煤样悬浮于与水不互溶的有机溶剂（甲苯或二甲苯）中，将其加热后，煤中的水分形成蒸汽与有机溶剂蒸气一起进入冷凝器，读取冷凝液中水的体积可得水分的量。该法准确，特别适用于年轻煤，但需使用有毒溶剂。

（3）微波加热法

煤样在微波作用下，水分子高速振动并产生摩擦热使水分均匀地快速蒸发，根据煤样的失重可计算水分的含量。该法测定速度快、周期短，避免了煤样因长时间加热而氧化，但无烟煤和焦炭的导电性强，不适合采用该法测定水分。

4.1.1.3 煤中最高内在水分与煤化程度的关系

低煤化程度的煤内表面发达，煤分子中极性官能团的数量也多，煤吸附水分的能力较强，因此最高内在水分较高；从褐煤开始，随煤化程度的提高，煤的最高内在水分逐渐下降，到中等煤化程度（肥煤和焦煤），煤的内表面和含氧官能团均呈下降趋势，最高内在水分降至最低。但是，煤化程度进一步提高后，煤（如无烟煤）的内表面积增大，此时吸附于煤孔隙表面上的内在水分有所上升。煤化程度与 MHC 的关系见表 4-1。

表 4-1 煤化程度与煤的最高内在水分的关系

煤种	无烟煤	贫煤	瘦煤	焦煤	肥煤	气煤	弱黏煤	不黏煤	长焰煤	褐煤
MHC/%	1.5～10	1～3.5	1～3	0.5～4	0.5～4	1～6	3～10	5～20	5～20	15～35

4.1.1.4 煤中水分对煤炭利用的影响

在煤炭燃烧、气化和炼焦时，煤中水分的存在是不利的，需要额外吸收热量，致使过程热效率降低；此外，在煤炭运输过程中，水分高带来了运力的浪费。因此，水分高，煤价就要下降。当然，适量水分的存在有利于减少运贮时煤粉的产生和煤的损失。

4.1.2 煤中的灰分

4.1.2.1 煤灰分的测定原理

将粒度小于 0.2mm 的空气干燥煤样在 815℃下完全燃烧后所得的残渣为煤的灰分，残渣占煤样质量的百分数称为空气干燥基煤的灰分产率（A_{ad}）。

由于空气干燥煤样中的水分会随空气湿度而变化，因此 A_{ad} 也会随之发生变化。但干燥煤样的灰分产率不变（A_d）。所以在实际中，灰分的基准均是干燥基，换算公式如下：

$$A_d=\frac{100\%}{100\%-M_{ad}}\times A_{ad} \tag{4-2}$$

4.1.2.2 煤灰分的成因

灰分不是煤的固有组成，而是由煤中的矿物质转化而来。灰分与矿物质有很大的区别：一是灰分的产率比相应的矿物质含量要低；二是两者在成分上有很大的差异。矿物质在高温灰化过程后才转化为灰分，所发生的化学反应主要有：

① 碳酸盐类矿物分解：

$$CaCO_3 \longrightarrow CaO + CO_2 \uparrow$$
$$FeCO_3 \longrightarrow FeO + CO_2 \uparrow$$

② 硫铁矿和其他含铁物质的氧化：

$$4FeS_2 + 11O_2 \longrightarrow 2Fe_2O_3 + 8SO_2 \uparrow$$
$$4FeO + O_2 \longrightarrow 2Fe_2O_3$$

③ 黏土、石膏等脱结晶水：

$$2SiO_2 \cdot Al_2O_3 \cdot 2H_2O \longrightarrow 2SiO_2 + Al_2O_3 + 2H_2O \uparrow$$
$$CaSO_4 \cdot 2H_2O \longrightarrow CaSO_4 + 2H_2O \uparrow$$

④ CaO 与 SO_2 的反应：

$$2CaO + 2SO_2 + O_2 \longrightarrow 2CaSO_4$$

4.1.2.3 煤灰来源及成分

煤灰是煤中的矿物质在煤燃烧后形成的残渣，煤中的矿物质来源于：

① 原生矿物质（约占灰分总量的1%～2%，对煤的最终灰分影响不大）；

② 次生矿物质；

③ 外来矿物质。

煤灰的成分涵盖了几乎地球上天然存在的所有元素，但测定中只分析常见的硅、铝、钙、镁、铁、钛、钾、硫和磷等，且主要以氧化物形式（SiO_2、Al_2O_3、CaO、MgO、Fe_2O_3、TiO_2、K_2O、SO_3 和 P_2O_5）表示。其中，SiO_2、Al_2O_3、CaO、MgO 和 Fe_2O_3 占煤灰组成的95%以上。

煤灰中各成分的含量取决于原始的矿物组成。我国煤中的矿物质多以硅铝酸盐为主（见表4-2和表4-3），因此，煤炭中 SiO_2 含量最大，其次是 Al_2O_3。

表4-2 我国煤灰成分的一般组成及范围 单位：%

煤灰成分	褐煤		硬煤	
	最低值	最高值	最低值	最高值
SiO_2	10	60	15	>80
Al_2O_3	5	35	8	50
Fe_2O_3	4	25	1	65
CaO	5	40	0.5	35
MgO	0.1	3	<0.1	5
TiO_2	0.2	4	0.1	6
SO_3	0.6	35	<0.1	15
P_2O_5	0.04	2.5	0.01	5
K_2O+Na_2O	0.09	10	<0.1	10

表 4-3　我国部分不同产地煤的煤灰成分　　单位：%

煤产地	SiO_2	Al_2O_3	Fe_2O_3	CaO	MgO	TiO_2	K_2O+Na_2O	SO_3	酸碱比①
阳泉无烟煤	52.7	33.6	7.0	0.2	1.3	0.8	2.0	0.4	10.0
西山贫瘦煤	56.3	31.4	6.9	2.2	0.5	1.0	0.5	1.2	9.1
灵武不黏煤	37.9	14.5	16.4	10.9	5.0	0.9	2.5	11.8	1.5
长广气煤	46.1	29.7	15.2	3.5	0.5	1.6	1.1	2.4	3.8
大同弱黏煤	57.8	18.4	13.1	3.4	0.7	1.3	—	3.2	6.3

① 酸碱比$=m(SiO_2+Al_2O_3+TiO_2)/m(Fe_2O_3+CaO+MgO+K_2O+Na_2O)$。

4.1.2.4　煤灰的性质

（1）熔融性

煤灰熔融性是指煤灰在高温条件下软化、熔融、流动时的温度特性，是衡量动力用煤和气化用煤的重要性能指标。煤灰熔融性采用角锥法测定，即将淀粉糊加入煤灰中制成三棱锥形的灰锥，放入高温炉并在一定气氛下加热，观察并记录灰锥变形情况及其四个特征温度（图 4-1）以确定煤灰熔融性。

① 变形温度（deformation temperature，DT）：锥体尖端弯曲或变圆时的温度；

② 软化温度（softening temperature，ST）：锥体弯曲至锥尖触及底板时的温度；

③ 半球温度（hemisphere temperature，HT）：灰锥形变为半球形（高约等于底长的一半）时的温度；

④ 流动温度（flow temperature，FT）：煤灰锥体完全熔化成高度小于 1.5mm 的薄片时的温度。

一般以 ST 作为衡量煤灰熔融性的指标，即灰熔点。

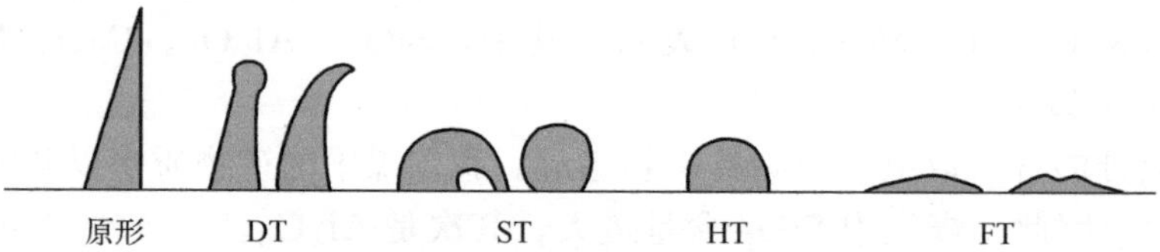

图 4-1　灰锥熔融特征示意图

煤灰熔融性取决于煤灰成分的组成及气氛的氧化还原性。

① 在相同气氛的条件下，SiO_2 和 Al_2O_3 含量高，灰熔点较低；而 CaO、MgO、Fe_2O_3、K_2O、Na_2O 等碱性成分含量高，则灰熔点也较低。

② 高温下，氧化、弱还原和强还原气氛下，Fe 元素分别以 Fe_2O_3、FeO 和 Fe 的形式存在，煤灰熔融性也各不相同。煤炭燃烧或气化成渣的部位的气氛一般是弱还原性的，因此，一般模拟弱还原性气氛进行煤灰熔融性的测定。

按煤灰熔融温度的高低可将煤灰熔融性分为：易熔灰分（ST＜1100℃）、中等熔融灰分（ST＝1100～1250℃）、难熔灰分（ST＝1250～1500℃）及耐熔灰分（ST＞1500℃）。煤灰熔融温度可以反映煤在锅炉或气化炉中灰渣的熔融特性。煤灰熔融温度低，其熔融后会包裹煤粒，造成煤燃烧不充分，更严重的是使煤灰渣之间熔结成片，严重影响运行或造成事故。因此，固态排渣炉要求较高的煤灰熔融温度，而液态排渣炉则需较低的熔融温度。

（2）黏度

煤灰黏度是指煤灰在熔融状态下的内摩擦因数，表征煤灰在熔融状态下的流动性能。煤灰黏度是衡量动力用煤和气化用煤的重要指标，特别是对于液态排渣炉，仅靠煤灰熔融温度的高低已经不能判断煤灰渣的流动特性，而需要了解煤灰在熔融态下的黏度特性曲线。现代煤气化工艺在高于煤灰熔点的温度下操作，采用液态排渣，要求较小的煤灰黏度，这样可以降低操作温度、延长设备的使用寿命。例如，在固定床液态排渣煤气炉中，排渣黏度小于5.0Pa·s；煤粉气化过程中，其排渣黏度小于25.0Pa·s。

4.1.2.5 煤中矿物质的测定

由于煤中的矿物质种类和性质复杂，加之其与煤中有机物结合得很紧密而难以分离，所以准确测定其组成比较困难。因此，一般以酸抽提法或低温灰化法测定矿物质的总含量，而不测定各组分的含量。酸抽提法是用盐酸和氢氟酸处理煤样，脱出部分矿物质后，再测定酸不溶矿物质，从而计算矿物质含量。该法仪器设备简单，缺点是使用有毒和腐蚀性极强的氢氟酸，实验流程繁琐。低温灰化法是用等离子低温炉，使氧气活化后通过煤样，让煤中的有机质在低于150℃的条件下氧化，残余物即为矿物质且基本不发生变化。该法的缺点是测定周期长（100～125h），对设备和实验条件要求极为严格。

4.1.2.6 煤中矿物质/灰分对煤炭利用的影响

大多数情况下，煤中的矿物质或灰分是不利的，因为：

① 煤中过多的矿物质会造成运力的过度浪费。

② 在煤炭焦化过程中，矿物质会转化成灰分进入焦炭，从而导致焦炭的性能下降且不利于其使用。

③ 作为气化原料或动力燃料时，灰分大，则热效率低。例如，灰分每增加1%，煤耗增加2.0%～2.5%。为了处理燃烧后的灰渣，也会增加成本。

但是，煤炭是宝贵的、不可再生的化石资源，当前对煤高效利用的研究要求充分利用煤灰中的各种元素，以实现资源利用最大化或“变废为宝”，因此煤灰中的组分也成了一种宝贵的资源，如提取粉煤灰中的 Al_2O_3 用于制备电解铝。此外，一些煤灰含有某些较丰富的稀有元素或放射性元素如锗或铀等，具有较大的工业提取价值，提高了煤的综合利用价值。

4.1.3 煤中的挥发分和固定碳

在隔绝空气、高温条件下（大于900℃）加热一定时间，煤的部分有机质热解后形成气态小分子化合物（CH_4、C_2H_6、H_2、CO、H_2S、NH_3、COS、H_2O、C_nH_{2n}、C_nH_{2n+2}，以及苯、萘等和 C_5～C_{16} 的烃类、吡啶、吡咯、噻吩等）逸出，其余有机质则以固体形式残留。该过程所产生的气态化合物称为挥发物，占煤样质量的百分数称为挥发分（V），主要来自煤大分子上的脂肪侧链、含氧官能团断裂和高分子缩聚时产生的氢气以及低分子化合物等；所残留的固体有机质占煤样质量的百分数称为固定碳（FC）。固定碳并不能单独存在，它与煤中的灰分一起形成焦渣，从焦渣中扣除灰分就是固定碳。

煤的水分和灰分反映了煤中无机物的组成特点；挥发分和固定碳则反映了煤中有机质的组成特点，所以是煤重要的参数。

4.1.3.1 挥发分和固定碳的测定及换算

（1）挥发分的测定

称取1g煤样在900℃下隔绝空气加热7min后取出，在干燥、冷却后称量，按下式可得挥发分：

$$V_{ad}=\frac{m-m_1}{m}\times 100\%-M_{ad} \tag{4-3}$$

式中 V_{ad}——空气干燥基挥发分，%；

m——煤样的质量，g；

m_1——残渣的质量，g；

M_{ad}——空气干燥基水分，%。

空气干燥基固定碳（FC_{ad}）按下式计算：

$$FC_{ad}=100\%-M_{ad}-A_{ad}-V_{ad} \tag{4-4}$$

挥发分和固定碳是煤中的有机质在一定条件下热分解的产物，并不是煤中固有成分；固定碳也不是碳元素，实际上它含有碳、氢、氧、氮、硫等元素，是高分子化合物的混合物。

（2）干燥无灰基挥发分的测定

由于水分和灰分的多少会影响空气干燥基挥发分的测定结果，因此，采用干燥无灰基表示煤挥发分的多少较合适。干燥无灰基挥发分（V_{daf}）指有机质挥发物占煤中干燥无灰物质的质量分数，可由空气干燥基挥发分换算而得：

$$V_{daf}=\frac{100\%}{100\%-M_{ad}-A_{ad}}\times V_{ad} \tag{4-5}$$

此时，干燥无灰基固定碳（FC_{daf}）即为：

$$FC_{daf}=100\%-V_{daf} \tag{4-6}$$

（3）挥发分的校正

测定挥发分过程中，挥发物除了由有机质分解而来，还有煤样中矿物质的结晶水、碳酸盐分解产生的 CO_2、硫铁矿转化的 H_2S 等。但在测定挥发分时，均计入了挥发分，所测定的挥发分就必须进行校正，扣除 CO_2、H_2S 和矿物结晶水等的含量。当对煤样进行脱灰处理，降低矿物质含量至低于 10%后，矿物质对挥发分测定的影响就可以忽略。

（4）焦渣特征

该指标是指焦渣形态（粉状、块状）、光泽、强度和形状等特点。根据这些特点，焦渣特征可分为 8 种，即 1 号粉状、2 号黏着、3 号弱黏结、4 号不熔融黏结、5 号不膨胀熔融黏结、6 号微膨胀熔融黏结、7 号膨胀熔融黏结和 8 号强膨胀熔融黏结，号数越大则黏结性越强。

4.1.3.2 影响煤挥发分的因素

（1）测定条件

挥发分测定的规范性很强，加热条件（温度、时间、速度）和加热炉、容器种类以及支架规格都会影响测定结果。

（2）煤化程度

煤的挥发分主要取决于其煤化程度，随煤化程度的提高，煤分子中的脂肪侧链和含氧官能团含量均呈下降趋势，所以煤的挥发分随煤化程度的增高而下降。一般褐煤的挥发分最高（大于 40%），无烟煤最低（小于 10%）。

（3）成因类型和煤岩组分

① 根据成煤植物的差异，腐植煤以稠环芳香物为主，不易受热分解，而腐泥煤则以易裂解为小分子化合物的脂肪族为主，所以腐植煤的挥发分低于腐泥煤。

② 挥发分对煤岩显微组分的变化非常敏感，稳定组挥发分最高，镜质组居中，丝质组最低。其中，镜质组为煤岩的主要组分，其挥发分随煤化程度的提高而均匀下降，所以常用挥发分的大小表示煤化程度的高低。

4.2 煤的元素分析

煤的元素分析是对煤的组成元素（以碳、氢、氧、氮和硫为主）的测定分析。

4.2.1 煤的元素组成特点

(1) 碳元素

碳元素是构成煤分子骨架最重要的元素，其含量随煤化程度的提高而逐渐增加，如由60%（褐煤）增加到98%（无烟煤）。腐植煤的碳含量高于腐泥煤；丝质组的碳含量高于镜质组，稳定组的碳含量最低。

(2) 氢元素

氢元素存在于大分子的侧链和官能团上，其含量仅次于碳元素（在有机质中的含量约为2.0%～6.5%)，随煤化程度的提高而下降，不过从低煤化到中等煤化程度阶段，氢含量变化不明显，但在无烟煤阶段，从4%（年轻无烟煤）显著下降至2%（年老无烟煤）。因此，我国以氢含量作为无烟煤的分类指标。虽然氢含量远低于碳含量，但发热量却为碳的4倍，所以其含量的变化对煤的发热量影响很大。与碳含量的情况相反（腐植煤高于腐泥煤），腐泥煤的氢含量高于腐植煤。煤的几种有机显微组分中，稳定组的氢含量最高，而丝质组最低。

(3) 氧元素

氧元素主要存在于煤分子中的含氧官能团上，随煤化程度的提高，含氧官能团减少，氧含量迅速下降，从23%（褐煤）下降到6%（中等变质程度肥煤），此后氧含量缓慢下降（到无烟煤时只有2%）。由于在煤液化时会一直消耗氢气，所以氧的存在对煤液化不利。腐泥煤的氧含量低于腐植煤；不同煤的有机显微组分中氧含量由高到低依次是镜质组、丝质组和稳定组。

(4) 氮元素

氮元素的含量较少（0.5%～1.8%)，且与煤化程度无关，其主要以氨基、亚胺基、五元杂环和六元杂环等形式存在。氮在煤燃烧时不放热，主要以 N_2 的形式（少量氮燃烧后形成 NO_x）排放。当煤在炼焦时，部分氮会形成 NH_3、HCN 及其他有机氮化合物，剩余的则留在焦炭中。

(5) 硫元素

煤中的硫来自成煤植物本身所含的原生硫，或是成煤过程中经硫酸盐还原菌作用产生的次生硫。对大多数煤来说，煤中的硫主要是次生硫。煤中硫含量的高低与成煤环境和产地有关，与煤化程度无关。一般陆相煤的硫含量较低，而海相煤的硫含量较高。

硫以有机物或无机物形式存在于煤中。有机硫的成分很复杂（硫醚、硫化物、硫醇、巯基、噻吩类杂环及硫醌等组分或官能团），一般有机硫的含量较低（0.2%～0.5%)，但部分煤有机硫含量较高（1.0%～2.0%)。有机硫因均匀分布于煤的有机分子中而极难脱去。无机硫主要以硫铁矿及其氧化后形成的少量硫酸盐的形式存在。硫铁矿颗粒大时较易脱除，极细颗粒的硫铁矿则难以脱除。煤中有机硫和硫铁矿为可燃硫，燃烧后可形成 SO_2 等产物。

煤中元素含量随煤化程度的变化规律见表4-4。

表4-4 煤中元素含量随煤化程度的变化规律 单位：%

煤种	C_{daf}	H_{daf}	O_{daf}	N_{daf}
泥炭	55～62	5.3～6.5	27～34	1.0～3.5
年轻褐煤	60～70	5.5～6.6	20～23	1.5～2.5
年老褐煤	70～77	4.5～6.0	15～25	1.0～2.5
长焰煤	77～81	5.4～6.8	10～15	0.7～2.2

续表

煤种	C_{daf}	H_{daf}	O_{daf}	N_{daf}
气煤	79～85	5.4～6.8	8～12	1.0～1.2
肥煤	82～89	4.8～6.0	4～9	1.0～2.0
焦煤	86～91	4.5～5.5	3～7	1.0～2.0
瘦煤	88～93	4.3～5.0	3～5	0.9～2.0
贫煤	88～93	4.0～4.7	2～5	0.7～1.8
年轻无烟煤	89～93	3.3～4.0	2～4	0.8～1.5
典型无烟煤	93～95	2.0～3.2	2～3	0.6～1.0
年老无烟煤	95～98	0.8～2.0	1～2	0.3～1.0
腐泥煤	75～80	6.5～7.0	＜2	＜0.5

4.2.2 煤的元素测定和分析

(1) 碳、氢元素的测定

燃烧法是测定煤中碳、氢含量的最常用方法，即将盛有煤样的瓷舟放入填充了氧化铜或高锰酸银的燃烧管内，通入氧气并在800℃下使煤样充分燃烧，生成的水和CO_2分别用吸水剂（氯化钙或过氯酸镁）和CO_2吸收剂（碱石棉或碱石灰）吸收，根据吸收剂的增重计算出煤中碳和氢的含量。煤燃烧时产生的SO_x、NO_x和氯要预先除去，避免对碳、氢元素的测定产生影响。

(2) 氮元素的测定

煤中的氮含量由凯氏定氮法测定。首先在催化剂的参与下，将煤在沸腾的浓硫酸中进行硝化处理，碳和氢分别氧化为二氧化碳和水，而大部分氮则转化为氨并与硫酸反应生成硫酸氢铵；接下来向上述溶液中加入过量的氢氧化钠中和硫酸，同时将铵盐转化为氢氧化铵；然后将上述溶液利用水汽加热，氢氧化铵分解为氨并被气提出来，经（硼酸溶液或稀硫酸溶液）吸收后通过酸碱滴定，即可得氮含量。

(3) 硫元素的测定

全硫含量的测定方法有多种，如经典的艾士卡法，特点是精度高、技术成熟、适合批次测定，但耗时长且不适合单个试样的测定；又如高温燃烧中和法，与艾士卡法相比，该法测定速度快、耗时短（20～30min），同时还可测定出煤样中的氮含量；再如库仑滴定法，将煤样中的硫转化为SO_2和少量的SO_3后，通过电化学滴定最终确定全硫含量；而盐酸萃取法则用于测定煤中的硫酸盐硫的质量，硝酸氧化法用于测定煤样中的硫铁矿硫的质量，差值法用来计算煤中有机硫的含量（即先测定全硫、硫铁矿硫和硫酸盐硫，然后通过差值法计算煤中有机硫的含量）。

(4) 氧元素的测定

煤中氧元素含量的测定还不太成熟，其中较可靠的是舒兹法，但该法所用的仪器和操作步骤都较为繁杂，实际上较少使用。

对于空气干燥基煤样：

$$M_{ad}+A_{ad}+C_{ad}+H_{ad}+O_{ad}+N_{ad}+S_{t,ad}=100\% \tag{4-7}$$

式中，C_{ad}、H_{ad}、O_{ad}、N_{ad}、$S_{t,ad}$分别表示空气中干燥的碳、氢、氧、氮和全硫的含量（%）。一般在测定了碳、氢、氮和全硫含量后，根据该式用差减法可以计算出氧含量。

4.3 煤质分析中的基准及换算

4.3.1 基准的基本概念

煤质分析基准用于表征煤在不同状态下的分析结果（用百分数表示），其核心作用在于统一不同条件下煤质分析的参照标准，确保数据可比性。常用基准有 5 种，分别为收到基、空气干燥基、（绝对）干燥基、干燥无灰基、干燥无矿物质基。干燥无矿物质基进一步扣除了灰分中的结晶水，更精确地反映有机质，但计算更复杂，应用不如干燥无灰基广泛。例如某一给定煤样（绝对干燥状态），计算其灰分含量时，灰分占干燥煤质量的百分比就是干燥煤的灰分产率，而“绝对干燥”就是基准。

4.3.2 煤质分析中不同基准的物质含义

煤质分析时，各基准的物质划分如下：

（1）收到基（ar）：

$$M_{ar}+A_{ar}+V_{ar}+FC_{ar}=100\%$$

或者
$$M_{ar}+A_{ar}+C_{ar}+H_{ar}+O_{ar}+N_{ar}+S_{t,ar}=100\%$$

（2）空气干燥基（ad）：

$$M_{ad}+A_{ad}+V_{ad}+FC_{ad}=100\%$$

或者
$$M_{ad}+A_{ad}+C_{ad}+H_{ad}+O_{ad}+N_{ad}+S_{t,ad}=100\%$$

（3）（绝对）干燥基（d）：

$$A_{d}+V_{d}+F_{Cd}=100\%$$

或者
$$A_{d}+C_{d}+H_{d}+O_{d}+N_{d}+S_{t,d}=100\%$$

（4）干燥无灰基（daf）：

$$V_{daf}+FC_{daf}=100\%$$

或者
$$C_{daf}+H_{daf}+O_{daf}+N_{daf}+S_{t,daf}=100\%$$

（5）干燥无矿物质基（dmmf）：

$$V_{dmmf}+FC_{dmmf}=100\%$$

或者
$$C_{dmmf}+H_{dmmf}+O_{dmmf}+N_{dmmf}+S_{dmmf}=100\%$$

式中，V 为挥发分含量；FC 为固定碳含量；C、H、O、N 和 S_t 为碳、氢、氧、氮和全硫含量；M 代表水分含量；A 为灰分产率。

各基准之间的关系及与元素含量的关系可用图 4-2 和图 4-3 表示。

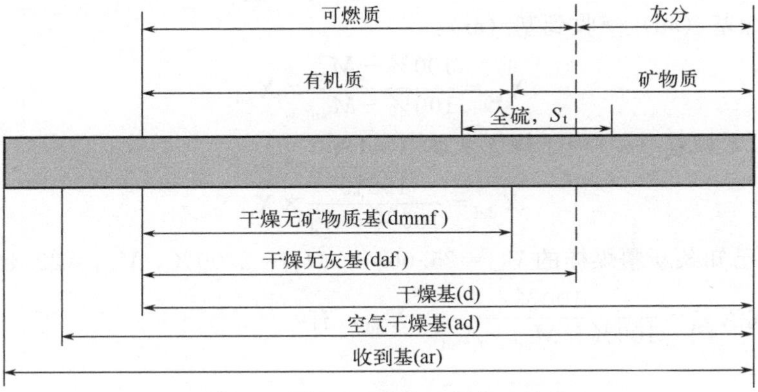

图 4-2　煤质分析基准间的相互关系

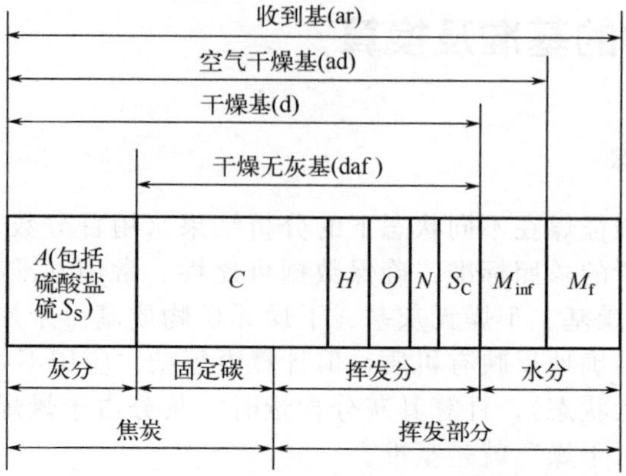

图 4-3 煤质分析基准与元素含量的关系

S_S—硫酸盐硫；S_C—可燃硫（包括有机硫和硫铁矿硫）

4.3.3 各基准间的相互换算

煤质分析测定时，常以空气干燥煤样的质量为基准，但有时需换算为其他基准表示的数据来正确反映指标的本质。基准换算公式如下，另外有时候还需要各基准之间相互换算（X代表A、V、FC、C、H、O、N、S等指标）：

① 收到基（ar）→（绝对）干燥基（d）：

$$X_d=\frac{100\%}{100\%-M_{ar}}\times X_{ar} \tag{4-8}$$

② 收到基（ar）→干燥无灰基（daf）：

$$X_{daf}=\frac{100\%}{100\%-M_{ar}-A_{ar}}\times X_{ar} \tag{4-9}$$

③ 空气干燥基（ad）→（绝对）干燥基（d）：

$$X_d=\frac{100\%}{100\%-M_{ad}}\times X_{ad} \tag{4-10}$$

④ 空气干燥基（ad）→干燥无灰基（daf）：

$$X_{daf}=\frac{100\%}{100\%-M_{ad}-A_{ad}}\times X_{ad} \tag{4-11}$$

⑤ 空气干燥基（ad）→干燥无矿物质基（dmmf）：

$$X_{dmmf}=\frac{100\%}{100\%-M_{ad}-MM_{ad}}\times X_{ad} \tag{4-12}$$

⑥ 空气干燥基（ad）→收到基（ar）：

$$X_{ar}=\frac{100\%-M_{ar}}{100\%-M_{ad}}\times X_{ad} \tag{4-13}$$

⑦（绝对）干燥基（d）→干燥无灰基（daf）：

$$X_{daf}=\frac{100\%}{100\%-A_d}\times X_d \tag{4-14}$$

例题 4-1 已知某新疆煤样的 $V_{ad}=25.00\%$，$M_{ad}=2.00\%$，$V_{daf}=29.44\%$，求 $A_d=$？

解：根据式 $X_{daf}=\frac{100\%}{100\%-M_{ad}-A_{ad}}\times X_{ad}$，有：

$$29.44=\frac{100\%}{100\%-2.00\%-A_{ad}}\times 25.00$$

由上式解得 $A_{ad}=13.08\%$。再由式 $X_d=\frac{100\%}{100\%-M_{ad}}\times X_{ad}$，有：

$$A_d=\frac{100}{100-M_{ad}}\times A_{ad}=\frac{100\%}{100\%-2.00\%}\times 13.08=13.35\%$$

答：该煤样的干燥基灰分产率（A_d）为 13.35%。

• 课后题

4-1 国家标准中，煤的工业分析将煤分为哪几个组分？

4-2 什么是外在水分、内在水分和全水分？

4-3 什么是空气干燥基水分？

4-4 什么是煤的最高内在水分？

4-5 简述煤的内在水分和煤化程度的关系。

4-6 煤的灰分与矿物质的区别和联系有哪些？煤灰成分主要有哪些？

4-7 煤中的矿物质对煤的可选性起决定作用的是哪类？

4-8 煤灰熔融性的特征温度及影响因素有哪些？

4-9 什么是煤的挥发分和固定碳？挥发分随煤化程度怎样变化？

4-10 什么是煤的元素分析？煤主要由哪几种元素组成？

4-11 煤中碳、氢和氧含量随煤化程度有何变化规律？

4-12 煤中的有害元素有哪些？煤中的伴生元素及微量元素有哪些？

4-13 计算题：

某原煤全水分 $M_{ar}=11.00\%$，制成分析煤样后测得 $M_{ad}=2.10\%$，$A_{ad}=11.00\%$，测定挥发分的原始数据为：坩埚质量 19.3005g，加分析煤样后共 20.3005g，在 900℃下隔绝空气加热 7min，冷却后称量，坩埚加残渣共 20.2025g。试求：

① $V_{ad}=$？$V_d=$？$V_{daf}=$？

② 如果完全燃烧 1000kg 这样的原煤，将会产生多少灰渣？

③ 如果燃烧 1000kg 该原煤，灰渣中残留 10%的可燃物，其实际产量是多少？

4-14 比较下面两个煤样挥发分的高低：

煤样Ⅰ：$A_{ad}=9.07\%$，$M_{ad}=1.43\%$，$V_d=24.05\%$；

煤样Ⅱ：$A_{ad}=18.01\%$，$M_{ad}=2.45\%$，$V_d=22.68\%$。

第5章 煤的物理性质

煤的物理性质是选择煤炭加工利用途径的重要依据，对煤的开采、破碎、分选、型煤制造、热处理和废弃物处理等工艺也有很大的指导意义。

煤的物理性质主要与煤的成因（原始物料及其堆积条件）、煤化程度、灰分、水分和风化程度等有关。在煤化作用的初级阶段，成因因素对煤的物理性质的影响起主要作用；在中级阶段，变质作用成为主要因素；而在高级阶段，成因上的区别变得很小，变质作用成为决定煤的结构及物化性质的唯一因素。

5.1 煤的密度

煤的密度因研究目的和用途的不同，可分为真密度（true density，TRD）、视密度（apparent density，ARD）和堆积密度（bulk density，BRD）。

5.1.1 煤的真密度

5.1.1.1 定义

真密度是指在20℃时，单位体积（排除煤中所有孔隙体积）煤的质量。关于煤的TRD测定，以不同物质（氦、甲醇、水和苯等）作为置换物质测定时所得结果是不同的。因为煤中最小气孔的直径为0.5～1nm，而氦分子直径为0.178nm，能完全进入煤的孔内且不能吸附到煤表面上，氦气吸附对密度测定的影响可以被排除，所以通常以氦气作为置换物质测定煤的真密度。

有时用到纯煤真密度的概念（煤中有机质的真密度）以排除煤中矿物质的影响，用 $(\mathrm{TRD})_{\mathrm{daf}}$ 表示，以TRD和煤的灰分进行计算：

$$(\mathrm{TRD})_{\mathrm{daf}}=\frac{\mathrm{TRD}\times d_{\mathrm{A}}(100\%-A_{\mathrm{d}})}{100\% d_{\mathrm{A}}-d_{\mathrm{A}}A_{\mathrm{d}}} \tag{5-1}$$

或用下式估算煤中有机质的真密度：

$$(\mathrm{TRD})_{\mathrm{daf}}=\mathrm{TRD}-0.01A_{\mathrm{d}} \tag{5-2}$$

式中 d_{A}——灰分的平均真密度，无数据时可取 3.0 g/cm^3；

A_{d}——干燥基灰分产率，%。

5.1.1.2 影响真密度的因素

（1）成因类型

不同成因的煤真密度不同，腐植煤的真密度总是比腐泥煤大，例如纯腐植煤的 $(\mathrm{TRD})_{\mathrm{daf}}$ 在1.25g/cm^3 以上，而纯腐泥煤一般小于1.2g/cm^3。

（2）煤化程度

煤化程度低时，TRD随煤化程度的加深而缓慢增加，如由0.72g/cm^3（泥炭）增加至0.8～1.35g/cm^3（褐煤）；接近烟煤（1.25～1.50g/cm^3）时，随着煤化程度的提高，TRD反而缓慢减小，至碳含量为86%～89%时，该值达到最低（1.3g/cm^3 左右）；接近无烟煤（1.3～1.9g/cm^3）时，

TRD 则迅速增大。

以上变化是煤分子结构变化的宏观表现。煤的真密度反映了煤分子结构的紧密程度和化学组成的特点。年轻褐煤分子结构上有较多侧链和官能团，在空间形成较大空隙，难以形成致密的结构，所以 TRD 较低；随煤化程度的提高，侧链和官能团呈减少趋势，与此同时，分子上的氧元素迅速减少，虽然侧链和官能团的减少有利于密度的提高，但是氧原子量相较碳原子量大，因此氧原子的减少造成密度下降占优势，总体上使 TRD 有所下降；到无烟煤阶段后，煤分子结构上的侧链和官能团迅速减少，使煤分子缩聚成为非常致密的芳香结构，从而 TRD 也随之迅速增大。采用氦和水测得的 TRD 见表 5-1。

表 5-1　氦和水作为置换物质所得煤的真密度

V_{daf}/%	真密度/(g/cm³)		差值/%	V_{daf}/%	真密度/(g/cm³)		差值/%
	氦	水			氦	水	
44.5	1.31	1.31	0.0	23.7	1.31	1.32	+0.8
34.8	1.36	1.36	0.0	17.0	1.34	1.33	−0.7
32.9	1.27	1.28	+0.8	14.0	1.45	1.46	+0.7
29.6	1.30	1.29	−0.8	12.9	1.40	1.37	−2.1
26.6	1.28	1.28	0.0	11.7	1.39	1.45	+4.3
24.9	1.34	1.33	−0.7	3.4	1.57	1.57	0.0
24.6	1.38	1.45	+5.5	1.7	1.58	1.58	0.0

注：V_{daf} 代表煤化程度的高低。

(3) 煤岩组成和煤的有机显微组分

对于腐植煤，丝炭的真密度最大（1.37～1.52g/cm³），暗煤为 1.30～1.37g/cm³，镜煤为 1.28～1.30g/cm³。

如图 5-1 所示，丝质组中的丝质体和微粒体的真密度最高，镜质组次之，稳定组最低；当碳含量＞90%后，三者的真密度趋于一致且都急剧上升。对于镜质组，当其煤化程度较低时，真密度随煤化程度增高而降低。当碳含量增加至 87%之前时，C、H、O、N 的变化幅度中以 O 减少的幅度最大。由于氧的迅速减小，且氧的原子量又较碳的原子量大，因而碳的相对增长率低于氧的减少速度，使煤的真密度相对降低。碳含量增加至约 87%时，真密度达到极小值（1.274g/cm³）。

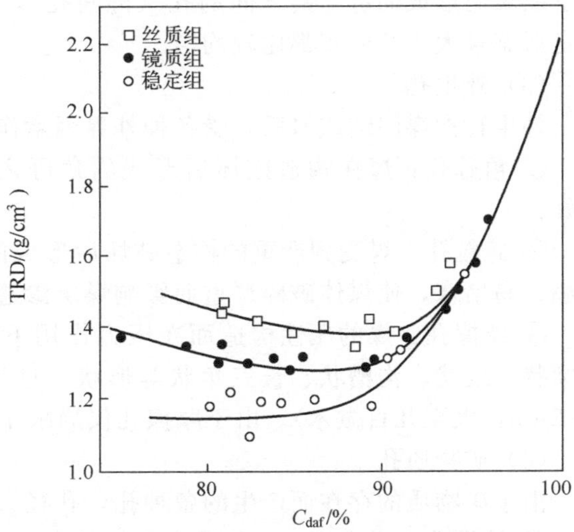

图 5-1　煤中不同显微组分的真密度

(4) 矿物质的影响

煤中矿物质的密度比有机物的密度大得多。例如，黏土密度为 2.4～2.6g/cm³，石英密度为 2.655g/cm³ 左右，黄铁矿密度为 5.0g/cm³ 左右。所以，若灰分每增加 1%，则相应煤的真密度增加约 0.01g/cm³。

5.1.2 煤的视密度

视密度是指 20℃时单位体积（仅包括煤的内部孔隙）煤的质量，主要用于计算煤的埋藏量等。

5.1.3 煤的堆积密度（散密度）

煤的堆积密度是指 20℃时单位体积（包括煤的内外孔隙和煤粒间的空隙）煤的质量。BRD 与 TRD 有关外，还取决于煤的粒度分布和堆积的密实程度。BRD 在设计矿车、煤仓以及估算煤堆质量、高温炉的装煤量等方面都有很大的指导意义。

5.2 煤的孔隙和比表面积

5.2.1 煤的孔隙

煤是具有较大表面积的多孔岩石，含有数量众多、大小悬殊、形态各异的孔，其孔径大小范围在毫米级至纳米级。

5.2.1.1 煤孔隙的成因及类型

（1）原生孔

原生孔即煤沉积时已有的孔隙，主要有植物本身所具有的细胞结构孔（胞腔孔）和各种碎屑状显微体之间的孔隙（屑间孔）两种，在低变质煤中保存较多且不能再生。胞腔孔的空间连通性差，其孔径为几微米至几十微米；屑间孔的形态以不规则状为主，孔径大小为 2～30μm。

（2）变质孔

变质孔是煤在变质过程中发生各种物理化学反应而形成的孔隙，如凝胶化物质在变质作用下缩聚而形成的链与链之间的孔（链间孔），孔径多为 0.01～0.1μm（以小孔为主），无固定形态且大小及分布都比较均匀。

（3）外生孔

外生孔指煤固结成岩后，受各种外界因素作用而形成的孔。其类型主要有：

① 角砾孔：煤在构造破坏后形成的角砾之间的孔，大小为 2～10μm，局部连通性比较好；

② 碎粒孔：煤受到严重的构造破坏后形成的碎粒之间的孔，大小为 0.15～5μm，孔体积小、易堵塞，使煤体破碎严重而影响煤层渗透性；

③ 摩擦孔：煤的压性构造面在压力作用下，面与面之间相互摩擦和滑动而形成的孔，有圆状、线状、沟槽状、长三角状等形状，且常有方向性，孔径大小更是相差悬殊（小至 1～2μm，大至几百微米）。由于摩擦孔仅局限于二维构造面上，所以空间连通性较差。

（4）矿物质孔

由于矿物质的存在而产生的各种孔，孔径大小以微米级为主，常见的有：

① 铸模孔：煤中原生矿物质在有机质中因硬度差异而形成的孔；

② 溶蚀孔：煤中可溶性矿物质在水、汽等长期作用下受溶蚀而形成的孔；

③ 晶间孔：矿物晶粒之间原生或次生的孔。

矿物质孔数量很少，对煤层性能影响不大。但次生矿物晶间孔和溶蚀孔是煤层水文地质环境的反映，可反映出煤层的渗透率。

5.2.1.2 孔隙率和孔容

煤中孔的尺寸并不均匀，通常根据孔径大小将其划分为大孔、中孔和微孔，分别用 V_{mac}、V_{mes}、V_{mic} 表示其孔容，V_t 为总孔容。煤中孔容的分布见表 5-2。孔体积占煤总体积的百分数就是孔隙率。煤的孔隙率可根据真密度和视密度算出：

$$孔隙率=\frac{TRD-ARD}{TRD} \tag{5-3}$$

表 5-2 煤种孔容分布与煤化程度的关系

C_{daf}/%	孔容积/(mL/g)				(V_{mac}/V_t)/%	(V_{mes}/V_t)/%	(V_{mic}/V_t)/%
	V_t	V_{mac}	V_{mes}	V_{mic}			
63.3	0.073	0.064	0.000	0.009	87.7	0.0	12.3
71.2	0.105	0.062	0.000	0.043	59.1	0.0	40.9
71.7	0.114	0.088	0.004	0.022	77.2	3.5	19.3
75.5	0.232	0.040	0.122	0.070	17.2	52.6	30.2
76.5	0.105	0.022	0.013	0.070	20.9	12.4	66.7
77.2	0.158	0.031	0.061	0.066	19.6	38.6	41.8
79.9	0.083	0.017	0.027	0.039	20.5	32.5	47.0
81.3	0.144	0.036	0.065	0.043	25.0	45.1	29.9
83.8	0.033	0.017	0.000	0.016	51.5	0.0	48.5
88.3	0.042	0.016	0.000	0.026	38.1	0.0	61.9
89.5	0.052	0.014	0.000	0.038	27.0	0.0	73.0
90.8	0.076	0.009	0.010	0.057	11.9	13.1	75.0

由该表可以看出：

① 随煤化程度的加深，V_t 呈下降趋势且碳含量约为 88%时达最低值，以后煤的总孔容又有所提高（图 5-2）。年轻煤（如泥炭和褐煤）中的孔主要由胶体孔转化而来，在成煤过程中受到的压力较小，因此孔径较大、孔隙率也较大；到了中等煤化程度，由于煤化作用，分子结构的变化会使分子趋于紧密，因而孔径和孔容减小，孔隙率降至 4%～5%；到了高煤化程度（无烟煤），煤分子缩聚加剧使其体积收缩，若收缩不均、产生的内应力大于煤的强度时，就会在局部形成较多裂隙样微孔，从而使孔隙率显著增大。

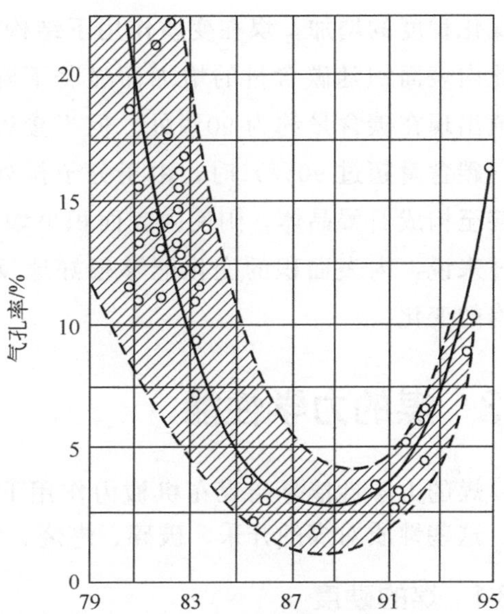

图 5-2 孔隙率与煤化程度的关系

② 就各种煤的孔径分布来说，碳含量小于 75%（褐煤）的煤中，大孔占优势；碳含量为 75%～82%的煤中，中孔占优势；碳含量为 88%～91%的煤中，微孔占优势。

由于多数煤层气集中在微孔内，因此，孔

径的大小直接影响煤对瓦斯等煤层气的吸附、解吸以及其在煤层中的流动等。此外，孔隙率影响煤炭和焦炭的反应性。例如，成型无烟煤的孔隙率为2%～4%，其他型煤为20%～30%，煤球为14%～27%，焦炭为45%～55%，而木炭的孔隙率可达70%。

5.2.2 煤的比表面积

煤的比表面积是煤内部孔壁表面积的外在反映。通常采用吸附法测定煤的比表面积，所用的吸附质是氮、氪、氙、氩和二氧化碳等气体。但所用吸附质不同，测定结果差别也很大（表5-3）。

表5-3 用不同吸附介质在不同温度下测得的煤比表面积 单位：m^2/g

C_{daf}/%	N_2(−196 ℃)	Kr(−78 ℃)	CO_2(−78 ℃)	CO_2(25 ℃)	Xe(0 ℃)
95.0	34	176	246	224	226
90.0	0	96	146	146	141
86.2	0	34	107	125	109
83.6	0	20	80	104	62
79.2	11	17	92	132	84
72.7	12	84	198	139	149

可见，以氮气为吸附质测定的比表面积最小，以二氧化碳为吸附质测定的结果反而最高。所以，结合孔的可接近性和扩散活化能来看，−78℃下以二氧化碳为吸附质测定的结果较为可靠。

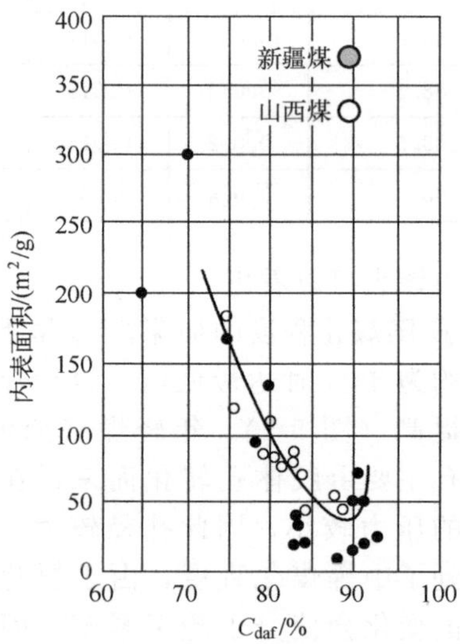

图5-3 煤的内表面积与煤化程度的关系

如图5-3所示，煤的内表面积随煤化程度的变化而呈现类似抛物线形变化。在碳含量较低时，由于煤化程度的增加，煤在变质作用下结构渐趋紧密，因此内表面积随碳含量的增加而显著下降，其中最小值出现在碳含量约为90%处。但当接近无烟煤阶段（碳含量超过90%）时，由于分子排列趋向规则化甚至构成石墨晶体，则使内表面积呈增大的趋势。反过来说，内表面积的变化能够很好地反映煤内部结构的变化。

5.3 煤的力学性能

煤的力学性能是指煤在机械力作用下所表现出来的各种性质，如硬度、脆度、可磨性等。这些性质对煤的开采、破碎、燃烧、气化和成型等工艺过程有实用意义。

5.3.1 煤的硬度

煤的硬度指煤在外来机械力的作用下抵抗形变或破坏的能力。由于机械力的不同，其表示的方式有刻划硬度（莫氏硬度）、弹性回跳硬度（肖氏硬度）、压痕硬度（显微硬度）等。常用的是莫氏硬度和显微硬度。

5.3.1.1 莫氏硬度

以一套具有标准硬度的矿物（表 5-4）来刻划煤，就能得到刻划硬度。煤的刻划硬度分为 1～4 级，与煤化程度有关，如中等煤化程度的焦煤硬度较小，约为 2～2.5 级；随煤化程度的提高，硬度增加，至无烟煤时硬度最大（达到 4 级）。同一煤化程度的煤，丝质组的硬度最大，稳定组最小，镜质组居中。刻划硬度的准确性较差，在研究中一般采用显微硬度作为指标。

表 5-4 标准矿物的刻划硬度

矿物	硬度级别	矿物	硬度级别
滑石	1	长石	6
石膏	2	石英	7
方解石	3	黄晶	8
氟石	4	刚玉	9
磷灰石	5	金刚石	10

5.3.1.2 显微硬度

显微硬度属于压入硬度的一种，通过施加一定的压力于特殊形状（如角锥形或圆锥形）且非常坚硬的压入器上，使其压入到样品表面并形成压痕，卸除压力后用显微镜测量压痕的尺寸可得煤样的显微硬度。如用方形棱锥金刚石压入器时：

$$H=2\sin\frac{\alpha}{2}\times\frac{P}{d^2} \tag{5-4}$$

式中 H——显微硬度，MPa；

P——加在压入器上的负荷，N；

d——压痕对角线长度，mm；

α——方形棱锥体两相对锥面的夹角（一般为 136°）。

由图 5-4 可见，从褐煤开始，显微硬度随煤化程度的提高而上升，在碳含量为 75%～80%之间有一个极大值；此后，随煤化程度的提高反而下降，在碳含量约为 85%时降至最低；煤化程度再提高后，显微硬度又开始增大；到无烟煤阶段，镜质组的显微硬度急剧升高（300～2000MPa），显微硬度随煤化程度的提高直线上升。因此，**显微硬度可作为划分无烟煤的指标**。

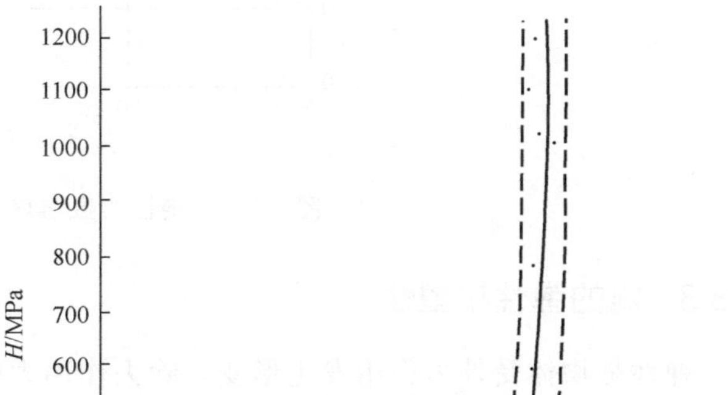

图 5-4 煤的显微硬度与碳含量的关系

丝质组的显微硬度比镜质组高，尤其是丝质组中菌类体的显微硬度最高。因此，在煤的光片进行抛光时，丝质组比镜质组磨损得慢，所以丝质组比相邻较软的组分凸起得要高。

煤的显微硬度与碳含量的关系可以从煤的结构和组成加以解释：

① 褐煤富有高塑性的腐植酸及沥青质（含量可达50%），其硬度很小，因此，褐煤的显微硬度较低。随着煤化程度增大，这些高塑性物质的数量减少，显微硬度增大。

② 烟煤阶段尤其是碳含量大于78%后，随着氧原子数的减少，氧桥数量减少，煤分子间结合力降低，硬度逐渐降低。

③ 无烟煤具有高度芳香缩合结构，其力学性能由组成高聚物空间结构链的数量及坚固性所决定。随着相邻碳网的结合、增大及碳网序理性（排列的整齐程度）的增强，硬度必随之增大。因而碳含量大于87%后，显微硬度急剧增大。

5.3.2 煤的可磨性

煤的可磨性是指煤磨碎成粉的难易程度。在与之有关的煤炭工业应用中，测定煤的可磨性具有重要的意义。例如，火力发电厂与水泥厂等在设计与改进制粉系统并估计磨煤机的产量和耗电量时，常需测定煤的可磨性；在应用非炼焦煤为主的型焦工业中，为了决定粉碎系统的级数及粉碎机的类型，也要预先测定煤的可磨性。

煤的可磨性采用哈德格罗夫法测定，依据是研磨煤粉所消耗的功与所产生的表面积成比例。如图5-5所示，低煤化程度阶段，煤的可磨性指数（HGI）随煤化程度的增大而缓慢增加；在碳含量为87%～90%时迅速增大至最大值；此后随煤化程度的进一步提高，煤的可磨性反而迅速下降。

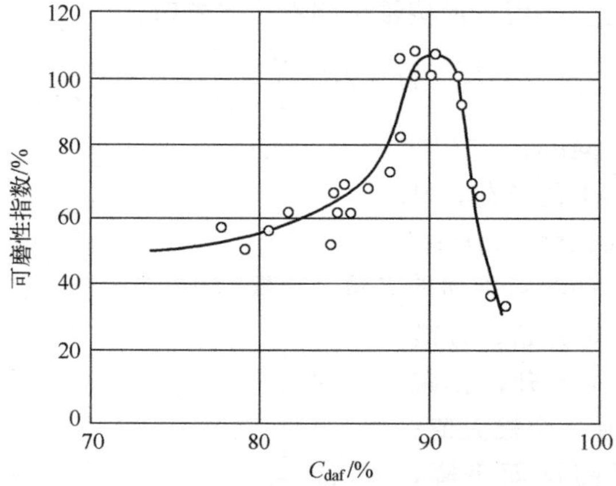

图5-5 可磨性指数与煤化程度的关系

5.3.3 煤的弹性和塑性

弹性是物体受外力作用发生形变，除去作用力能恢复原来形状的性质。这也是把能量储存起来，当外力消失后又释放出来的能力。煤的弹性与其结构特别是与分子间结合力的大小有着密切的关系，当碳含量超过90%时，其弹性随煤化程度的提高而急剧增大。实际应用中，煤的弹性与煤的压缩成型性关系密切，煤的弹性增大则会使型块松散，有利于提高型煤与型焦的产量。

塑性是将压缩的能量吸收起来，使颗粒靠近。因此，塑性与弹性相反，塑性增加，弹性降低，使型块的质量提高。年轻褐煤塑性好，易高压成型；但是典型褐煤、年老褐煤、无烟煤均无塑性，需在黏结剂（焦油、沥青等）或黏合剂（黄泥、纸浆废液等）帮助下压成型块。

5.3.4 煤的脆度

煤的脆度是表征煤被粉碎的难易程度的指标，与煤的煤岩类型（丝炭最脆，镜煤、亮煤居中，而暗煤最硬）及煤化程度（年轻煤和年老煤的脆度小于中等变质烟煤，尤以焦煤和肥煤的脆度最大）有关。由于煤岩类型中丝炭最脆，故煤粉中丝炭甚多。

5.4 煤的热性质

5.4.1 煤的比热容

煤的比热容（c）指单位质量的煤在一定温度范围内，温度升高1℃所需要的热量。煤的比热容随着煤化程度的提高而迅速减小，由最初的1.37J/(g·℃)（褐煤）下降到0.71J/(g·℃)（无烟煤）；因为水的比热容较大，煤的比热容则随水分增大而提高；又因为灰分的比热容一般小于0.72J/(g·℃)，灰分较多时，煤的比热容则减小；由于煤大分子中的原子和原子团振动吸收能量，故c随温度升高而增大并在270～350℃时达最大，此后（350～1000℃）煤发生了热解，比热容随温度（热解程度）升高而下降，最终接近0.82J/(g·℃)（石墨的比热容）。

5.4.2 煤的导热性

煤的导热性可由导热系数λ[W/(m·K)]和导温系数α(m^2/h）来衡量：

$$\alpha=\frac{\lambda}{cd} \tag{5-5}$$

式中 c——煤的比热容，J/(kg·K)；

d——煤的密度，kg/m^3。

由上式可知，α与λ成正比。λ可在一定程度上表示煤的散热能力，cd则表示煤的蓄热能力。

5.4.3 煤的热稳定性

热稳定性是块煤在高温下仍然可保持初始粒度的能力。在各种煤中，褐煤的热稳定性最差，其次是无烟煤，烟煤的热稳定性较好。煤粒在固定床燃烧/气化时，煤的热稳定性要高，否则容易造成块煤在炉中大量破碎甚至变成粉末，造成炉内阻力增大，恶化操作环境和降低气化或燃烧效率，甚至导致生产事故。

5.5 煤的电性质

5.5.1 煤的导电性

煤的导电性代表了煤传导电流的能力，常用电导率（σ）表示。σ越大，煤的导电能力越强。煤的导电性属于半导体或导体范围，褐煤以离子导电为主，无烟煤则以电子导电为主。

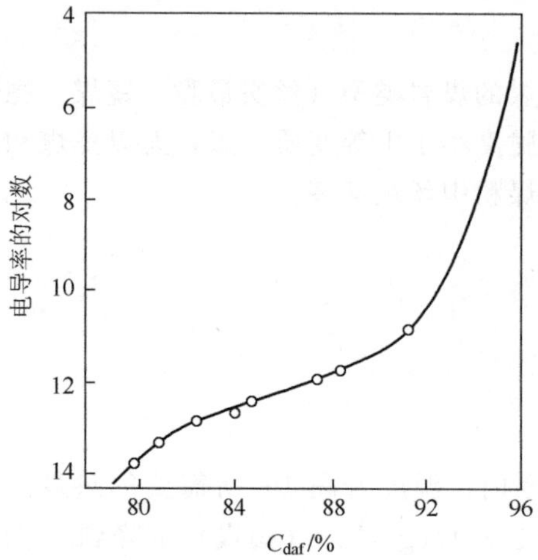

图 5-6　电导率与煤化程度的关系

褐煤的含水量较高，提高了离子导电能力，所以其电导率较高。但随着煤化程度的加深，电导率降低，到长焰煤时降到最低；此后，导电性随煤化程度的增加而缓慢增加，在无烟煤阶段迅速提高（图 5-6）；随着石墨化程度的加深，煤的电导率接近优良导体石墨的电导率。在煤岩组成中，丝炭的导电性更好一些。利用煤与矿物质在导电性上的差异，可以在电选设备上将煤和矿物质分离；利用煤导电性的差异，可以制备有机复合导电材料、石墨电极等。

电导率受到煤中水分、矿物质含量、粒度、温度和测试时外加电压等的影响。例如，在烟煤阶段，电导率通常随矿物质含量的增加而升高，但在无烟煤中矿物质含量越高，电导率越差。煤中黄铁矿的存在通常会使煤的导电性显著增强。

5.5.2　煤的介电常数

煤的介电常数（ε）影响煤矿勘探、矿井地质灾害预警、煤炭脱硫和电力炼焦等。煤化程度是影响煤介电常数的主要因素，年轻煤的极性含氧官能团多，极性大，所以 ε 较大；随煤化程度的加深，含氧官能团减少，煤的介电常数减小，在碳含量达 87%左右时达到最小；然后随碳含量的增加 ε 又急剧增大（这是因为年老煤的导电性增大）。

需要注意，水的极性大，因此煤中水分对其介电常数影响很大。测定 ε 时，必须将煤样完全干燥以去除水分。

5.6　煤的光学性质

5.6.1　煤的反射率

将煤制成光片，以油为介质（油浸物镜的解像力即成像时辨别物体细部的能力远比以空气为介质的干物镜强），在反光显微镜下测定反射光的强度，得到的数据就是反射率。煤的反射率能快速准确地提供煤的牌号信息，不受岩相变化的影响。例如，镜质组的反射率与煤化程度呈较好的线性关系，故可作为煤分类的指标。

5.6.2　煤的折射率

煤的折射率是光线通过煤的界面时发生折射后进入煤的内部，其入射角和折射角的正弦比，一般为 1.4～2.0。折射是光的传播方向发生改变的现象，折射率反映了煤对光线的折射能力，是煤对光传播速度的相对影响程度的物理量。这一数值越大，煤改变光线方向的能力越强。和反射率一样，煤的折射率也随煤化程度的提高而增大（表 5-5）。

表 5-5　不同煤化程度时煤的折射率和反射率

碳含量/%	雪松油中反射率/%		折射率/%	
	最大	最小	最大	最小
58.0	0.26	0.26	1.680	1.680
70.5	0.35	0.35	1.705	1.705
75.5	0.51	0.51	1.730	1.730
81.5	0.67	0.67	1.775	1.775
85.5	0.92	0.90	1.815	1.815
89.0	1.26	1.18	1.880	1.870
91.2	1.78	1.55	1.950	1.900
92.5	2.37	1.84	2.000	1.930
93.4	3.25	2.06	2.020	1.930
94.2	4.17	2.22	2.020	1.930
95.0	5.20	2.64	2.020	1.930
96.0	6.60	3.45	2.020	1.930
100	11.0	—	—	—

由表 5-5 可知，褐煤在光学性质上具有各向同性，所以反射率与折射率均较低；由烟煤向无烟煤转化时，煤分子结构中芳香层片不断增大，排列也越来越规则，在平行和垂直于芳香层片方向上的光学性质出现了各向异性现象并趋于明显，所以反射率与折射率均显著增大。

5.6.3　煤的透光率

透光率 P_M 指煤样在 100℃的稀硝酸溶液中处理 90min 后，所得有色溶液对特定波长（475nm）光的透射率（以目视比色法测定）。

透光率能灵敏地反映出年轻煤的煤化程度，因为煤样受轻微氧化时，一些反映煤化程度的指标如挥发分、碳含量、发热量等会受到明显的影响，但透光率的测值不受影响。因此，在我国煤炭分类中将 P_M 作为划分长焰煤和褐煤，以及褐煤划分小类的主要指标。如年轻褐煤的 P_M 小于 30%，年老褐煤的 P_M 在 30%～50%之间，长焰煤的 P_M 增大至 50%以上，气煤的 P_M 更是大于 90%。

5.6.4　煤的 X 射线衍射

X 射线的波长（0.1～1nm）与晶体的晶格尺寸相近，当 X 射线照射到晶体上时，如果波长 λ、入射角 θ 和晶面间距 d 符合 $2d\sin\theta=n\lambda$（$n=1, 2, 3, \cdots$，衍射次数），就会产生衍射现象而使光线增强。煤并不是完整晶体，所以通常采用粉末法测定其衍射性质。粉末法是通过固定 X 射线的波长并连续改变入射角（一般为 5°～85°）照射煤粉，计数管接收来自煤样的衍射线并把它变为电信号，经放大后在记录仪中识别。

X 射线衍射法是研究煤结构的重要手段。石墨具有明显的晶体结构，共有 9 个衍射峰。煤是非晶态物质，只有 2～4 个不明显的衍射峰。不过，煤结构中存在尚未发育完全的石墨微晶，它的大小和定向排列规则程度随煤化程度而变。所以，用该法可求得微晶与芳香层面平行方向的长度和垂直方向的厚度，以及芳香层面间的距离。

5.6.5 煤的红外光谱

红外光谱是分子中原子或基团在吸收红外线（波长 2.5～25μm）的能量后产生的振动光谱。振动类型有伸缩振动（对称和不对称）和变形振动（面内和面外变形振动）。红外光谱法（图 5-7）因分析速度快、灵敏度高、所需试样少、可以分析各种状态的样品，而在煤的结构特性研究中得到广泛应用。

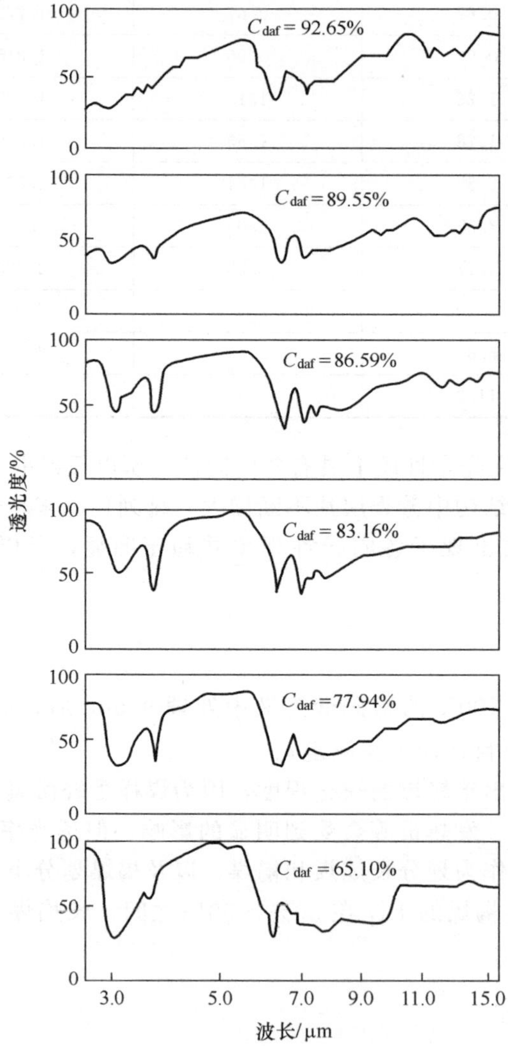

图 5-7 煤的典型红外光谱图

煤的典型红外光谱图中各吸收峰对应的结构列于表 5-6（其中波数为波长的倒数）。可知：

① 煤中的羟基一般氢键化，所以吸收峰位置从 $3300cm^{-1}$ 移到 $3450cm^{-1}$。

② 芳香氢吸收峰主要由 $3030cm^{-1}$ 处的峰代表，低煤化程度时很微弱，随煤化程度增加而增强。但芳香氢在碳含量小于 90%时比例不高且峰度增加很慢，碳含量大于 90%以后则大幅增加。

③ 脂肪氢一般以 $2925cm^{-1}$ 处的吸收峰为衡量指标，而 $1380cm^{-1}$ 处的吸收峰是甲基的特征吸收峰（可衡量甲基含量）。

④ 羰基和羧基的吸收峰在 $1700cm^{-1}$ 附近，峰强度随煤化程度加深而减弱（褐煤较强）。

⑤ 因—OH 和—C ═ O 螯合、缩合芳环被—CH_2 所连以及芳香层间的电子转移和非结晶的假石墨结构等的存在，$1600cm^{-1}$ 处的吸收峰在煤的红外光谱图上特别强。

⑥ 醚键吸收峰在 $1000\sim1300cm^{-1}$。

⑦ 芳香环吸收峰主要在 $900\sim700cm^{-1}$，且随煤化程度的增加而愈发明显。

表 5-6 煤中基团的特征吸收峰

吸收峰位置		对应基团	振动类型
波数/cm^{-1}	波长/μm		
3450	2.9	氢键化的—OH 或—NH_2	伸缩
3300	3.0	—OH 或—NH_2	伸缩
3030	3.3	芳香氢	伸缩
2940	3.4	脂肪氢	伸缩
2925	3.42	脂肪氢	
2860	3.5	脂肪氢	
1700	5.9	羰基、羧基	
1600	6.25	芳香环	环振动、伸缩
1500	6.65	芳香环	环振动、伸缩
1450	6.9	芳香环	不对称变形
1380	7.25	—CH_3	对称变形
1000～1300	7.7～10.0	酚 C—O，醚键	伸缩
700～900	11.1～14.3	芳香环	变形

5.7 煤的磁性质

5.7.1 煤的抗磁性

煤的有机质因在外磁场的作用下产生与外磁场方向相反的附加磁场而具有抗磁性，并以附加磁场强度 I 与外磁场强度 H 之比（即磁化率 χ 或 k）来衡量其抗磁性的强弱。

如图 5-8 所示，煤的磁化率随煤化程度的提高而迅速增大，碳含量在 79%～91%之间（烟煤阶段）时出现转折并且增大幅度稍稍减缓，此后（无烟煤阶段）则直线增大。利用煤与矿物质在磁性上的差异，可施加外磁场将它们分离（即磁选法选煤）。

5.7.2 煤的核磁共振

核磁共振是具有磁性的原子核在强磁场作用下吸收一定波长（$\geqslant 10^2$cm）射频的能量产生能级跃迁的现象。^{1}H 核磁共振技术用于煤的溶剂抽提物和液化产品的定性或半定量分析，而^{13}C 核磁共振能够直接分析固体煤样如脂肪碳和芳香碳的分布等结构信息。

图 5-9 是一种次烟煤吡啶抽提物的^{1}H 核磁共振图谱。共振峰和氢原子位置的对应关系见表 5-7。

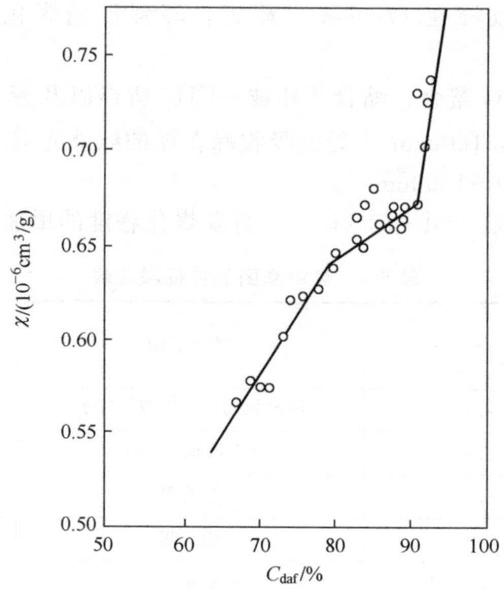

图 5-8　煤的抗磁性磁化率与煤化程度的关系

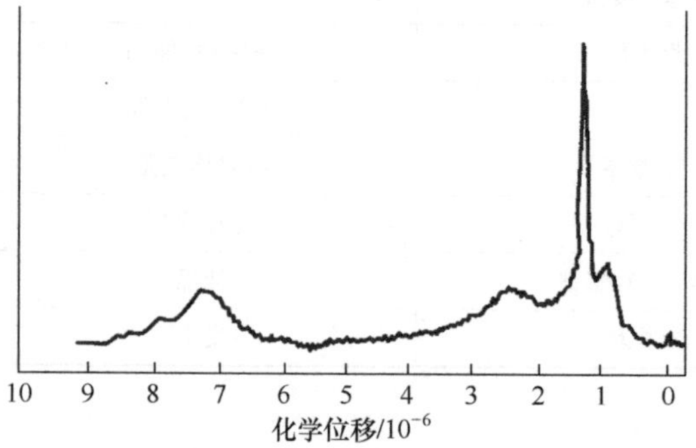

图 5-9　某次烟煤吡啶抽提物的^{1}H 核磁共振图谱

表 5-7　^{1}H 核磁共振图谱中化学位移与氢原子对应情况

化学位移 δ/ppm	对应氢原子
0～1.0	脂肪或非芳环 α 位上的甲基
1.0～2.0	脂肪或非芳环 α 位上的亚甲基和次甲基
2.0～3.6	芳环 α 位置上的甲基、亚甲基和次甲基
3.6～5.8	芳环之间作为桥键的亚甲基和次甲基
5.8～10.0	芳香氢和酚羟基氢

上述 δ 范围内吸收峰面积与总面积之比，即为对应氢原子个数与总原子数之比，由此即可得知煤分子中氢原子的种类和分布，进而推导分子结构。

5.8　煤的润湿性和润湿热

5.8.1　煤的润湿性

煤的润湿性是指液体与煤接触时，煤被液体润湿的程度。通常采用接触角（θ）表示煤的润湿性大小，接触角越大，煤的润湿性越差（图 5-10）。

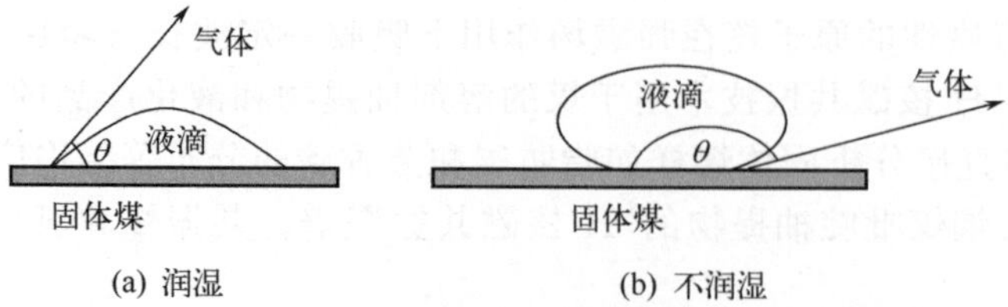

图 5-10　固液接触后的润湿情况

通常以水或苯测定煤的接触角，来反映煤的亲水性和亲油性。由表 5-8 可以看出，随碳含量的增加，煤-水系统的 cosθ 下降（即 θ 增大），所以煤对水的润湿性下降；与此相反，煤-苯系统的 cosθ 增加（即 θ 减小），所以煤对苯的润湿性增强。通常，年轻煤因含较多的极性含氧基团（羟基和羧基等），对水的亲和性较强，中等以上煤化程度煤的极性基团大量减少，对水的亲和性变差（疏水性增强），亲油性增强。由于矸石表现出较强的亲水性，此时，利用煤和矸石亲水性的差异，在煤的浮选脱灰过程中可将二者进行分离。

表 5-8　粉末法测定不同煤化程度煤的接触角

碳含量/%	cosθ	
	煤-水系统	煤-苯系统
74.0	0.610	0.726
78.1	0.604	0.738
79.1	0.562	0.736
81.1	0.443	0.841
81.9	0.508	0.706
83.1	0.432	0.813
83.9	0.341	0.886
89.7	0.453	0.863
91.3	0.416	0.900

5.8.2　煤的润湿热

煤被液体润湿时会释放出热量，通常以 1g 煤被润湿后所释放出的热量作为煤的润湿热的单位（即 J/g）。润湿热的大小主要与液体种类、煤的表面性质（尤其是比表面积）有关。这是因为液体在煤的孔隙内表面积上发生吸附，比表面积越大，吸附作用越强，润湿热就越高。煤的润湿热与煤化程度的关系如图 5-11 所示（单位面积对应的润湿热单位为 J/m^2），年轻煤的比表面积大，分子上较多的含氧官能团易于与常用的润湿剂（甲醇分子等）产生强极化作用，所以润湿热较高；但随着煤化程度的提高，煤的比表面积减小，含氧官能团减少，润湿热急剧下降并在碳含量为 90%时达到最低；到了无烟煤阶段，因比表面积有所提高，润湿热又上升。

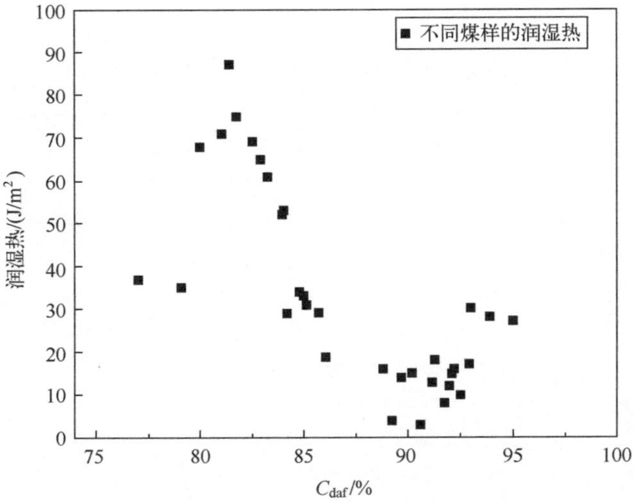

图 5-11　润湿热与煤化程度的关系

由于煤的润湿热大致为 0.39～0.42J/m^2，故可利用润湿热粗略估算煤的比表面积。

• 课后题

5-1 煤密度的表示方式有哪些？其计算基准有何区别？真密度随煤化程度怎样变化？

5-2 煤的力学性能有哪些？硬度的表示方式有哪些？

5-3 简述煤的显微硬度与碳含量的关系。

5-4 煤的热性质有哪些？对煤的应用有何影响？

5-5 试述煤的导电性的应用。

5-6 镜质组的反射率与煤化程度有何关系？煤的反射率、折射率与透光率有何用途？

5-7 通过X射线衍射和红外光谱法可以得出哪些煤的结构信息？煤的核磁共振表征可以得到哪些结构信息？

5-8 举例说明煤的磁性质的应用及其原理。

5-9 简述煤的润湿性及其判断标准。

5-10 煤的润湿性随煤化程度怎样变化？简述润湿热的产生原因及与煤化程度的关系。

5-11 煤的孔隙率和表面积随煤化程度怎样变化？

5-12 煤孔隙的成因有哪几种？研究孔的意义是什么？

第6章 煤的化学性质

6.1 煤的氧化性质

6.1.1 煤在不同氧化条件下的氧化产物

煤的氧化是煤分子结构从复杂到简单的转化过程。**氧化温度越高、氧化剂的氧化能力越强、氧化时间越长，产物分子结构就越简单**。常用氧化剂有高锰酸钾、重铬酸钠、双氧水、硝酸、纯氧以及空气等。煤的氧化可以按其深度或主要产品分为5个阶段：

6.1.1.1 表面氧化

氧化条件较弱（常温到100℃左右，在空气或氧气中氧化），氧化反应发生在煤的内外表面，主要形成表面碳氧络合物（不稳定，易分解为CO、CO_2和H_2O等）。煤经氧化后易碎裂且表面积增加，使氧化加快。煤的表面氧化虽然程度不深，但可使煤的性质发生较大的变化，如热值降低、黏结性下降甚至消失，机械强度也相应降低，因此对煤的工艺应用有较大的不利影响。

6.1.1.2 轻度氧化

（1）氧化条件及产物

氧化条件有所增强：①在100～300℃的空气或氧气中氧化；②或在100～200℃碱性溶剂中用空气或氧气氧化；③或在80～100℃的硝酸溶液中氧化。氧化产物为可溶于碱液的高分子有机酸（即再生腐植酸）。

（2）腐植酸类物质

泥炭、褐煤和风化煤的碱抽提物称为腐植酸。腐植酸是由多种结构相似但又不同的高分子羟基芳香酸组成的复杂混合物，具有弱酸性。其组分既没有塑性和弹性，又不会结晶或熔化，是一种非均一的高分子缩聚物和无定形胶体。按溶解度和颜色的差异，腐植酸可分为黄腐酸、棕腐酸和黑腐酸。

腐植酸类物质包括腐植酸的各种盐（钠、钾、铵等）、络合物（络腐酸、腐植酸-尿素等）以及各种衍生物（硝基腐植酸、氯化腐植酸、磺化腐植酸等）。

（3）腐植酸的主要性质

① 其钠盐、钾盐和铵盐可溶于水，能降低水的表面张力和泥浆的黏度，有助于脱水；

② 腐植酸是一种亲水的可逆胶体，加酸或高浓度盐溶液可使腐植酸溶液发生凝聚；

③ 腐植酸具有弱酸性，但酸性较乙酸强，故能分解乙酸钙，具有一定的离子交换能力；

④ 腐植酸与金属离子能配合和螯合，故能从水溶液中除去金属离子；

⑤ 腐植酸具有氧化还原性，如将H_2S氧化为硫，将V^{4+}氧化为V^{5+}；黄腐酸能将Fe^{3+}还原为Fe^{2+}，将$AuCl^-$还原为Au；

⑥ 腐植酸具有一定的生理活性，如作为氢受体可参与生物体内的能量代谢，对各种酶有不同程度的促进或抑制作用，也能促进铁、镁及锌等离子的吸收与转移。

(4) 腐植酸类物质的应用举例

① 农业：腐植酸铵、腐植酸钠、硝基腐植酸铵等可用作肥料和饲料添加剂，起到刺激植物生长、改良土壤、除草、预防蔬菜生理病害、杀虫杀菌和调整养殖池环境等作用。

② 工业：腐植酸类物质在工业中广泛应用，如化学工业中可用于制造偶氮染料、硫化染料、涂料等；采矿业中用于制造钻井泥浆调整剂、浮选剂、除垢剂和硬水软化剂；建筑业中用于制造水泥减水剂、陶瓷添加剂等；煤炭工业中用于制造黏结剂（煤砖、煤球和型焦）、脱硫剂（煤气、焦炭）、废水废气净化剂、煤-油混烧稳定剂、煤粉运输用分散剂等；日化和食品工业中用于制造皮革颜色分散剂、香肠肠衣浸润剂、食品防腐剂、酿酒保酵剂。此外，腐植酸还可以用于医药制造，调整机体的免疫功能、调节内分泌、止血，甚至可以抑制肿瘤细胞的生长。

6.1.1.3 中度氧化

在 200～300℃的碱性溶液中用空气或氧气加压氧化（或在碱性介质中用高锰酸钾或双氧水氧化），产物是可溶于水的复杂有机酸（次腐植酸）。常用的碱性介质是 NaOH、Na_2CO_3 和 $Ca(OH)_2$ 等。

6.1.1.4 深度氧化

煤的深度氧化条件与中度氧化类似，不同的是增加了氧化剂用量，延长了反应时间，使次腐植酸继续氧化为可溶于水的低分子有机酸（草酸、醋酸和苯羧酸等），甚至彻底氧化为二氧化碳和水。深度氧化产物是研究煤结构的重要手段。该过程通常在碱性介质中进行，碱性介质可使氧化得到的酸转变成相应的盐而稳定下来；同时，促使腐植酸盐溶解，以减少反应产物的过度氧化（若采用中性或酸性介质，则会使 CO_2 增加，水溶性酸产量降低）。由于深度氧化过程是分阶段进行的（轻度→中度→深度），所以适当控制氧化条件，可增加特定产品收率（表 6-1）。

表 6-1 高锰酸钾与煤的质量比对氧化的影响

成分	高锰酸钾与煤的质量比/%						
	0	1.0	3.0	5.0	7.0	8.1	12.8
未反应组分/%	100.0	81.9	56.1	32.4	10.9	4.4	0
腐植酸/%	0.0	10.9	27.8	24.4	19.1	0	0
芳香族羧酸/%	0.0	6.0	23.0	35.1	51.0	46.8	41.8
草酸/%	0.0	2.0	8.0	13.2	20.0	17.0	20.8
醋酸/%	0.0	0.9	1.9	2.4	2.1	2.6	3.3

除醋酸外，随着煤化程度的增大，碱性高锰酸钾深度氧化的产物也发生了显著的变化。草酸的收率较高，但随煤化程度的增加而减少；芳香族酸收率也较高，且随煤化程度的增加而大幅增加；二氧化碳的收率始终很高，但随着煤化程度的增加而下降（表 6-2）。

表 6-2 煤化程度及煤的深度氧化产物分布

原料物质	二氧化碳/%	醋酸/%	草酸/%	芳香族酸/%
纤维素	48	3	48	—
木质素	57～60	2.5～6.0	21～22	12～16
泥炭	49～61	3.0～5.5	15～28	10～25

续表

原料物质	二氧化碳/%	醋酸/%	草酸/%	芳香族酸/%
泥炭和褐煤	45～47	3.0～7.5	9～23	22～34
烟煤	36～42	1.5～4.5	13～14	39～46
无烟煤	<43	2	7	50

6.1.1.5　完全氧化

指煤在高温下燃烧生成二氧化碳和水并放出大量热的过程。

6.1.2　煤的风化与自燃

6.1.2.1　煤的风化

离地表较近的煤层经风、雨和空气等的长时间作用后，煤的固有性质发生一系列不利变化而成为风化煤的过程称为煤的风化。另外，存放在地面上的煤也会发生风化。风化会使煤发生如下显著变化：

① 化学组成：碳和氢含量下降，氧含量增加，腐植酸含量增加；

② 物理性质：光泽变暗、机械强度下降、疏松易碎，但其表面积和对水的湿润性增大；

③ 工艺性质：低温干馏焦油产率下降、发热量降低、黏结性下降甚至消失、可浮性变差，此外精煤脱水性亦恶化。

风化煤中的腐植酸常与钙、镁和铁离子等结合形成不溶于水和碱液的腐植酸盐，部分风化程度较深的煤生成了分子量更低的黄腐酸，因此需先进行酸洗后用丙酮抽提。

6.1.2.2　煤的自燃

煤风化是一个放热过程，如果释放的热量因通风不畅而未能及时逸出，则会被煤吸收而使煤的温度升高，加剧了煤的氧化且放出更多的热量。当温度达到煤的着火点时，煤就会自燃。煤的自燃易发生在较高的煤堆内部或密闭采空区。

6.1.2.3　影响煤风化和自燃的因素

① 成因类型和煤化程度：腐泥煤和残植煤较腐植煤更难风化和自燃；腐植煤随煤化程度加深，其着火点升高，风化和自燃的趋势下降（**年轻褐煤最易风化和自燃**）。

② 煤岩类型：煤岩类型的氧化活性按照镜煤>亮煤>暗煤>丝炭的趋势降低。但丝炭有较大的内表面积，因而低温下能吸附更多的氧，丝炭内又常夹杂着黄铁矿，故能放出较多热量从而提高周围和自身的氧浓度。

③ 黄铁矿含量：水分存在下黄铁矿极易氧化并放出大量热，促进氧化和自燃。

④ 散热与通风：大量煤堆积时，热量不易散失；煤堆疏松时，与空气接触面大，可加速氧化。

6.1.2.4　风化和自燃的预防

① 隔断空气；

② 通风散热；

③ 通过分选减少黄铁矿等无机矿物的含量；

④ 避免贮存太久（尤其是年轻煤）。

6.2　煤的加氢

煤的加氢（又称煤的氢化）分轻度和深度两种，可用于制取洁净的液体燃料，也可用于脱灰、脱硫制取精制煤，还可用于生产结构复杂和有特殊用途的化工产品。

固体煤与液体烃类在化学元素的组成上几乎相同，区别仅仅是各元素特别是氢碳原子比（H/C）不同（表6-3），如石油的H/C接近2，褐煤、长焰煤（高挥发分烟煤）、肥煤（中挥发分烟煤）、无烟煤的H/C分别约为0.9、0.8、0.7和0.3。从分子结构来看，煤主要由结构复杂的芳香烃组成，分子量高达5000以上，而石油则主要由结构简单的直链烃组成，分子量小得多，仅为200左右。通过对煤加氢，可以破坏煤的大分子结构（即将某些键断开并加氢），生成分子量小、氢碳原子比大、结构简单的烃，从而将煤转化为液体油和少量气态烃。不过，煤加氢程度不同，其性质或产物将产生不同的变化：**轻度加氢生成以固体为主的洁净燃料，深度加氢则生成液体油**，经进一步处理可以得到发动机燃料或其他精细化工产品。

表6-3　煤与烃类元素组成比较　　单位：%

元素种类	无烟煤	中挥发分烟煤	高挥发分烟煤	褐煤	煤焦油沥青	甲苯	石油	汽油	甲烷
C	93.7	88.4	80.3	72.7	87.4	91.3	83.9	86.0	75.0
H	2.4	5.0	5.5	4.2	6.5	8.7	11.1	14.0	25.0
O	2.4	4.1	11.1	21.3	3.5	—	—		
N	0.9	1.7	1.9	1.2	2.2	—	0.2		
S	0.6	0.8	1.2	0.6	0.4	—	1.0		
H/C	0.31	0.68	0.82	0.86	0.90	1.14	1.76	1.94	4.00

注：1. 石油中除表中所列元素，还含有其他元素如磷等，所以C、H、O、N、S的含量之和不等于100%。

2. H/C是原子个数比，其余为每个元素的质量含量。

6.2.1　煤加氢的反应机理

（1）热解反应

煤结构单元间桥键的键能较低，受热易分解生成自由基碎片。在富氢条件下，这些自由基能够得到饱和而稳定下来，生成低分子量的液体；如果氢缺乏，自由基就会重新缩合。所以煤热解生成自由基是加氢液化的第一步：

$$R—CH_2—CH_2—R' \longrightarrow R—CH_2\cdot + R'CH'_2$$

（2）供氢反应

煤在直接加氢液化过程中，生成的自由基从供氢溶剂（四氢萘、9,10-二氢菲和四氢喹啉等）中获得氢而稳定下来，同时生成分子量较小的产物：

$$H\cdot + R\cdot \longrightarrow RH$$

当供氢不足时，热解所得自由基的碎片缩聚生成半焦：

$$n(R\cdot) \longrightarrow \text{半焦}(R)_n$$

供氢溶剂给出氢后，又能与气相中的氢气反应再生，如此反复，起到氢传递的作用。

（3）脱杂原子反应

氧、氮、硫等杂原子在加氢后生成H_2O、H_2S、NH_3等而从煤中脱出，这对提高煤加氢液化产品的品质和保护环境非常重要。

① 脱氧反应：在煤加氢反应初始阶段，氧的脱除与氢的消耗符合化学计量关系，因而此时氢元素几乎全部用于脱氧生成水［图6-1（a）］；此后因有大量气态烃和富氧体生成，耗氢量激增。从氧脱除率与煤转化率的关系曲线［图6-1（b）］可知，在脱除率达60%前，转

化率随脱除率呈线性关系；当脱除率达 60%后，另有 40%的氧稳定存在于煤中而难以脱除。

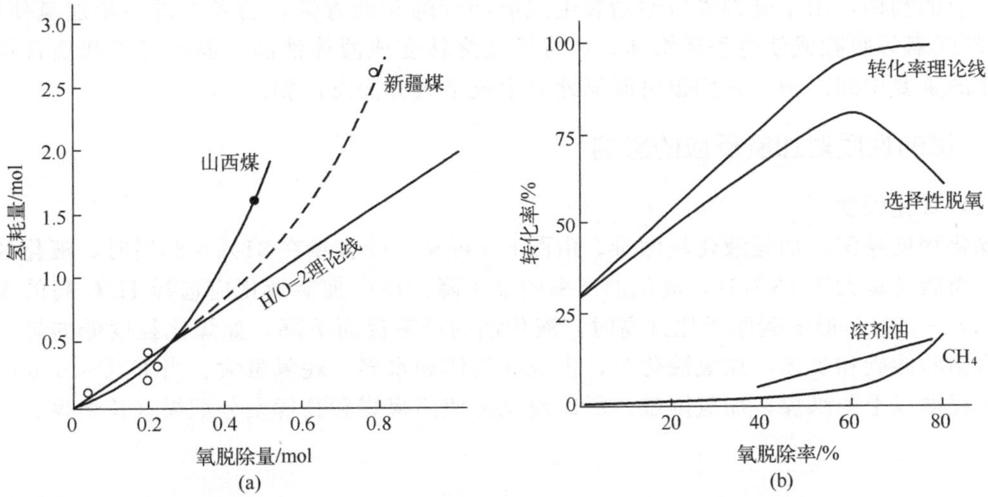

图 6-1 耗氢量（a）和煤转化率（b）与氧脱除的关系曲线

② 脱硫反应：与脱氧过程相似，但更容易进行。其中硫醚最易脱除，而噻吩中的硫原子最难（需催化脱除）。

③ 脱氮反应：只有当邻近苯环全部饱和后氮杂环才能破裂，所以脱氮相比于脱氧和脱硫要困难得多。如在轻度加氢时氮含量几乎不变，则需要优化反应条件和使用高活性催化剂才能脱除氮。

（4）其他反应

如果加氢过程中氢分压很低或反应温度过高，则在热解生成氢含量较低的高分子化合物的同时，还可能发生脱氢反应并伴随着缩聚反应生成半焦和焦炭等固体，从而降低液体产品的收率；若氢分压较高，煤裂解和氢化反应的过度进行将导致生成较多的低分子化合物（气态烃等），亦会降低液体产品的收率。

6.2.2 煤加氢反应的历程

煤加氢液化是极其复杂的反应过程，同时进行着很多平行反应和顺序反应。

如图 6-2 所示，煤是复杂的混合物，含有少量容易液化的组分（如低分子化合物），所以在反应初期可加氢直接生成油；但也存在少量难以液化的组分（如多环芳烃等），同时还

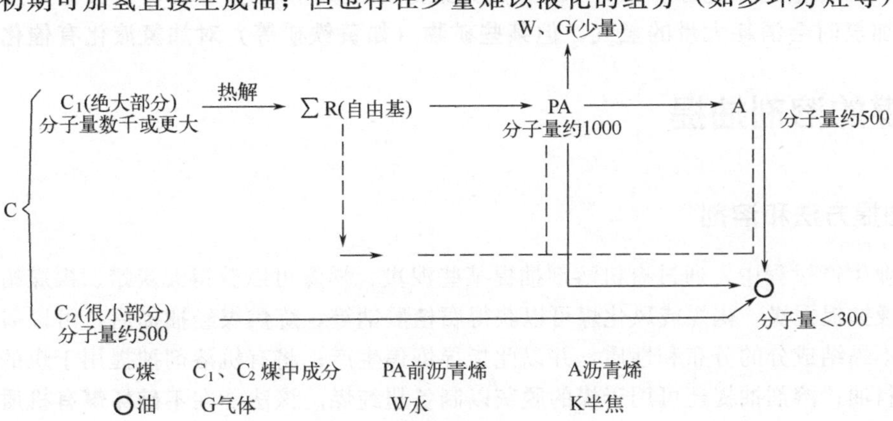

图 6-2 煤的加氢反应历程

存在解聚反应和缩合等反应，导致更多难以加氢的组分生成。对于一般有机大分子组分，在加氢反应的初期，由于醚键等桥键断裂生成前沥青烯和沥青烯，后者再进一步加氢使羧基、环内/环间氧等脱除或使芳香环饱和，沥青烯最终转变成液体油品。前沥青烯和沥青烯是加氢液化的重要中间产物，它们也可脱氢缩聚生成半焦等固态产物。

6.2.3 煤的性质对加氢反应的影响

（1）煤化程度

煤化程度越深，加氢液化越困难。由图 6-3 可见，碳含量在 81%～83%时，液化油产率最高；而碳含量大于 83%时，液化油产率明显下降。所以加氢液化应选择 H/C 高的煤（一般为 0.8～0.9）。但氢碳原子比过高时，液化油的产率反而下降，如煤化程度低的煤（H/C 高）含脂肪族碳和氧多，加氢液化时，生成的气体和水多，耗氢量大。当 H/C<0.6 时为中等变质程度以上的烟煤，加氢困难。所以液化常使用褐煤和高挥发分烟煤（长焰煤、气煤）。

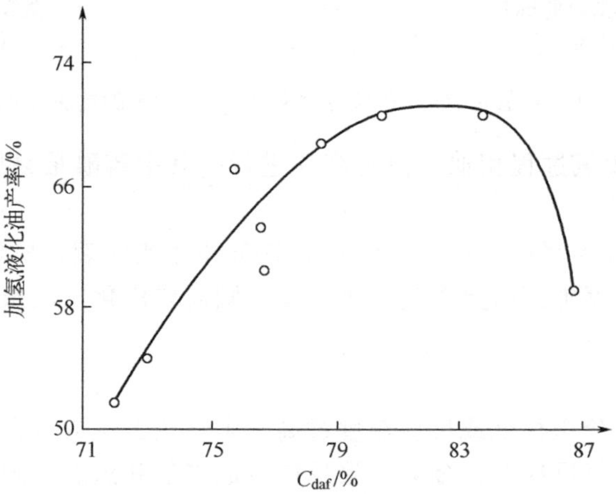

图 6-3 煤加氢液化产物的产率与煤化程度的关系

（2）煤岩组成

煤化程度低时，镜质组和稳定组是活性组分，易加氢液化，其中稳定组比镜质组更易加氢。而丝质组则难以加氢液化。但是，**随着煤化程度加深，镜质组液化转化率直线下降**。

（3）煤中矿物质

矿物质的含量越低越好。以 5%的含量为最好，最大不超过 10%；含其他杂质较高的煤如高硫煤加氢时会消耗大量的氢气，但**某些矿物（如黄铁矿等）对加氢液化有催化作用**。

6.3 煤的溶剂抽提

6.3.1 抽提方法和溶剂

在工业生产过程中，通过有机溶剂抽提某些泥炭、褐煤可以获得泥炭蜡、褐煤蜡等（图 6-4）；用碱液抽提泥炭、褐煤或风化煤可以获得腐植酸钠等；炼焦煤经抽提后，可以研究煤中黏结成分和不黏结成分的分布和性质，并以此指导炼焦生产；将有机溶剂抽提用于煤的液化，可以获得燃料油；溶剂抽提还可用于煤的脱灰以制备超纯煤。该法能在**不破坏煤有机质结构**的前提下，研究溶剂抽出物及其残渣的组成、结构和性质，据此推测煤大分子的组成和结构。

图 6-4　褐煤分级提质流程图

常用的有机溶剂有：

① 中性溶剂：脂肪烃类（石油醚）；

芳香烃类（四氢萘、甲苯和二甲苯等）；

含氧化合物（乙醚和丙酮等）；

含氯化合物（氯仿和四氯化碳）。

② 碱性溶剂：含氮化合物（吡啶和喹啉等）。

③ 酸性溶剂：各种酚类。

④ 混合溶剂：焦油馏分、蒽油等。

按抽提条件将抽提方法分为 5 类：

① 常规抽提：采用一般溶剂（苯、乙醇等）在低于 100℃下抽提，抽出物（树脂和树蜡）仅占煤的 1%～9%，不是煤的代表性结构成分。

② 特殊抽提：以亲核溶剂（胺类、酚类及羧基类溶剂）在低于 200℃下抽提，抽出物占煤的 20%～40%，并与煤有机质的基本结构单元类似。

③ 抽提热解；在 200～350℃下以菲、β-萘酚、蒽油、沥青等进行抽提，能得到 90%以上的抽出物。该种抽出物是煤热分解后所抽提出来的物质，膨润煤即采取该法大量工业制取。

④ 化学抽提氢解：在高于 300℃的条件下，采用供氢溶剂（四氢萘等）将煤加氢分解的同时进行抽提。

⑤ 超临界抽提：在 400℃左右，以甲苯或水等为超临界溶剂抽提，抽提率可达 30%以上，已发展成为一种新的煤液化工艺。

6.3.2　煤的常规抽提

（1）褐煤的苯-乙醇抽提

以 1∶1 的苯和乙醇混合溶液在沸点下抽提褐煤，可获得沥青抽提物（由树脂、树蜡和少量沥青组成的复杂混合物）。再用丙酮抽提该混合物，可溶物为树脂和地沥青，不溶物为树蜡（褐煤蜡）。褐煤蜡由高级脂肪酸和高级脂肪酸酯以及游离的脂肪酸和长链烷烃等构成，具有熔点高、化学稳定性高、防水性好、导电性低、强度较高和表面光亮等优点，被广泛用于各行业。

（2）氯仿抽提

氯仿抽提用于研究煤的黏结机理。若用氯仿抽提原煤，抽提率不到 1%；但经快速预热、钠-液氨和乙烯化处理后，抽提率明显增加。而且，煤的黏结性越好（如中等变质程度烟煤），抽提率增加越明显。

6.3.3 煤的特殊抽提

进行特殊抽提时，虽然煤的有机质尚未热解，但少量溶剂分子已与煤的有机质发生了键合，因而难以从抽提物或残留煤中完全分离出来。以吡啶抽提为例，其在沸点下的抽提率明显高于普通有机溶剂（表 6-4）。对烟煤来说，吡啶的抽提率先随变质程度的增加而增加，并在碳含量为 89%时达到最大值；之后随着煤变质程度的进一步提高而急剧下降。需要注意的是，抽提物的元素组成与原煤也很接近。

表 6-4　煤的吡啶抽提率和抽提物组成

原煤 C_{daf}/%	抽提率/%	抽提物组成/%	
		C_{daf}	H_{daf}
81.7	28.3	—	—
82.8	30.1	83.6	5.7
84.3	32.3	—	—
84.7	31.4	—	—
87.1	37.1	87.4	5.9
89.0	37.9	88.3	5.6
90.9	0.6	—	—

吡啶抽提物也是复杂的混合物，需用不同溶剂分级抽提才能获得更多分离组分（图 6-5）：

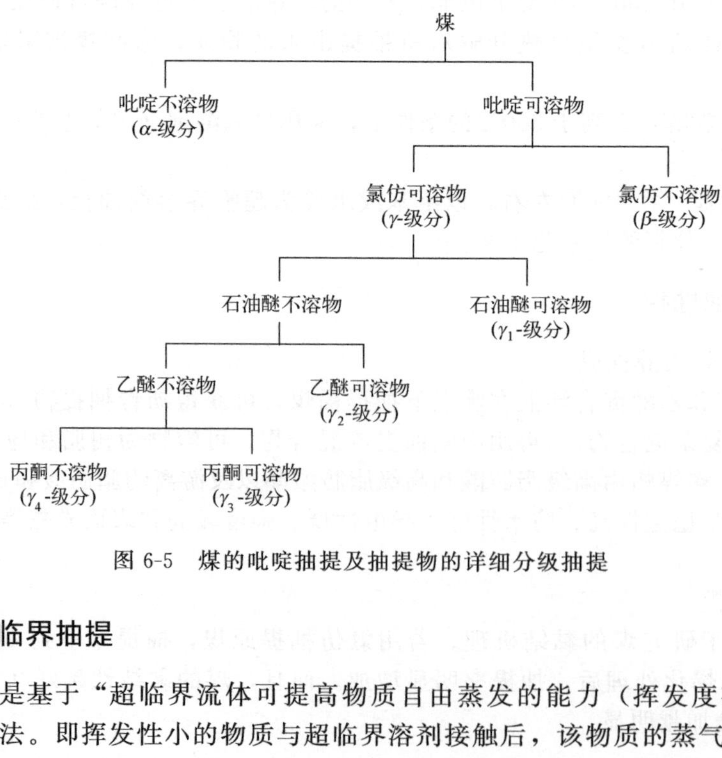

图 6-5　煤的吡啶抽提及抽提物的详细分级抽提

6.3.4 煤的超临界抽提

超临界抽提是基于“超临界流体可提高物质自由蒸发的能力（挥发度甚至可提高近万倍）”的抽提方法。即挥发性小的物质与超临界溶剂接触后，该物质的蒸气压增大，同时向超临界溶剂中溶解和汽化。由于该法能在远远低于沸点下抽提低挥发度的物质，所以避免了抽提时热分解和缩聚反应的发生，尤其适合对煤焦油中烃类的抽提。对抽提产物进行分离也很简单，即把所得混合气体的压力降低，使“溶剂”气体的密度降低，从而使其“溶解能力”降低，那么原本溶解于其中的固体就会沉淀下来。煤的超临界抽提有许多潜在优点：

① 超临界溶剂同时具备气体的性质（高扩散性）和液体的性质（高密度），可以较好地渗入固体并提高溶解能力；

② 超临界溶剂更像液体而不像气体那样被压缩，因此消耗的压缩能低；

③ 煤抽提物含氢多，容易转化为油品和烃类化学品（表 6-5）；

④ 残渣（非黏结性的多孔固体）表面积增大且含有适量的挥发分，因而反应活性高，是较好的气化或动力燃料；

⑤ 残渣易与溶剂分离，避免了需对高黏流体进行过滤的难题。

表 6-5　典型超临界抽提物、原料煤及残渣的组分分析

组分	原料煤	抽提物	残渣	组分	原料煤	抽提物	残渣
$C_{daf}/\%$	82.7	84.0	84.6	H/C	0.72	0.98	0.63
$H_{daf}/\%$	5.0	6.9	4.4	$A_d/\%$	4.1	—	5.0
$O_{daf}/\%$	9.0	6.8	7.8	$V_{daf}/\%$	37.4	—	25.0
$N_{daf}/\%$	1.85	1.25	1.90	分子量	—	约 490	—
$S_{daf}/\%$	1.55	0.95	1.45				

6.4　煤的磺化

煤的磺化是以浓硫酸或发烟硫酸处理煤的工艺。

（1）磺化反应

磺化可使煤有机分子的缩合芳香环或侧链上引入磺酸基：

$$RH + HOSO_3H \longrightarrow R{-}SO_3H + H_2O$$

因浓硫酸具有一定的氧化性，所以也会发生一些氧化反应（生成羧基和酸羟基等）。

（2）工艺条件

① 原料煤：挥发分大于 20%、灰分约为 6%且具有良好机械强度的中等变质烟煤（含较多暗煤组分），煤粒度为 2～4mm（粒度大则磺化不完全；粒度过细将导致阻力较大）。

② 硫酸浓度和用量：浓度应大于 90%（发烟硫酸效果更好），硫酸/煤的质量比为（3～5）∶1。

③ 反应温度：110～160℃（反应初始时需要加热，反应进行后因磺化为放热反应，所以无需再供热）。

④ 反应时间：总的反应时间一般在 9～12h。

（3）磺化煤的用途

磺化产物经洗涤、干燥、过筛后即可得到氢型磺化煤，与 Na^+ 交换后可制成钠型磺化煤。磺化煤主要用于锅炉水软化（除去 Ca^{2+} 和 Mg^{2+}）、有机反应催化剂（烯酮反应和烷基化反应等）、钻井泥浆添加剂、处理工业废水（含酚和重金属）、湿法冶金中回收金属（Ni、Ga、Li 等）以及制备活性炭等。

6.5 煤的其他化学反应

煤能够发生的其他化学反应如下：

① 解聚：以苯酚为溶剂、BF_3 为催化剂在 120℃下反应，产物为酚、吡啶及四氢呋喃可溶物；

② 水解：在 200～350℃下 NaOH 水溶液或醇溶液中反应，产物为吡啶和乙醇可溶物；

③ 烷基化：四氢呋喃作溶剂，卤代烷或 $AlCl_3$ 等为催化剂，在 135℃或更高温度下反应，产物为吡啶和乙醇可溶物；

④ 酰基化：CS_2 作溶剂，加入酰氯化反应剂反应，产物为吡啶和乙醇可溶物。

• 课后题

6-1 简述煤的氧化会分成几个阶段的原因及每个阶段的具体内容。

6-2 为何需对煤进行氧化处理？煤的氧化在煤炭利用中有何重要意义？

6-3 风化对煤的影响有哪些？怎样防止煤的氧化、自燃？

6-4 煤燃烧过程中的主要反应有哪些？

6-5 详述煤和石油在组成上的区别。两者转化的关键是什么？

6-6 煤加氢的反应机理及反应类型有哪些？

6-7 简述煤的性质对加氢的影响。

6-8 煤中低分子化合物对其加氢、液化是否有影响？

6-9 煤加氢和溶剂抽提对煤的利用有何指导意义？

6-10 煤溶剂抽提的方法有哪几类？

6-11 超临界萃取具有哪些优点？

6-12 磺化煤的应用在哪些方面？

6-13 简单举例煤的其他化学反应。

第7章　煤的工艺性质

煤的热解（也称为煤的热分解或干馏）是指煤在隔绝空气（或惰性气氛）的情况下持续加热至较高温度时，发生的一系列物理变化和化学反应的复杂过程。黏结和成焦则是具有黏结性的煤热解的某种结果。按热解终温的不同，热解可分为低温（500～600℃）、中温（700～800℃）和高温干馏（950～1050℃）。

7.1　煤的热解性质

7.1.1　黏结性烟煤的热解过程

黏结性烟煤的热解过程主要分为三个阶段（图 7-1）：

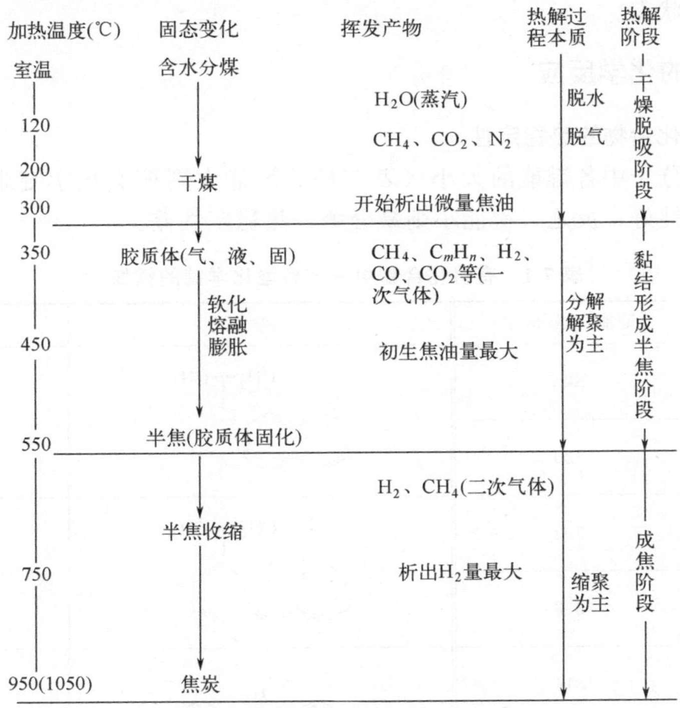

图 7-1　黏结性烟煤的热解历程

（1）干燥脱吸阶段（室温～300℃）

在该阶段煤的基本性质不会发生变化，室温～120℃时煤脱水干燥；120～200℃时煤中吸附的 CH_4、CO_2、N_2 等气体脱附；200～300℃时，年轻褐煤发生轻微热解，释放出 CO_2 等气体，但烟煤和无烟煤则无明显的变化。

（2）黏结形成半焦阶段（300～550℃）

该阶段以煤的分解、解聚为主。

① 300～450℃时，煤发生剧烈的分解或解聚反应，生成大量分子量较小的CH_4、H_2、不饱和烃等气体和焦油蒸气（热解的一次气体），以及分子量较大的黏稠液相组分。焦油主要是在该阶段析出的，大约在450℃时析出量最大。这一阶段中形成的气、液、固三相混合物称为胶质体，其特性对煤的黏结性和成焦性有决定性作用。

② 450～550℃时，胶质体分解加速并开始缩聚，生成分子量很大的物质，胶质体固化成为半焦。

（3）成焦阶段（550～1050℃）

该阶段以缩聚反应为主。

① 550～750℃时，半焦分解析出大量的H_2和少量的CH_4（热解的二次气体）。释放出大量气体后，半焦体积收缩，产生裂纹。值得注意的是，该阶段基本上不产生焦油。

② 750～1050℃时，半焦进一步分解，继续析出少量气体（主要是H_2），同时发生缩聚，使芳香碳网不断增大、结构单元的有序化排列进一步增强，最后半焦完全转化成焦炭。

7.1.2 非黏性煤的热解过程

由于非黏性煤（如褐煤和无烟煤等）不具有黏结性，在热解过程中无胶质体生成，热解前后煤粒仍呈分离状态。

7.1.3 煤热解中的化学反应

7.1.3.1 煤中有机化合物的热稳定性

该性质取决于分子中各键能的大小（表7-1）。键能大则该类化学键难以断裂，煤中有机化合物的热稳定性好；反之，键能小则易分解，热稳定性差。

表7-1 有机化合物中一些典型化学键的键能

化学键	键能/(kJ/mol)	化学键	键能/(kJ/mol)
芳C-芳C	2057	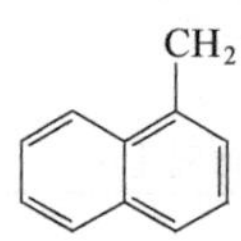	284
芳C-H	425		
脂C-H	392	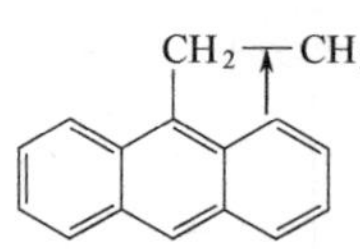	251
芳C-脂C	332		
脂C-O	314	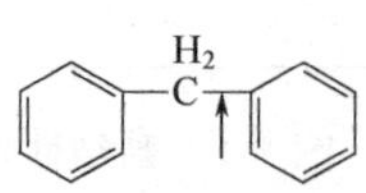	339
脂C-脂C	297		
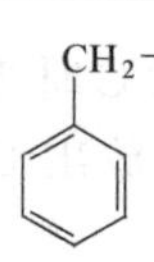	301	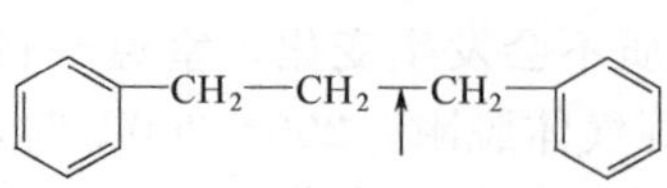	284

由表7-1可知，烃类热稳定性的规律如下：

① 按缩合芳烃、芳香烃、环烷烃、烯烃、炔烃、烷烃的顺序，热稳定性依次降低；

② 芳环上侧链越长，该侧链越不稳定；芳环数越多，其侧链也越不稳定；

③ 环数越多，缩合多环芳烃的热稳定性越强。

7.1.3.2 煤热解过程中的主要化学反应

煤热解过程中涉及的化学反应十分复杂，可以归结为裂解和缩聚两大类反应。

（1）裂解反应（煤热解前期低温段的主要反应）

① 结构单元之间的桥键断裂易生成自由基，如—CH_2·、—CH_2—CH_2·、—CH_3、·O—、·S—、·S—S—等。

② 脂肪侧键热裂解生成 CH_4、C_2H_6、C_2H_4 等气态烃。

③ 含氧官能团的裂解（其热稳定性按照羟基、羰基、羧基和甲氧基的顺序依次降低）：甲氧基在较低温度下就可以分解；羧基于 200℃ 开始分解，生成 CO_2 和 H_2O；羰基在 400℃才裂解生成 CO；羟基则更不易脱除（700～800℃以上仍大量存在），可通过氢化生成 H_2O 除去；其他含氧物质如含氧杂环在 500℃以上也可能断开，生成 CO。

④ 煤中低分子化合物裂解成小分子挥发物。

（2）一次热解产物在析出过程中受到的二次热解反应

① 裂解反应：

$$C_2H_6 \longrightarrow C_2H_4 + H_2$$

$$C_2H_4 \longrightarrow CH_4 + C$$

$$CH_4 \longrightarrow C + 2H_2$$

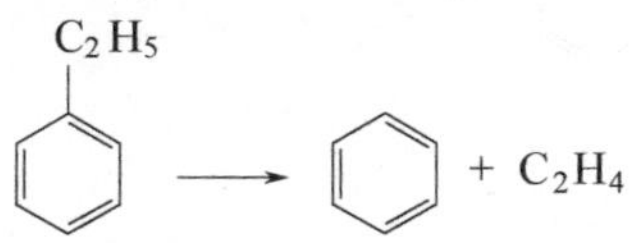

② 脱氢反应（芳香化）：

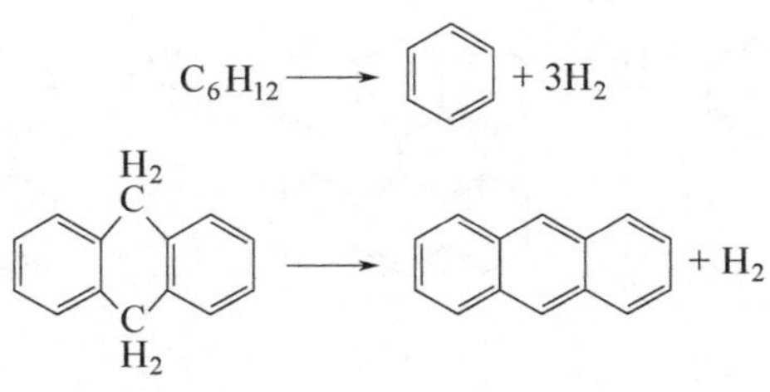

③ 加氢反应（芳香环去功能化）：

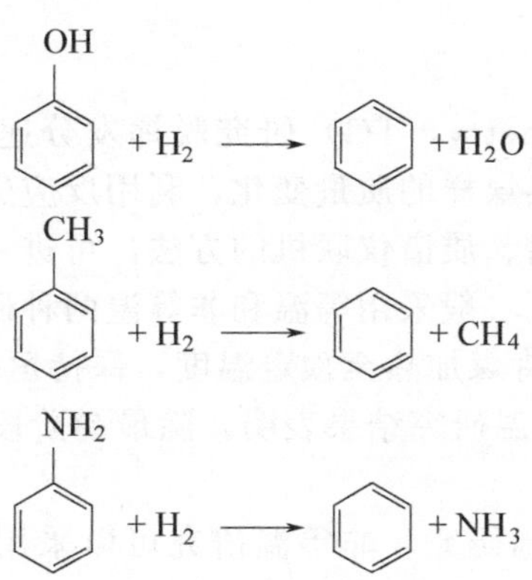

④ 缩合反应：

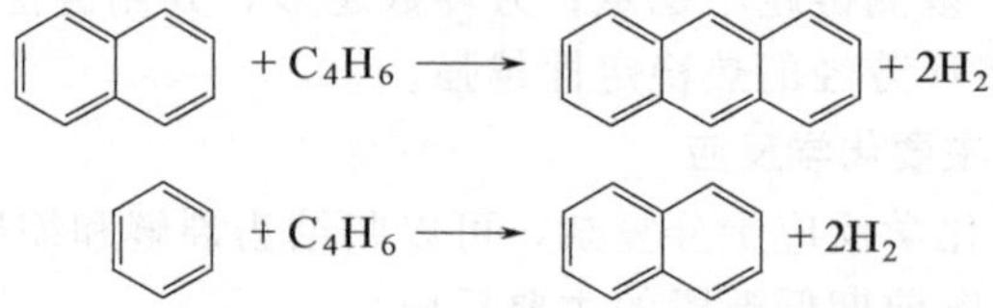

⑤ 桥键断裂：

$$—CH_2— + H_2O \longrightarrow CO + 2H_2$$

$$—CH_2— + —O— \longrightarrow CO + H_2$$

(3) 缩聚反应（煤热解后期中高温段的主要反应）

缩聚反应对煤热解生成固态产品（半焦或焦炭）的影响较大。

① 胶质体固化（热解时生成的自由基此时发生缩聚生成半焦）：

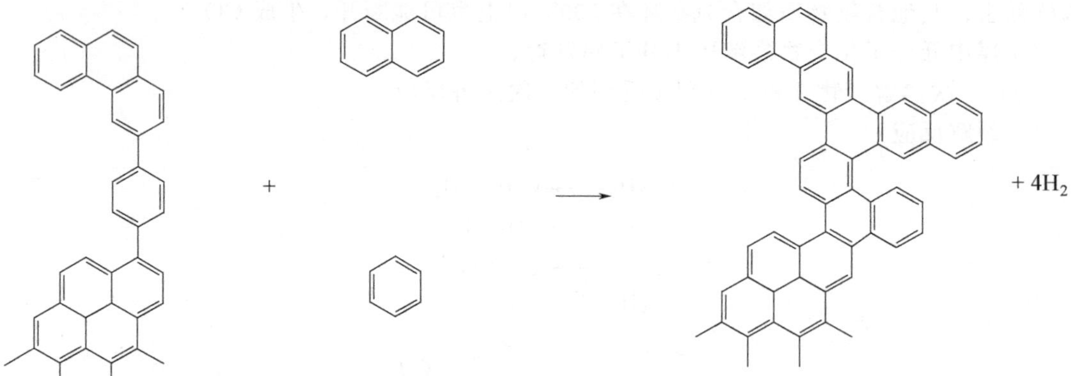

② 半焦分解（半焦继续裂解和缩聚生成焦炭）：

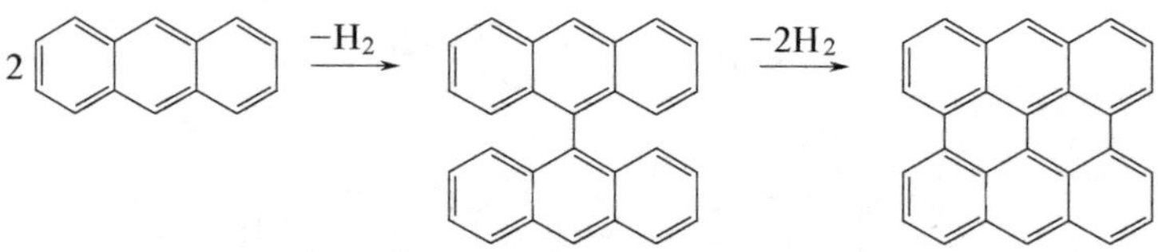

7.1.4 煤热解动力学

煤热解动力学主要是研究煤在热解过程中的反应种类、反应方式、反应产物、反应速率常数和反应活化能等。

(1) 脱挥发分动力学

用热失重法（thermogravimetry，TG）研究脱挥发分速度，所用仪器为热天平，在一定的加热速度下连续测定被加热煤样的质量变化，利用反应失重可以研究煤热解脱挥发分的动力学。若采用热重与红外光谱、质谱仪联机的方法，可进一步测出挥发分气体的种类，具体研究某种析出气体的动力学。一般采用等温和非等温两种研究方法。

① 等温研究：该法是快速将煤加热至预定温度，保持恒温并测量过程失重和最终失重，求出失重速率，直至降为0。等温研究结果表明，除最初阶段是由分解速度控制外，整体上脱挥发分主要由扩散控制过程。

② 非等温研究：相较于等温研究，非等温研究可以采用较慢的升温速率更好地进行动力学研究，避免快速升温所导致的一系列问题；最重要的是可以由一条失重速率曲线计算出

所有的动力学参数，极大地简化了测定方法。

(2) 胶质体反应动力学

煤的热解过程具有选择性，即活化能较低的键先断裂，活化能较高的键后断裂。所以煤开始热解时活化能较低、反应速率大；随着温度的升高，热解程度加深，则活化能增大、反应速率减小。焦炭的形成由三个依次相连的反应阶段组成，即胶质体的形成、半焦的形成和焦炭的形成，因此其反应速率依次降低。

煤的热解活化能随煤化程度的加深而增大。气煤的活化能约为 148kJ/mol，而焦煤的活化能约为 224kJ/mol，煤热解的平均活化能为 209～251kJ/mol。

(3) 煤的差热分析

差热分析（differential thermal analysis，DTA）是将试样与参比物（在实验温度范围内不发生相变化和化学变化的热惰性物质，如 α-Al_2O_3 等），在相同的条件下加热（或冷却）并以程序控制温度，记录被测试样和参比物的温度差与温度（或时间）的关系曲线。即反映了煤在热解过程中发生的吸热和放热效应，吸热为低谷（即负峰——被测试样温度低于参比物温度的峰），放热为高峰（即正峰——被测试样温度高于参比物温度的峰）。

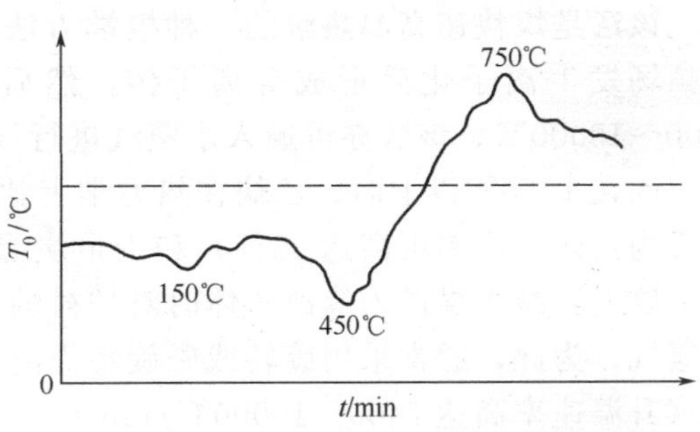

图 7-2 焦煤差热分析曲线

由图 7-2 可以发现有三个明显的热效应区：

① 在 150℃左右有一个吸热峰，表明此段是煤析出水分和脱除吸附气体所造成的吸热效应（相当于煤热解过程的干燥脱吸阶段）。

② 在 350～550℃有一个吸热峰，表明此段为煤解聚并分解生成气体和煤焦油（蒸气状态）等低分子化合物所导致的吸热效应（相当于热解过程的黏结形成半焦阶段）。

③ 在 750～850℃有一个放热峰，表明此段为煤热解残留物互相缩聚、生成半焦所导致的放热效应（相当于煤热解过程的成焦阶段）。

差热分析法证实了煤热解过程中热化学反应的存在。由于不同的煤热解过程不同，因此其差热分析曲线上峰的位置和高低也略有差别。

7.1.5 煤的快速热解

煤的快速热解是指升温速率远高于常规升温速率（一般小于 10℃/min）时煤的热解。由于升温速率的提高，挥发物的数量和（或）焦油产率增加，亦可通过控制热解过程调节产品分布。

(1) 闪速热解

如美国西方石油公司将煤粉喷入由燃烧气流夹带的热循环半焦的稀气流内，快速加热（升温速率可达 17000℃/min）至规定温度（530～620℃），产出大量油品。通过调整热解条件（如提高热解温度至 800℃以上），此时以产气为主。

又如大连理工大学开发的具有中国特色的固体热载体快速热解法，适用于褐煤、油页岩和年轻烟煤，干馏温度为 500～650℃，产出大量干馏焦油和中热值煤气。除此之外，残留半焦的反应性好、比电阻大，还是高效的还原剂、炭质吸附剂和高炉喷吹燃料。

(2) 加氢闪速热解

该法以氢气夹带煤，在 900℃和 5MPa 下对烟煤进行瞬时加氢闪速热解，从而最终将煤中 95%的有机碳转化为 CH_4 和其他烃类气体。该过程分为两步：第一步先形成黏稠的焦油状物质（反应时间过短时即停留在这一步）；第二步为焦油状物质气相加氢裂化为气体、较轻的油类和碳质残渣。即产品组成和产率取决于操作条件，如最佳产油温度为 550℃，并且油的产率随氢气压力的增加而线性增加。然而反应过快时产生的油类组成与低温焦油相似，当把反应时间延长为数秒时，能得到大部分由芳香烃构成的轻油。在 600℃以上对残渣进行加氢气化反应（大部分 CH_4 均通过该过程生产）是加氢闪速热解的一个补充，其反应速率比通常的煤焦加氢气化快。

（3）两段加氢热解

该法是以煤为原料获得高收率化学品的有效方法。首先将高挥发分烟煤在 15MPa 的氢气压力下以 60℃/min 或 300℃/min 的加热速率进行加氢热解，然后将所得蒸气在 850℃下进行加氢裂化，可以得到甲烷（20%）、乙烷（8%）、苯（12%）、焦油（10%）和少量的萘，氢耗量为 7%。若将焦油循环，则甲烷和苯的产率可增加至 25%和 15%，残留的半焦则全部用于制氢和生产用热。

（4）等离子体热解

该法是煤快速高温热解的一种极端方法。首先将 Ar、H_2 或 Ar-H_2 混合物通过电弧或射频场发生离子化后形成等离子体，然后将超细煤送入等离子体内，此时热解温度为 2000～15000℃。该法亦可通入水蒸气进行气化，称为等离子体气化（用于生产合成气）。

因在 1350℃以上时，乙炔在热力学上比其他烃类更加稳定，所以等离子体热解的产物主要为乙炔（产率可高达 35%）和少量炭黑，能耗与电石法生产乙炔相近。但该法也存在两个要点：减少煤送入等离子体时对炉衬的磨损；将反应产物快速冷却以避免乙炔分解成碳和氢气。为此，通常采用旋转或磁旋转等离子体，并缩短一次分解产物的停留时间至几毫秒内（升温速率高达 2400～10000℃/min）。

7.2 煤的黏结成焦性质

高温热解具有黏结性的煤时，从粉煤分解开始，经胶质状态生成半焦的过程称为黏结过程，加之随后进行的半焦收缩过程构成了整个结焦过程。

7.2.1 胶质体的来源和性质

在热解过程中（300～550℃），煤粒会软化熔融，并在表面形成含有气泡的液相膜。当大量煤粒聚积时，液相相互融合在一起，形成气、液、固三相共存的黏稠混合物，即胶质体（图 7-3）。胶质体的形成是煤炭黏结成焦的前提，而胶质体液相的量则是影响焦炭质量的关键。

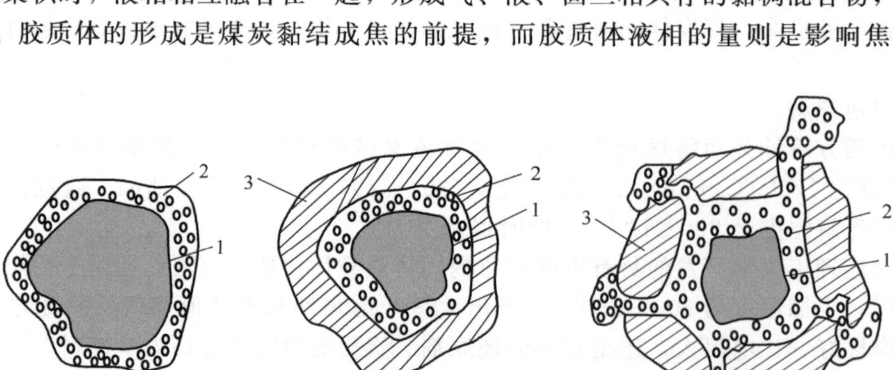

图 7-3 煤粒受热软化形成胶质体示意图

1—未软化煤；2—含气泡的液相胶质体；3—半焦

（1）胶质体液相的来源

胶质体的形成，是煤热解过程中氢再分配的结果，即由于氢的再分配及部分中间产物被氢饱和（氢碳比升高），因而形成了液相。液相的主要来源是煤分子结构单元间的桥键断裂并形成自由基碎片，其中分子量较小、含氧较多的成为液体产物；脂肪族化合物分解后也会产生少量液体产物。此外，已形成的液体溶解部分煤，使液相数量进一步增加。

（2）胶质体的性质

① 热稳定性：表示煤粒处在塑性状态的时间，以煤软化和胶质体固化时的温度间隔（煤热解时开始软化的温度与胶质体开始固化时的温度差）来表示。肥煤的温度间隔约为140℃（320～460℃），气煤为90℃（350～440℃），焦煤为75℃（390～465℃），瘦煤最小，约为40℃（450～490℃）。温度间隔越大，胶质体黏结煤粒的时间越长，越有利于黏结。但仅以温度间隔表示胶质体的热稳定性太过片面，如焦煤的温度间隔比气煤小，但其胶质体的黏结性和结焦性高于气煤。所以将其与塑性平均温度（软化温度与固化温度的平均值）结合起来综合考虑胶质体的热稳定性。

② 流动性：间接反映了胶质体液相量的多少和黏度的大小。其数量多、黏度小，则流动性大；反之，流动性就小。胶质体的流动性差，不利于煤粒间的黏结，所得焦炭熔融性和强度就都差。肥煤和焦煤形成的胶质体流动性好，而气煤和瘦煤形成的胶质体流动性却很差。

③ 透气性：指热解时气体从胶质体中析出的难易程度。若胶质体中的液相量多且黏度大，则气体难以析出，透气性差；反之，气体易于析出，透气性好。

④ 膨胀性：若胶质体的量多且黏度大，则气体不易析出而会使胶质体发生膨胀。煤的膨胀性与其透气性有关。透气性好，不易膨胀；透气性差，则其胶质体易发生膨胀，从而产生较大的膨胀压，有利于煤粒间的黏结。但膨胀压过大（如煤在焦炉炭化室中炭化），就会对炉墙产生较大的膨胀压力。

7.2.2 煤的黏结与成焦机理

（1）煤的黏结机理

煤粒间的黏结主要发生在煤粒表面。煤热解后，煤粒沿着接触表面产生界面结合，这种结合不仅发生在熔融颗粒与不熔颗粒之间，也发生在相邻颗粒间的胶质体交界面上。因此，煤热解后不同煤粒生成的液相之间的相互渗透只限于煤粒的表面。

在黏结性烟煤热解时，煤分子结构上的氢发生了再分配，生成了富氢且分子量较小的液相物质（分子量为400～1500）和焦油蒸气、气体烃等化合物。胶质体中的液相既能软化煤粒，也能隔离热解中生成的大量自由基，阻止它们结合成为更大的分子而固化。该过程中胶质体是逐渐增加的，当液相的生成速度与热解速度相等时，胶质体液相的流动性达到最大。此后，其热解速度超过了生成速度，导致胶质体流动性逐渐下降并固化成为半焦。胶质体的固化是液相分解产生的自由基缩聚的结果，即胶质体中的化合物因脱氢、脱烷基等热解反应而引起的芳构化和炭化的过程。

综上，要想使煤在热解中较好地黏结，需满足以下条件：

① 胶质体液相的量应充足，以便润湿煤粒表面并充满颗粒间的空隙。胶质体液相应具有较好的流动性和较宽的温度间隔；还应有适当的黏度，加之在一定气体的作用下产生适度的膨胀压，便于将软化的煤粒压紧。

② 液态产物与固体颗粒间应有较好的附着力。

③ 黏结性不同的煤粒应在空间均匀分布。

④ 热解过程中存在的固体颗粒应具有足够的机械强度。

(2) 煤的成焦机理

胶质体固化成半焦后继续升温，则半焦发生裂解并析出气体（主要为 H_2），无焦油产生。此时的裂解反应主要是芳香化合物脱氢并产生带电自由基，随后自由基相互缩聚而稳定下来。当温度进一步升高后，自由基的缩聚加剧并使芳香碳网不断增大，其排列也趋于规则化。

从外形变化来看，由于缩聚反应的加剧，半焦的体积发生不均匀收缩，造成半焦内部产生应力，当应力大于半焦的强度时产生了裂纹。反应后期，裂解和缩聚反应趋缓，析出气体量减少，半焦也完全转变为具有一定块度和强度以及金属光泽（银灰色）的焦炭。

7.2.3 煤黏结性和结焦性的评定方法

7.2.3.1 煤的黏结性和结焦性

黏结性是指煤在干馏时产生的胶质体黏结自身和（或）惰性物料的能力；结焦性是指单种或配合煤在炼焦条件下（一定的升温速度和终温等），黏结成块并最终形成具有一定块度和强度的焦炭的能力。黏结性是评价烟煤能否用于炼焦的主要依据，也是评价低温干馏、气化或动力用煤的重要依据。各类煤中肥煤和气煤的黏结性最好；炼焦用煤必须具有结焦性，其中焦煤的结焦性最好。

7.2.3.2 评定方法

(1) 罗加指数（RI）

称取 1g 粉碎煤样（粒度小于 0.2mm），将该煤样与 5g 标准无烟煤（宁夏汝箕沟矿产）放入坩埚内搅拌均匀并铺平，以钢质砝码在 6kg 负荷下压实 0.5min。加盖后连同砝码一起放入已预热至 850℃的马弗炉中烧 15min，冷却后称量焦渣的总质量（m_0）。再以孔径为 1mm 的圆孔筛筛分，称量筛上物质的质量（m），然后进行 3 次转鼓转磨（转鼓转速为 50±2r/min，每次 5min）。每次转磨结束后将试样用圆孔筛筛分，并称量筛上物质的质量（分别为 m_1、m_2 和 m_3）。罗加指数（%）的计算公式如下：

$$\mathrm{RI}=\frac{0.5(m+m_3)+m_1+m_2}{3m_0}\times 100\% \tag{7-1}$$

式中 m_0——焦化后焦渣的总质量，g；

m——转磨前粒度大于 1mm 焦渣的质量，g；

m_1——第一次转磨后粒度大于 1mm 焦渣的质量，g；

m_2——第二次转磨后粒度大于 1mm 焦渣的质量，g；

m_3——第三次转磨后粒度大于 1mm 焦渣的质量，g。

罗加指数法用煤焦化后焦炭的耐磨强度表示煤的黏结性大小，是一种测定煤黏结性的方法。该法具有很多优点，如设备简单、测定快速、所需试验次数少，而且既能反映煤的黏结能力，也能反映所制焦炭的强度。但罗加指数法也有缺点，如：加热速度远高于工业炼焦的实际加热速度，使黏结性测值偏高；对强黏结性煤的区分能力差，对弱黏结性煤的重现性差。

(2) 黏结指数（G）

黏结指数是针对罗加指数的缺点改进而来的，已成为我国煤炭分类的主要指标之一。其测定原理和仪器设备与罗加指数法基本相同，改进点主要有：

① 将标准无烟煤的粒度降为 0.1～0.2mm（降低至与试验煤样粒度接近，防止两种煤样混合不均，增加其吸纳胶质体的能力，从而提高该法对强黏结性煤的区分能力）；

② 根据煤样的黏结性强弱灵活改变配比，黏结性较强的煤用 1∶5 的比例，黏结性较弱的煤用 3∶3 的比例，这样可以提高对强黏结性煤的区分能力和测定弱黏结性煤的准确性和重视性；

③ 取消了转磨前的筛分，转鼓试验由 3 次改为 2 次，提高了测定效率。

当煤和标准烟煤的配比为 1∶5 时，黏结指数按下式计算：

$$G=10+\frac{30m_1+70m_2}{m_0} \tag{7-2}$$

如果计算结果 $G<18$，则配比需改为 3∶3，此时 G 按下式计算：

$$G=\frac{30m_1+70m_2}{5m_0} \tag{7-3}$$

式中　G——黏结指数；

m_0——焦化后焦渣的总质量，g；

m_1——第一次转磨后粒度大于 1mm 焦渣的质量，g；

m_2——第二次转磨后粒度大于 1mm 焦渣的质量，g。

(3) 胶质层指数

该法模拟工业焦炉的炭化室，同时进行单向加热（加热速度为 3℃/min 并与工业炼焦接近），主要测定煤在炭化时形成胶质体的数量（以胶质层最大厚度 Y、体积曲线和最终收缩度 X 等表示）。其测定要点是：将煤样装入煤杯中并上压一个和重锤相连的活塞（对煤样产生 0.1MPa 的压力）；后从煤杯底部单侧加热，使煤样形成一系列温度不同的、从下到上依次递减的等温层。当温度上升后，底部煤样首先软化形成胶质并随后固化形成半焦，继续加热使胶质层逐渐上移，并不断加厚直至最大。此后胶质层厚度下降，煤样全部软化并固化成为半焦（图 7-4），此时测得的胶质层最大厚度即为 Y 值。

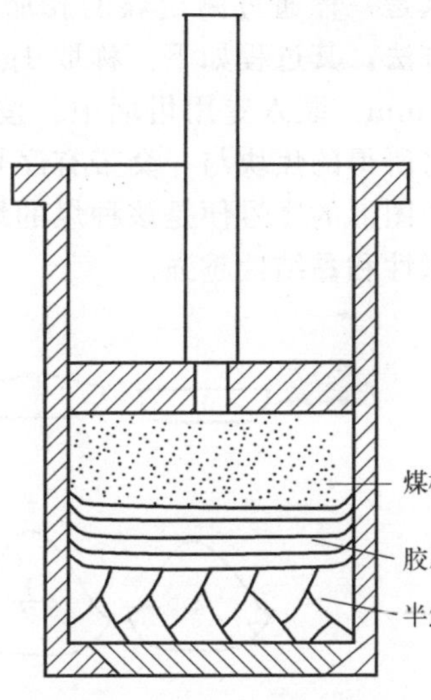

图 7-4　胶质层厚度测定过程

若胶质体的透气性差，热解气体大量积聚和排出将导致胶质体膨胀或收缩而带动活塞上下移动，移动的距离与时间的关系曲线称为体积曲线；当煤样全部炭化成为半焦，体积不再变化（体积曲线水平），这时体积曲线与基线间的距离就是最终收缩度 X(mm)。

胶质层指数法适用于中等黏结性的煤，Y 值具有可加性（混合煤的 Y 值可通过各组成煤的 Y 值加权平均而得）。但该法也有不少缺点，如只能反映胶质体的数量而忽视了质量，测定过程的影响因素多，对强黏结性和弱黏结性煤的测定结果不准、重现性差等。虽然如此，胶质层指数在国内焦化厂指导炼焦配煤方面有独到之处。

(4) 奥-阿膨胀度

该方法测定煤黏结性的过程如下：将煤样制成煤笔并放入电炉中的膨胀管内，其上部放置一根能自由滑动的膨胀杆（连有记录笔），当以 3℃/min 的速度加热时，记录笔记录下膨胀杆上下移动的位移曲线，最大位移占煤笔原始长度的百分数即为该煤样的奥-阿膨胀度（图 7-5）。

利用上述测定的结果，亦可计算无量纲结焦能力指数（CI）：

$$\mathrm{CI}=\frac{T_1+T_3}{2}\times\frac{a+b}{aT_3+bT_1} \tag{7-4}$$

如果 CI 为 1.05～1.10，所得焦炭的质量就好。

奥-阿膨胀度主要取决于胶质体的数量、透气性和胶质体析出期间气体析出的速度。若胶质体数量多、透气性差、温度间隔宽，膨胀度就大；反之，膨胀度就小。如肥煤和焦煤的膨胀度大，而其余煤种的膨胀度小、不膨胀甚至是负值（膨胀曲线低于基线）。

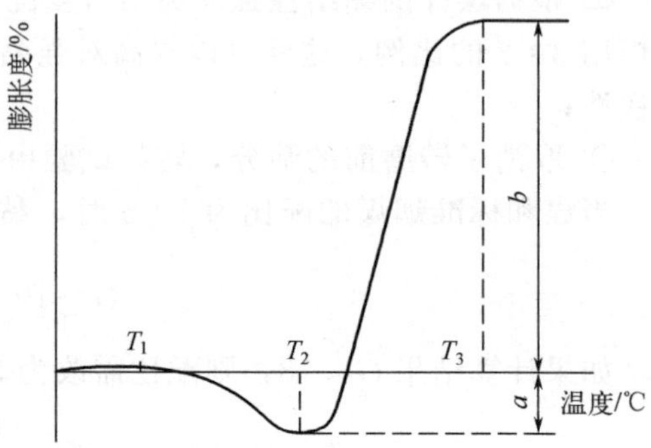

图 7-5　奥-阿膨胀度测定曲线

T_1—软化温度，膨胀杆下降 0.5mm 时的温度，℃；

T_2—开始膨胀的温度，膨胀杆下降到最低点后开始上升时的温度，℃；

T_3—固化温度，膨胀杆停止移动时的温度，℃；

a—最大收缩度，膨胀杆下降的最大距离占煤笔长度的百分数，%；

b—最大膨胀度，膨胀杆上升的最大距离占煤笔长度的百分数，%

奥-阿膨胀度法对中、强黏结性煤的区分能力强（区分能力高于 Y 值），而且测定误差小、结果重现性好。缺点是对弱黏结性煤的区分能力差，对所需仪器和试样要求高。作为 Y 值的补充指标，奥-阿膨胀度指标也被我国煤炭分类方案所采用。

（5）坩埚膨胀序数

这是一种通过测定煤的膨胀性来判断黏结性的方法，其过程如下：称取 1g 煤样（粒度小于 0.2mm）装入专用坩埚中，按规定的方法加热，将所得的焦块与一套带有序号的标准焦块侧面图形（图 7-6）相比较，与焦块最为接近的一个图形的序号便是该种煤的坩埚膨胀序数。膨胀序数共分为 17 种，序数越大，表示煤的膨胀性和黏结性越强。

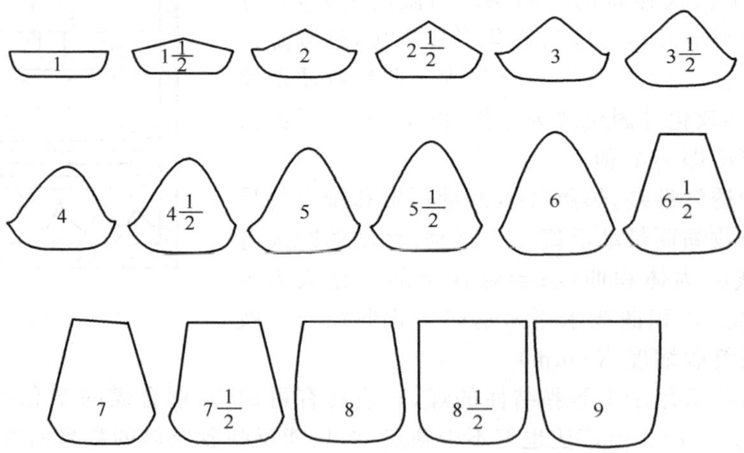

图 7-6　标准焦块侧面图形及所对应的坩埚膨胀序数

坩埚膨胀序数的大小取决于煤的熔融特性、胶质体生成期间的析气情况与胶质体的不透气性。该法快速简便，但由于判断带有较强的主观性，往往对膨胀序数为 5 以上煤黏结性的区分能力较差。

（6）格-金指数

这是一种低温干馏试验方法，用以测定煤的结焦性，其过程如下：将 20g 煤样（粒度小于 0.2mm）放入特制的水平干馏管中，325℃起以 5℃/min 的速度升温至 600℃，并在此温度下保持 1h。收集所得焦油、热解水、氨和煤气并求出它们的产率。根据残留的半焦质量求出半焦产率，将所得半焦与标准焦型（图 7-7）比较后进行鉴定和分类，从而判断煤的结焦性。

一般来说：①褐煤及无烟煤等不黏煤基本为 A 型（少数氢含量较高的年老褐煤和年轻无烟煤为 B 型）；②长焰煤和贫煤多为 A～D 型；③瘦煤为 D～G_2 型；④焦煤为 G～G_6；⑤肥煤和气肥煤为 G_5～G_{13}；⑥气煤和 1/3 焦煤从 C～D 型到 G_{10} 型的均有；⑦弱黏煤如贫瘦煤以 C～E 型为主，少数为 F 型。

该法可以全面地了解煤热解产物的性状，缺点是对焦型的判断带有主观性，并且在测定强黏结性煤时需要逐次添加不同数量的电极炭。一些使用连续式直立炭化炉的煤气厂仍以此法来判断煤的结焦性。

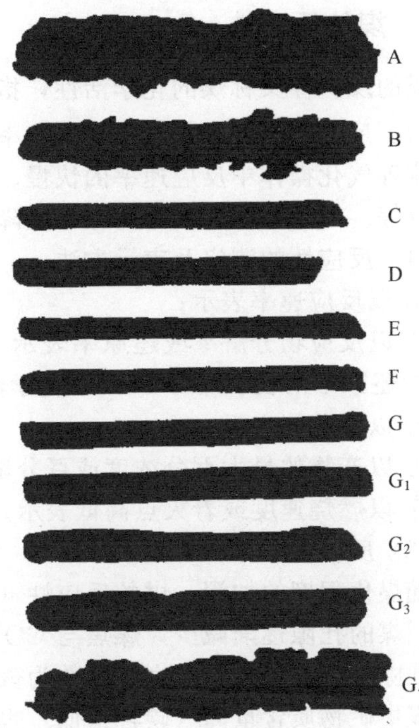

图 7-7　标准格-金焦型

（7）吉泽勒流动度

吉泽勒流动度能同时反映胶质体的数量和性质。该法是将煤样装入钢锅中以恒定速度搅拌，同时以 3℃/min 的速率加热煤样，随着温度的上升，煤料软化、熔融并产生塑性变化，使搅拌浆的运动呈现有规律的变化（搅拌桨转速由零逐渐增至最大后又逐渐变慢直至停止）。搅拌浆的转动特性就可反映煤在可塑状态时的流动性，然后据此绘制出基氏流动度曲线。肥煤的流动度曲线范围比较宽，其胶质体停留在较大流动性状态的时间较长，因而适应性较广，可与多种煤配合。但有些气肥煤的胶质体处于较大流动性状态的时间较短，相容性较差从而影响其配煤效果。

吉泽勒流动度用于指导配煤和预测焦炭强度。但该法重现性差，对设备和实验过程要求较高，测定结果易受影响。

7.3　煤的气化与燃烧工艺性质

与煤气化、燃烧过程相关的工艺性质主要包括煤的机械强度、热稳定性、反应性、着火性和煤灰性质等。

7.3.1　煤的机械强度

固定床煤气发生炉、煅烧炉及部分高温窑炉等以块煤作原料的设备，对煤的块度有较高要求。不过，煤在装运及加工中因颗粒间的摩擦和堆积时受到的挤压等原因，大块煤破碎成小块甚至成为粉末。所以，使用块煤之前就必须了解煤的机械强度。测定煤机械强度的方法很多，应用比较广泛的是通过落下试验法测定煤的抗碎强度。

煤的机械强度受煤化程度、煤岩组成、矿物质含量和风化、氧化等的影响。高煤化程度和低煤化程度煤的机械强度都较大，如：我国大多数无烟煤的机械强度较大（60%～92%），而中等煤化程度的肥煤和焦煤机械强度最小，宏观煤岩组分中丝炭的机械强度最小，暗煤最大；矿物质含量高则煤的机械强度大；风化和氧化使煤的机械强度显著降低。

7.3.2 煤的反应性

煤的反应性又称煤的化学活性，指在一定温度下煤与 CO_2、O_2 或水汽等相互作用的反应能力。反应性好的煤气化和燃烧速率快、效率高，特别是其强弱将直接影响煤在流化床或气流床等气化操作中反应速率的快慢、反应程度的大小、耗氢/耗氧量的多少及煤气中的有效成分等。此外，反应性好的煤可以降低气化炉的操作温度，避免灰分熔融和（或）结渣。

（1）反应性的测定及表示方法

① 以反应速率表示；

② 以反应物分解率或还原率表示（如我国主要通过测定煤在 900℃干馏后所得煤焦对 CO_2 的还原率来表示煤对 CO_2 的化学活性）；

③ 以活化能表示；

④ 以产物的最大百分浓度或百分浓度与时间的关系图表示；

⑤ 以燃烧速度或着火点高低表示。

（2）反应性和煤质的关系

随煤化程度的加深，煤的反应性（如对 CO_2 的反应性）逐渐降低。这是因为煤化程度加深，煤的孔隙逐渐减少，煤焦与 CO_2 的反应接触面积减小，故反应性降低；到无烟煤阶段，孔隙虽有所增加，但由于多数为微细孔，而 CO_2 难以进入，故反应性亦降低。

煤中矿物质含量高（碳含量低）也会使反应性降低；但碱金属或碱土金属对 CO_2 还原反应具有催化作用，它们的存在会使煤的反应性提高。此外，煤的反应性随温度的升高而增强。所以，在气化和燃烧过程中，可以在煤灰不结渣的前提下通过提高温度来增强煤的化学活性。

7.3.3 煤的着火性能

煤在特定条件下开始持续燃烧的最低温度称为煤的着火点，由此可以判断煤在燃烧炉中连续着火燃烧、氧化和自燃的倾向。着火点也是表征煤着火性能的重要参数。

（1）煤着火点与煤质的关系

煤的着火点随煤化程度的加深而升高；但煤在受到轻微氧化后，其着火点明显降低。

（2）煤的氧化程度和自燃倾向

根据氧化样、原煤样和还原样的着火点，可以计算出煤的氧化程度：

$$\text{氧化程度}=\frac{\text{还原样着火点}-\text{原煤样着火点}}{\text{还原样着火点}-\text{氧化样着火点}}\times 100\% \tag{7-5}$$

氧化程度越小，则煤越易氧化，利用该指标可在地质勘探中确定煤的氧化带分布。另外，煤的自燃倾向也可以利用还原样与氧化样的着火点之差来判断。如还原样与氧化样的着火点之差大于 40℃，则容易自燃，小于 20℃不易自燃（不黏煤或弱黏煤如褐煤和长焰煤等除外）。

7.3.4 煤的结渣性

在气化和燃烧过程中，高温下煤中的灰分会熔融成渣。渣的大量形成又会使气流分布不均，造成局部过热，严重时甚至导致停产；此外，煤块被熔渣包裹后，未充分转化就排出炉外，将造成极大的碳损失。为避免结渣，通常加入水蒸气来降低反应温度，但这会导致煤气质量和气化效率下降。因此，煤的结渣性是反映煤灰在气化或燃烧过程中成渣的特性，以结渣率的高低来表示结渣性的强弱。

(1) 影响结渣性的因素

影响结渣性的因素主要是煤中矿物质的含量及组成。矿物质尤其是钙、铁含量高时易结渣，而 Al_2O_3 含量高则不易结渣。此外，结渣性还与鼓风强度和反应温度有关。

(2) 结渣性与灰熔点的区别

煤的结渣性与灰熔点虽然均是衡量气化或燃烧中煤灰容易结渣与否的指标，但灰熔点的测定取决于煤灰成分和炉内气氛；而结渣性的测定属于动态测定，受煤灰成分和煤灰含量双重因素的影响（实际上灰含量的影响大于灰熔点的影响），其操作条件更接近工业条件。因此，结渣性较灰熔点可以更好地反映煤灰的结渣特性。

7.3.5 煤的发热性质

煤的发热量（热值）是指单位质量的煤完全燃烧所释放出的热量（kJ/g）。煤发热主要是由 C、H、O 三种元素的燃烧反应所产生（氧燃烧不产生热量）。发热量是煤最重要的工艺指标，也是其使用价值的体现。另外，在实际生产如锅炉设计中，根据煤的发热量可以计算锅炉的耗煤量、热效率和热量平衡，以及估算燃烧所需理论空气量、产生烟气量和燃烧温度等。

(1) 煤发热量的测定

一般采用氧弹法测定煤的发热量：称取 1g 空气干燥煤样（粒度小于 0.2mm）放入氧弹内的燃烧皿中，随后向氧弹内充入氧气（压力达到 2.6～3.0MPa），将氧弹放入水中后点燃煤样。煤样燃烧后产生的热量使水的温度升高，根据水升高的温度和氧弹系统的热当量（水温升高 1℃所需的热量）可以计算出煤弹筒的发热量。对于绝热式热量计，不需要对内外筒之间的热交换进行校正。

(2) 煤在氧弹中燃烧与在大气中燃烧的区别

由于氧弹中的气氛是高压纯氧，此时煤的燃烧与在大气中的燃烧有较大的区别：

① 氧弹中原有少量氮，在高压氧条件下部分氧化后与水生成硝酸，同时放热，导致测量结果大于煤在大气中燃烧放出的热量。

② 由于高压氧的存在，煤中可燃硫生成的 SO_2 又转化为 SO_3，接着与水作用生成 H_2SO_4 并放出热量，使得测量结果大于在大气中燃烧释放的实际热量。

③ 煤中的吸附水以及煤燃烧后生成的水在氧弹中以液态水的形式存在，而煤在大气中燃烧后生成气态水。水的存在形态不同，使检测结果大于煤在大气中燃烧释放的热量。

④ 煤在氧弹中是恒容燃烧，在大气中是恒压燃烧，但两者释放的热量差别不大。

(3) 影响煤发热性质的因素

煤的发热量是煤质特性的综合指标，煤的成因、煤化程度、煤岩组成和矿物质含量等对煤的发热量均有不同程度的影响。

① 成因类型：腐泥煤和残植煤氧含量低、氢含量高，所以发热量较腐植煤高。

② 煤岩组成：稳定组的发热量最高，镜质组次之，丝质组最低。但对于低煤化程度的煤，其丝质组的发热量会高于镜质组。

③ 矿物质：大部分矿物质在煤燃烧时发生化学反应（如碳酸盐的分解、结晶矿物脱水等）而吸热，造成发热量减少。

④ 风化的影响：煤样在风化后，碳、氢含量下降而氧含量增加，因而其发热性质明显减弱。

⑤ 煤化程度：如表 7-2 所示，从褐煤开始，随着煤化程度的提高，氧含量迅速下降，碳含量逐渐增加，发热量逐渐增加，至焦煤阶段达到最高（约 37kJ/g）；但之后随煤化程度

的提高，氧含量的减少趋缓，虽然碳含量明显增加，但氢含量明显下降，由于碳的发热量仅为氢的约四分之一，所以煤的发热量逐渐下降。

表 7-2 不同煤化程度煤的发热量 单位：kJ/g

煤种	发热量	煤种	发热量	煤种	发热量
泥炭	20～24	气煤	32.2～35.6	贫煤	34.8～36.4
年氢褐煤	24～28	肥煤	34.3～36.8	年轻无烟煤	34.8～36.2
老年褐煤	28～30.6	焦煤	35.2～37.1	典型无烟煤	34.3～35.2
长焰煤	30～33.5	瘦煤	35～36.6	年老无烟煤	32.2～34.3

7.4 煤的可选性

煤的可选性指从原煤中分选出符合质量要求的精煤的难易程度。根据煤的可选性，可以确定选煤工艺和设计选煤厂，也可以估算各密度级煤炭产品的灰分和产率。

7.4.1 煤的可选性评定

在我国是根据分选密度评定原煤可选性的，可以将其划分为五个等级，即易选、中等可选、较难选、难选和极难选。

7.4.2 影响煤可选性的因素

煤中矿物质的成分、数量、颗粒大小以及在有机质中的分布状况对煤的可选性起决定性作用。若矿物质成分的密度大、数量少、颗粒大，在有机质中呈单体状（非浸染状）分布，则煤易分选，反之则难分选。

宏观煤岩组分也影响煤的可选性。与镜煤、亮煤相比，暗煤、丝炭的密度和硬度大，破碎后形成的块度也较大，因此镜煤、亮煤含量高的煤可选性好，反之可选性差。

• 课后题

7-1 什么是煤的热解、黏结性和结焦性？煤热解的分类有哪些？

7-2 煤能否成焦受哪些性质影响？

7-3 黏结性烟煤的热解过程分为哪几个阶段？各阶段的特点是什么？发生哪些化学反应？

7-4 胶质体的来源有哪些？如何形成？有哪些性质？

7-5 简述煤的黏结与成焦机理以及提高黏结性的要素。

7-6 煤黏结性和结焦性的评定方法有哪些？各有何特点？其适用范围是什么？

7-7 黏结指数法相比于罗加指数法做了哪些改进？

7-8 煤的机械强度对煤炭加工利用有何影响？与煤质有何关系？

7-9 什么是煤的反应性？对煤炭加工利用有何影响？随煤化程度有何变化规律？

7-10 什么是煤的着火点？影响着火点的因素有哪些？有何应用？

7-11 什么是煤的结渣性？影响结渣性的因素有哪些？对煤炭加工利用有何影响？

7-12 什么是煤的发热量？简述氧弹法测定发热量的实验过程。

7-13 影响煤发热量的因素有哪些？

7-14 分析煤的发热量随煤化程度的变化规律及原因。

第8章 煤转化工艺

随着对煤的清洁高效利用认识的加深，将煤炭作为一种重要的化工原料制备其他大宗化学品已经成为广泛的共识。同时，煤转化工艺是煤化工的主要内容，包括传统煤化工（如煤焦化和煤制合成氨等），以及近年来蓬勃发展的新型煤化工（煤制油、甲醇、乙醇、乙二醇、烯烃和天然气等）。如今，煤化工已经成为我国一个庞大的工业体系，也是我国利用自身“富煤贫油少气”的资源特点、发展以煤替代石油生产高端化工产品、减少对进口石油的依赖、保障国家能源安全以及夯实工业基础的重要途径。

8.1 炼焦

8.1.1 焦炭的性质与用途

8.1.1.1 焦炭的外观与孔结构

焦炭是煤在隔绝空气的条件下干馏所得的多孔性固体块状物，焦炭表面肉眼可见的裂纹和气孔结构，对焦炭的强度和反应性能有很大的影响。

① 裂纹：根据裂纹面与焦炉炭化室炉墙面是否垂直或平行，将焦炭表面的裂纹分为纵裂纹和横裂纹。

② 气孔率：指焦炭中气孔体积与焦炭总体积之比。

③ 焦炭的多孔性与煤质的关系：为降低焦炭的反应性，其气孔率应尽可能低。一般，焦炭的气孔率主要取决于煤质，即气孔率与煤的挥发分成正比。所以，随煤化程度的提高，所得焦炭的气孔率下降。

8.1.1.2 焦炭的工业和元素分析（测定方法同煤的相关分析）

（1）全水分

湿法熄焦所得焦炭的水分高达6%以上，而干法熄焦所得焦炭的水分较低（1%～1.5%）。作为冶金焦使用时，水分的波动会影响高炉的操作。

（2）灰分（A_d）

焦炭用于炼铁生产时，其灰分增加将影响高炉的生产能力，也会使能耗增大。一般焦炭灰分每增加1%，石灰石用量增加2%，相应的炉渣量约增加3%，吨生铁消耗焦炭量增加1.7%～2.0%以及高炉产量下降2.5%～3.0%。因此，需降低炼焦用煤的灰分以提高焦炭的质量。

（3）挥发分（V_{daf}）和固定碳（FC_{daf}）

残余挥发分是焦炭成熟度的标志，如在0.9%～1.0%是成熟良好的焦炭；当大于1.2%时，则表明焦炭不成熟，其耐磨性差且强度低；过度成熟时，焦炭的块度将会受到显著影响。

对于市场上销售的焦炭，一般水分（M_{ad}）在6%以下，灰分（A_d）在11%～15%，挥发分为0.9%～1.6%（多数在1.3%以下）。

（4）元素分析

元素分析主要包括C、H、O、N、S、P等元素的测定，用于燃烧计算和评定焦炭中的有害元素。其中碳和氢是焦炭中的有效元素，而氢主要来自焦炭中的残余挥发分，其含量也可表征焦炭的成熟度；焦炭中硫含量是决定焦炭质量的另一重要指标（易导致生铁硫含量高，恶化高炉的生产条件），一般控制在0.4%～0.6%（多数控制在0.5%以下）；煤中的磷全部残留在焦炭中，也是焦炭中的有害元素，通常焦炭磷含量小于0.02%（防止磷元素全部进入生铁后导致生铁磷含量高于0.015%）；其他有害元素如氮在焦炭燃烧后生成 NO_x。

8.1.1.3 焦炭的力学性能

焦炭在用于高炉炼铁时，要求具有适当的块度和较高的强度（表8-1）。

（1）焦炭的筛分组成

焦炭的外形和尺寸不规则，利用筛分试验获得筛分组成并统计后表征其粒度。冶金焦质量标准规定粒度小于25mm。高炉生产要求焦炭的适宜粒度范围在25～80mm之间，块度以小于80mm为佳。

（2）焦炭的强度

强度是评价冶金焦和铸造焦力学性能的重要指标（表8-1），其测定方法是采用转鼓试验来测定焦炭的冷强度。

表8-1 冶金焦炭质量分级部分关键指标（质量分数）

类别	抗碎强度/%	耐磨强度/%	A_d/%	S_d/%	V_{daf}/%
Ⅰ	≥92.0	≤7.0	≤12.0	≤0.70	
Ⅱ	≥89.0	≤8.5	≤13.5	≤0.90	≤1.8
Ⅲ	≥85.0	≤10.5	≤15.0	≤1.10	

8.1.1.4 焦炭的化学反应性

焦炭在使用过程中与 O_2、CO_2 或水蒸气之间所表现出的化学反应性的大小差异，对不同的生产过程有不同影响。如冶金焦或铸造焦要求其反应性要低；而对于气化焦，则希望其反应性越高越好。

8.1.1.5 焦炭的作用

（1）高炉冶金焦

高炉是中空的竖炉，其炉身上口小、下口大，形成锥状。铁矿石、熔剂（CaO等）和焦炭从炉顶依次分批装入炉内，焦炭燃烧释放出的热量为冶炼过程提供热源，产生的高温煤气（CO）穿过料层加热下降的炉料并将矿石中的铁氧化物还原为金属铁。此外，在炉下部的高温区，铁矿石和熔剂都处于熔融状态，焦炭则以固态形式存在并为炉内维持良好的透气性。因此，焦炭在高炉内主要起提供**高温热源、还原和疏松骨架填料的作用**。其中，高炉内料柱的透气性对高炉操作尤为重要。由于焦炭填充了高炉有效容积的一半，因此焦炭的块度、强度以及在高炉下部的停留时间，对高炉的透气性有直接的影响。

（2）铸造焦

铸造焦主要为化铁炉提供热量并对铁水进行渗碳，以将生铁熔化并尽可能提高铁水的温度，进而提高铸件的质量。该过程要求铸造焦的硫含量低（炉内不易脱硫）以及气孔率小、反应性低、块度大（延长焦炭在炉内过热区的停留时间以提高铁水温度，块度以大于80mm为佳）。此外，铸造焦的强度要高，以经受铁块下落时的冲击并承受其重力或摩擦力的作用。

（3）其他

焦炭还用于发生炉或水煤气生产（气化焦）。气化过程对焦炭反应性的要求较高，但对其强度无特殊要求。因此气孔率大、强度低和块度小的焦炭可用作气化焦。

8.1.2 配煤炼焦

8.1.2.1 配煤的意义与要求

（1）配煤目的

配煤目的在于使各种煤的性质互补以符合焦炉的生产要求，同时生产出优质焦炭并副产炼焦化学品，实现煤炭资源的高效利用。冶金焦对质量要求较高（灰分低、硫分少、强度高、各向异性程度大等），用单种煤炼焦很难实现，因此需要配煤。此外，优质炼焦煤资源有限，工业上须采用配煤炼焦以平衡焦炭质量和合理利用煤炭资源。在我国，焦化厂除生产焦炭外，同时还提供城市煤气，此时多配用高挥发分气煤既能增加煤气产量，又能充分利用我国丰富的气煤资源。

（2）配煤原则

① 配煤质量与煤料的预处理及炼焦工艺相适应，既能保证焦炭的质量，还能控制配煤的成本；

② 符合本地煤炭资源的组成，扩大炼焦煤源、缩短运距和减少运输消耗；

③ 在保证焦炭质量的前提下，多配用高挥发分煤以增加化学品或煤气产量；

④ 煤源的数量和质量稳定、可靠。

（3）配煤质量要求

① 配合煤的灰分和硫分：灰分的大小直接影响所得焦炭的强度，而硫分过高会导致焦炭反应性增强，为满足一级冶金焦标准，所得配合煤的灰分和硫分需控制在 9%和 1%以下。

② 配合煤的煤化程度指标：可用挥发分或镜质组平均最大反射率来表示，对于常规炼焦，最大反射率应介于 1.2%～1.3%（相当于 $V_{daf}=26\%\sim28\%$）。煤化程度过低，所得焦炭的平均粒度小、气孔率高且焦炭的抗碎强度和各向异性程度均较低；煤化程度过高时，由于煤料的黏结性变差，成焦过程中熔融性就会变差，导致焦炭的耐磨强度降低，焦炉出炉时推焦困难。

③ 配合煤的黏结性指标：煤的黏结性决定了煤的结焦性，以黏结指数（G）为指标指导配煤，**该值的适宜范围是 58～72**。

④ 配合煤的膨胀压力：配合煤在炭化室内的膨胀压力由多种因素决定，对于新建炼焦厂，可在实际生产焦炉上对配煤方案做单孔试验以得到更加可靠的数据。

其中煤化程度和黏结性指标为炼焦的配煤参数。配煤质量要求是由焦炭质量和炼焦条件共同决定的。

（4）配煤炼焦工艺条件

① 煤料细度：指煤料粉碎后粒度小于 3mm 的煤料质量占总质量的百分比，一般要求在 80%左右。

② 装炉煤堆密度和水分：提高装炉煤堆的密度，有利于提高焦炭的质量，同时还可以提高焦炉的生产能力。在常规炼焦条件下，该值主要受到煤料水分、细度以及加煤方法的影响。

③ 炼焦速度：炭化室平均宽度与其对应的结焦时间的比值。

④ 炼焦温度：提高炼焦终温，可以提高煤的干馏程度，使石墨化和各向异性程度增加，进而使焦炭的结构更加致密，耐磨强度等性能均得到提高，但抗碎强度有所下降。

8.1.2.2 炭化室内的结焦过程

(1) 炭化室内炉料加热过程

焦炉的炭化室是带一定锥度的窄长空间，煤料被两侧炉墙传递的热量加热，所以结焦过程是从炭化室的两侧炉墙向炭化室中心逐渐推移的动态过程。但炭化室内与炉墙垂直方向上炉料的温度梯度较大，如靠近炉墙的煤料升温速度最快（5℃/min 以上）而先结焦，随后焦炭层逐渐向炭化室中心推移（炉料升温速度最慢，约 2℃/min 以下），炭化室中心面上的炉料温度始终最低（图 8-1），形成所谓的“成层结焦”。因此以结焦末期炭化室中心面即焦饼中心温度作为焦饼成熟度的标志，也是炼焦最终温度。

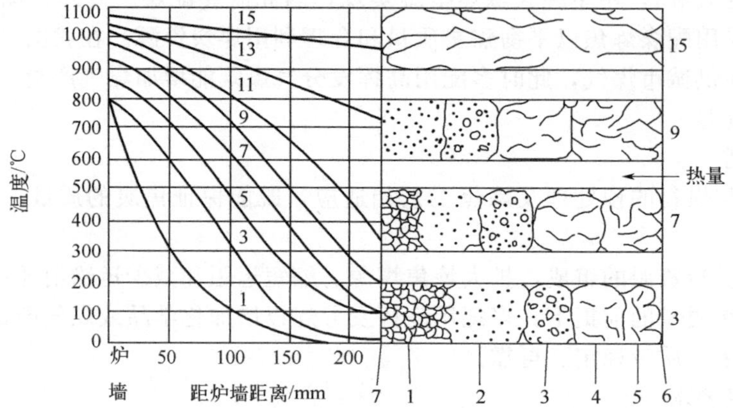

图 8-1 不同结焦时间炭化室内温度分布

1—湿煤；2—干煤层；3—塑性层；4—半焦层；5—焦炭层；6—炉墙；7—炭化室中心

(2) 炭化室内膨胀压力

在煤的黏结成焦过程中，由塑性层的不透气性产生的膨胀趋势传递并施加于炭化室的炉墙，即为膨胀压力。从根本上来说，成层结焦导致了炭化室内膨胀压力的产生。对焦炉来讲，膨胀压力必须严格加以控制，否则会给焦炉生产带来严重的后果（推焦困难甚至毁坏炭化室炉体）。

8.1.2.3 配煤工艺

(1) 煤的贮存

炼焦厂需贮存一定量的煤以保证焦炉的连续生产，同时风干水分和稳定装炉煤料的质量。

(2) 煤的配合、粉碎和输送

① 先配合再粉碎：将单种煤先按配煤比例的要求配合，然后再进行粉碎，在焦化厂得到广泛采用。

② 先粉碎再配合：将单种煤先粉碎，然后按比例配合均匀。该流程在部分情况下有助于提高焦炭质量。

8.1.3 焦炉的结构及生产操作

现代焦炉大多数为水平室式焦炉，特征是炭化室呈现窄条状，两侧的燃烧室分成多个立火道，并且以蓄热方式工作。其发展方向是大型化，具有效率高、能耗低、污染低、高度自动化和机械化以及寿命长的优点。焦炉炉体构造详细介绍如下。

8.1.3.1 焦炉的结构

炼焦炉的结构可划分为炭化室、燃烧室、蓄热室、斜道区、热炉顶区等几部分。蓄热室以下的部位为焦炉的基础（图 8-2）。

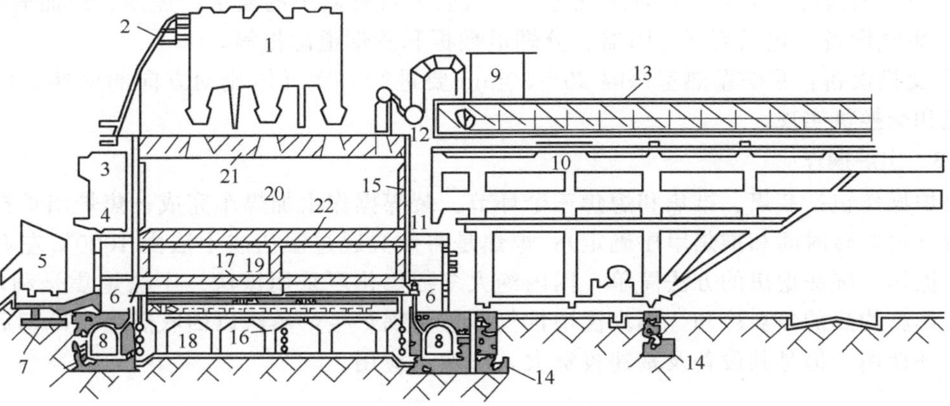

图 8-2　典型焦炉及其基础断面图

1—装煤车；2—摩电架线；3—拦焦车；4—焦侧操作台；5—熄焦车；6—废气开闭器；7—熄焦车轨道基础；8—分烟道；9—仪表小房；10—推焦车；11—机侧操作台；12—集气管；13—吸气管；14—推焦车轨道基础；15—炉柱；16—基础构架；17—小烟道；18—基础顶板；19—蓄热室；20—炭化室；21—炉顶区；22—斜道区

（1）炭化室和燃烧室

炭化室是一个带锥度（便于出焦）的长方形空间，顶部有加煤孔和荒煤气出口，两端装有可打开的炉门。为便于荒煤气顺利导出，装煤高度要低于炭化室的总高度。

燃烧室与炭化室相间排列，其长度与炭化室相同，在宽度上具有与炭化室相同的锥度（但方向相反），以保证两侧炭化室的中心距相同。燃烧室由若干垂直的、相互连接的立火道组成，每个立火道底部均有燃气入口（或废气出口）。工作时，立火道分成两组，一组燃烧时另一组则排放燃烧产生的废气。但两组立火道需定期交换气流以维持均匀加热并满足蓄热室的要求。

燃烧室与炭化室之间的炉墙在生产时平均温度可达 1100～1300℃，同时还要承受上部的重力和一定的侧向推力（膨胀压力），所以通常采用结构强度高、密封性和导热性好、带舌槽的异型硅砖砌筑。

（2）蓄热室

作用是回收燃烧室产生的废热和预热空气或煤气。蓄热室位于焦炉炉体的下部，当蓄热室内通过下降的高温废气时，格子砖被废气加热；改变蓄热室内的气流方向为上升气流后，被加热的格子砖又将空气或煤气加热，使其温度最高可达（1000±50)℃。蓄热室的底部是小烟道，可使煤气或空气均匀进入蓄热室或使蓄热室下降的废气汇集并排出。

（3）斜道区

位于蓄热室和燃烧室之间，连接燃烧室立火道和蓄热室，是焦炉最复杂的部位。

（4）炉顶区

位于炭化室空盖顶砖之上，砌有装煤孔、上升管孔、看火孔、烘炉孔及拉条沟等。为减少散热而砌有隔热砖；为防止雨水侵蚀，表面用耐磨性好的缸砖砌筑。

（5）焦炉基础和烟道

焦炉的基础支撑整个炉体、护体设备和焦炉机械的重量。

8.1.3.2　焦炉设备

① 护炉设备：焦炉的护炉设备是保证炉体坚固、完整和严密的设备。

② 煤气设备：包括加热煤气供给设备和干馏煤气（荒煤气）的导出设备。炭化室排出

的荒煤气温度高于700℃，其在桥管内被70℃的循环氨水喷洒后冷却到80℃，此时，冷凝气中70%的焦油冷凝下来。剩余煤气进入集气管并沉降其中的氨水、焦油、焦油渣等。

③ 废气设备：包括废气开闭器、分烟道翻板和总烟道翻板等。

④ 交换设备：焦炉蓄热室每隔20～30min要进行一次气体流动方向的交换，由交换传动系统和交换机实现。

8.1.3.3 出炉操作

出炉操作包括装煤、推焦和熄焦三个环节。装煤操作由加煤车完成；焦炉出炉按推焦计划进行（由周转时间和推焦串序确定）；熄焦是将焦炭通过湿法或干法由1000℃左右冷却至常温的操作。湿法熄焦的方法简单，国内绝大多数焦化厂采用该法。干法熄焦是利用N_2等惰性气体将灼热的焦炭冷却，用高温惰性气体加热锅炉生产蒸汽以回收热量，冷却后的惰性气体循环使用。但是其设备及基建投资大，影响了应用。

8.1.4 炼焦新技术

为提高焦炭质量以满足需求和扩大炼焦煤源，开发了一些炼焦新工艺或非常规炼焦技术：

（1）配型煤炼焦

该技术是在煤料中按一定比例配入成型煤进行炼焦，优点是可提高煤料的密度，降低炭化过程中半焦的收缩程度，从而减少焦炭的裂纹，提高焦炭的强度，使其结构更加致密。

（2）捣固炼焦

该工艺是在炉外将煤粉捣成饼后推入炭化室侧装炉进行炼焦，具有以下优点：

① 所得焦炭质量较常规顶装煤炼焦有所改善；

② 扩大炼焦煤源，如可以多配入高挥发分煤和弱黏结煤来生产优质高炉用焦，或可全部采用高挥发分煤生产气化焦；

③ 煤料堆密度增加的倍数大于结焦时间延长的倍数，提高了焦炭产量。

（3）煤干燥炼焦、预热炼焦及型焦生产

① 煤干燥炼焦：该法是将煤料干燥至水分降为4%～5%后再装炉炼焦。由于水分降低，可以提高煤的堆密度并改善煤料的黏结性，从而提高焦炭的质量和产量，降低炼焦能耗和排污量。

② 煤预热炼焦：该法是将炼焦煤料在炉外预热到200℃左右然后装入炭化室内进行炼焦。优点是可以增加黏结性较差的气煤的用量，同时改善焦炭质量、缩短结焦时间，最终提高焦炉的生产能力并降低炼焦能耗和排污量。

③ 型焦生产：该方法是利用非黏结性煤通过不同的工艺（冷压和热压）成型后，进一步炭化制得型焦以代替普通冶金焦的过程。

8.1.5 炼焦化学品的回收与煤气的净化

除焦炭外，炼焦时还会产生气体和液体产物，并且会全部转入呈褐色（或棕黄色）的荒煤气中。

8.1.5.1 炼焦化学品

（1）炼焦化学品的组成和产率

除焦炭外，炼焦化学品主要有焦油、粗苯、氨或硫铵、硫氰化物、吡啶和黄血盐等产品（表8-2）。虽然每个炭化室逸出煤气的组成各异，但由于炼焦炉组的生产连续性，焦炉煤气的总体组成却基本一致（表8-3）。

表 8-2　煤焦化学品分布　　单位：%

产品	焦炭	净焦炉煤气	焦油	化合水	粗苯	氨	其他
产率/对于煤的质量分数	70～80	15～19	3～4.5	2～4	0.8～1.4	0.2～0.35	0.9～1.1

表 8-3　净焦炉煤气的组成　　单位：%

名称	组成(体积分数)						
组分	H_2	CH_4	CO	N_2	CO_2	C_nH_m	O_2
含量	54～59	24～28	5.5～7	3～5	1～3	2～3	0.3～0.7

(2) 影响炼焦化学品产率的因素

炼焦配煤的性质和炼焦过程的操作条件决定着炼焦化学品的产率。如煤气的成分和产率与配煤的变质程度（尤其是煤的挥发分）有关。低变质程度的煤干馏后，煤气中 CO、CH_4、C_nH_m 等含量高，氢气含量低；随变质程度的增加，氢气的含量增加而其他气体成分减少。又如，焦油的产率亦受配煤的挥发分和煤的变质程度影响。

8.1.5.2　煤气化学品的回收与加工

荒煤气中的氨、芳香烃、煤焦油等化学品通过回收并脱除其中的硫化物可使煤气净化。

(1) 煤气中氨的回收

荒煤气初步冷却后，一部分氨转入冷凝氨水，其余部分存在于煤气中。前者通过氨水蒸馏进行回收，而后者通过吸收剂（稀硫酸、水、磷酸二氢铵溶液或磷酸等）将煤气中的氨吸收并得到不同的产品。国内焦化厂多采用以稀硫酸为吸收剂的硫铵流程（图 8-3）或以水为吸收剂的浓氨水流程（图 8-4）。

对于硫铵流程，自焦炉出来的荒煤气，经过硫铵、粗苯回收和煤气脱硫等工段，得到焦油、硫铵、粗苯、硫黄等产品。由于使用了硫酸，设备易腐蚀，产品质量也不稳定。

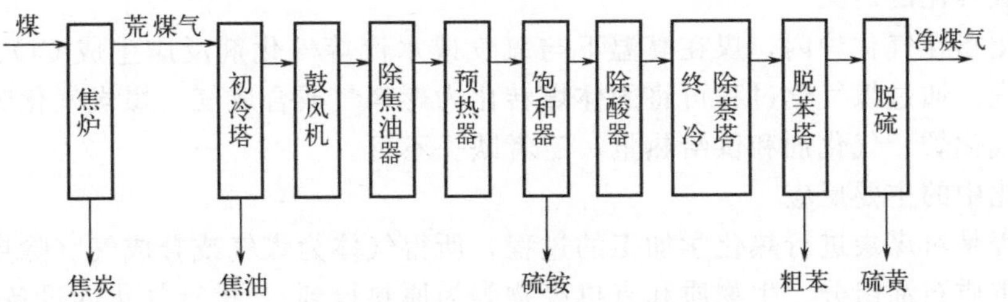

图 8-3　焦炉煤气硫铵工艺流程

对于浓氨水流程，荒煤气经过浓氨水工段、粗苯工段和脱硫工段等回收焦油、浓氨水、粗苯以及硫黄等产品。但是，洗涤设备易堵塞与腐蚀，且产品浓氨水（20%）难以贮存和运输。

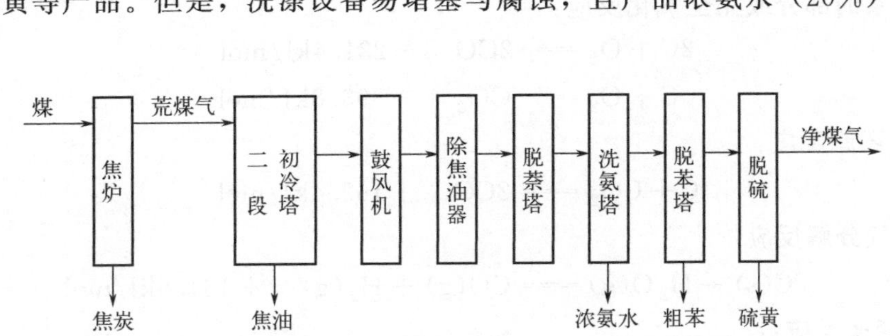

图 8-4　焦炉煤气氨水工艺流程

(2) 煤气中粗苯的回收

粗苯是干馏时产生的芳香烃化合物中分子量较低的部分，其产率占原料煤的 0.8%～1.4%（质量分数），在荒煤气中的含量一般为 25～45g/m^3（体积分数为 1%）。在常态下粗苯为淡黄色透明液体，比水轻，不溶于水，在贮存时，会因其中不饱和化合物的氧化和聚合而形成树脂状物质，使粗苯变暗。粗苯易燃，其蒸气在空气中的体积浓度达 1.4%～7.5% 时会形成爆炸性混合物。

为回收粗苯，煤气须先冷却至 25℃并同时除去其中的萘（油洗或水洗），之后以洗油吸收法（常用）、吸附剂吸附法或压缩冷冻法回收粗苯。

(3) 煤气脱硫和脱氰

有干法和湿法两种脱硫方法。干法脱硫以氢氧化铁或活性炭等为吸收剂进行脱硫。湿法脱硫又可分为吸收法（或称中和法）与氧化法两类，具有处理能力大、脱硫与再生均能连续化、在脱除硫化氢的同时也能脱除氰化氢以及回收硫等优点，因此大型焦化厂均采用湿法脱硫工艺。

对于不同用途的煤气，其脱硫和脱氰要求不同：

① 所得煤气用于冶金燃料时，硫化氢允许含量为 1～2g/m^3；

② 用于城市煤气时，硫化氢含量需低于 20mg/m^3，同时氰化氢含量要求低于 50mg/m^3；

③ 所得煤气用于化工原料时，对净化程度的要求更高。

8.2 煤炭气化

8.2.1 概述

(1) 煤炭气化的定义

煤炭气化指在气化炉内，煤在高温下与氧气或水汽等气化剂反应生成 CO、H_2 和 CH_4 等气体的过程。通过煤气化过程可将固体煤转化为燃料气或合成气。煤炭气化时，必须具备三个条件：气化炉、气化剂和供给热量，三者缺一不可。

(2) 气化中的主要反应

气化过程是对煤炭进行热化学加工的过程，所得气体为煤气或合成气（除煤炭外，也可用天然气、重质石油组分、生物质和有机废物等为原料得到），进行气化的设备称为气化炉。煤炭气化过程包含一系列物理和化学变化，一般包括干燥、燃烧、热解和气化四个阶段。除干燥属于物理变化外，其他属于化学变化，具体发生的反应为：

① 碳元素的部分或完全氧化反应：

$$2C + O_2 = 2CO \quad -231.4kJ/mol$$

$$C + O_2 = CO_2 \quad -393.8kJ/mol$$

② CO_2 还原反应：

$$C + CO_2 = 2CO \quad +162.4kJ/mol$$

③ 水蒸气分解反应：

$$C(s) + H_2O(g) = CO(g) + H_2(g) \quad +131.5kJ/mol$$

④ CO 变换反应：

$$CO(g) + H_2O(g) = CO_2(g) + H_2(g) \quad -41.5kJ/mol$$

⑤ 碳元素的加氢反应：

$$C + 2H_2 \xlongequal{} CH_4 \quad -74.9kJ/mol$$

⑥ 甲烷化反应：

$$CO + 3H_2 \xlongequal{} CH_4 + H_2O \quad -206.4kJ/mol$$

煤炭气化的目标产品是燃料气或化工原料气，因此上述反应需根据用途的不同加以控制气化条件。常用的煤炭气化工艺按气化炉内煤料与气化剂的接触方式分为以下几种，将在下面几节中详细介绍。

8.2.2 移动床气化

在气化过程中，气化炉顶部加入的煤料与气化炉底部加入的气化剂逆流接触，虽然煤料下降速度相对于气体的上升速度很慢（类似固定床），但实际上煤料在气化过程中以很慢的速度向下移动，所以称为移动床气化工艺。

8.2.2.1 混合发生炉煤气生产

该法是移动床常压气化技术中最成熟的气化方法。煤在发生炉内与混合气化剂（空气和水蒸气）反应，生成低热值（4.6～7.5MJ/m^3）的工业燃气（不能民用）。由于煤气用途不同，该法在工艺上分为冷煤气和热煤气两种流程。

（1）气化过程

如图 8-5 所示，气化炉为圆筒形，煤与气化剂逆流接触，炉内燃料层由下至上可分为五层：

① 灰渣层：气化剂在灰渣层中不发生化学反应，只与灰渣进行热交换并吸收其热量而预热，灰渣得以冷却；

② 氧化层：进行碳的燃烧反应并放出大量热量，在该层末端，O_2 被全部耗尽；

③ 还原层：进行 CO_2 还原和水蒸气分解反应，所需热量由碳燃烧和 CO 变换反应提供；

④ 干馏层和干燥层：还原层出来的气体具有很高的温度，可将干馏层的煤料干馏为焦油蒸气、热解水和其他产物，此时的上升气流温度仍较高，同时将上层煤料干燥；

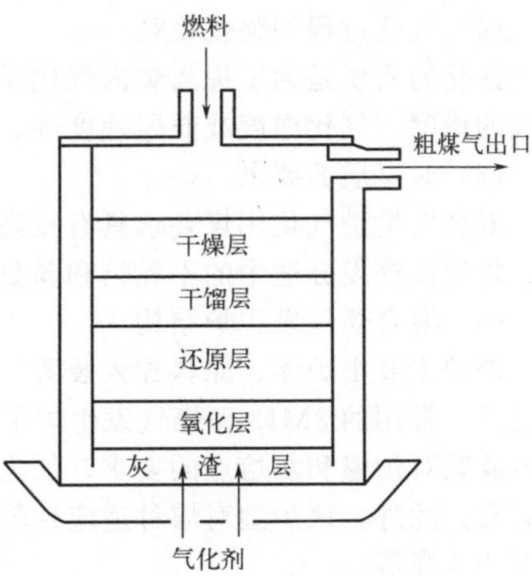

图 8-5　气化炉示意图

⑤ 气相空间：料层最上部气相空间内也会发生 CO 变换反应，所以 CO 和水汽的含量减少，而 CO_2 和 H_2 的含量则进一步增加，反应程度最终将会影响出口粗煤气的温度和组成。

（2）工艺条件

① 气化温度（料层温度）：气化温度是影响煤气质量、气化强度和过程热效率的最重要的因素。煤气中有效成分的含量主要取决于 CO_2 还原反应和水蒸气分解反应，而气化温度的升高有利于这两个反应的进行。但温度过高会增加散热损失和使煤气带走更多的显热，而且灰分将会软化、熔融，甚至导致严重的结渣，影响气化炉的操作。因此气化温度的选定应综合考虑灰分含量和灰熔点，一般应该为 1000～1200℃。对于反应性较好的煤，可降低气化温度以缓解煤气质量与结渣之间的矛盾。

② 水蒸气加入量：在气化过程中，通过水蒸气分解反应可以生成煤气中的有效成分

($CO+H_2$)；由于该反应吸收热量，故可以降低炉温，防止灰分熔化结块和减少炉壁散热，同时减弱 CO_2 还原反应，从而降低 CO/CO_2 比。但未反应/分解的水蒸气会导致显热损失，从而使得过程热效率降低。

若水蒸气相对分解量（即水蒸气分解率）和煤气热值降低，则所得煤气中 CO 含量下降、H_2 含量有所增加。所以，水蒸气加入量有一最佳比例。实际生产中，水蒸气加入量通过控制空气的水蒸气饱和温度来调节。一般水蒸气饱和温度控制在 50～65℃之间，这样水蒸气消耗量就可以控制在 0.4～0.6kg/(kg 碳)，水蒸气分解率达到 60%～70%。

③ 鼓风速度：鼓风速度愈大，气化强度愈高。提高鼓风速度可以提高受扩散控制的反应速度从而增加放热量；但受动力学控制或处于过渡燃烧区的反应却因气化剂与料层的接触时间缩短，而不利于碳的充分转化。气流速度按气化空炉横截面计算，一般为 0.10～0.20m/s。

(3) 气化指标和影响因素

气化指标包括煤气的热值和组成（取决于 CO 和 H_2 含量）、煤气产率（取决于煤的水分、灰分、挥发分和固定碳的含量，也与其气化转化率有关）、气化强度（气化炉体单位截面上的生产强度）、原料的损失（取决于灰分是否将未反应的煤包裹而使其不能与气化剂接触）、冷煤气效率、气化热效率（过程的热损失包括产物带走的热量，如煤气的显热、未分解水蒸气的热焓及其他带出物和灰渣排出物的潜热、显热等，还有发生炉的散热损失）和各项消耗指标。影响气化指标的因素很多，主要受原料的理化性质（主要因素）、气化过程的操作条件和煤气发生炉构造的影响。

(4) 气化过程的强化途径

强化的实质是为了提高炉内气化反应的速率。强化气化过程的主要方法是提高气化剂中氧气的浓度、气化温度或鼓风速度等。

(5) 对煤质的要求

混合发生炉气化用煤要求具有较高的机械强度、热稳定性和灰熔点，所以尽量选用无烟煤、焦炭或挥发分适中的不黏结和弱黏结烟煤。

(6) 混合煤气发生炉结构

该炉主要由炉体、原料加入装置、处理料层的机械搅拌装置、炉箅和气化剂的送入装置等组成。常用的 3M13 型煤气发生炉带有搅拌装置，具有较强的搅动、破碎和排渣能力，因此可放宽对炉温和灰熔点的要求，加之搅拌棒的运动可使料层保持良好的透气性，对气化反应有利。此外，该炉型对煤种适应性较强，除无烟煤和焦炭外，也可适用于气化弱黏结性的烟煤和贫煤等。

8.2.2.2 水煤气生产

水煤气（燃烧时火焰呈蓝色，又称蓝水煤气）的主要成分是 CO 和 H_2，是以水蒸气为气化剂，与炽热的碳反应而得。水煤气中不含 N_2，因此其热值（$11.0kJ/m^3$）比混合发生炉产生的煤气高，主要用作合成氨和费-托合成等的原料，也可用作工业燃料气。

(1) 生产原理

水煤气生产发生的主要反应是水蒸气的分解反应，产物为 CO 和 H_2。为确保水蒸气分解反应能顺利进行（吸热），须提供足够的热量。所以，通常采用间歇送风蓄热气化法。该法第一阶段是吹风阶段，通过向发生炉吹入空气，使煤发生燃烧反应，放出的热量积蓄在料层内，使料层温度升高。生成的吹风气主要是 N_2 和 CO_2，经回收废热后放空。第二阶段为制气阶段，即向高温料层送入水蒸气与煤中的碳元素进行反应，生成以 CO 和 H_2 为主要成分的水煤气。一定时间后，料层温度下降，制气阶段结束。如此循环反复最终实现间歇气化，但是由于反应并不能按理论情况进行，所以实际生产过程与理想过程之间差别较大。

（2）生产的工作循环

每个工作循环由吹风和制气阶段组成，但在实际生产中，还包括一些辅助阶段以节约原料并保证煤气质量和安全。所以，一个工作循环由六个阶段组成（图 8-6）。

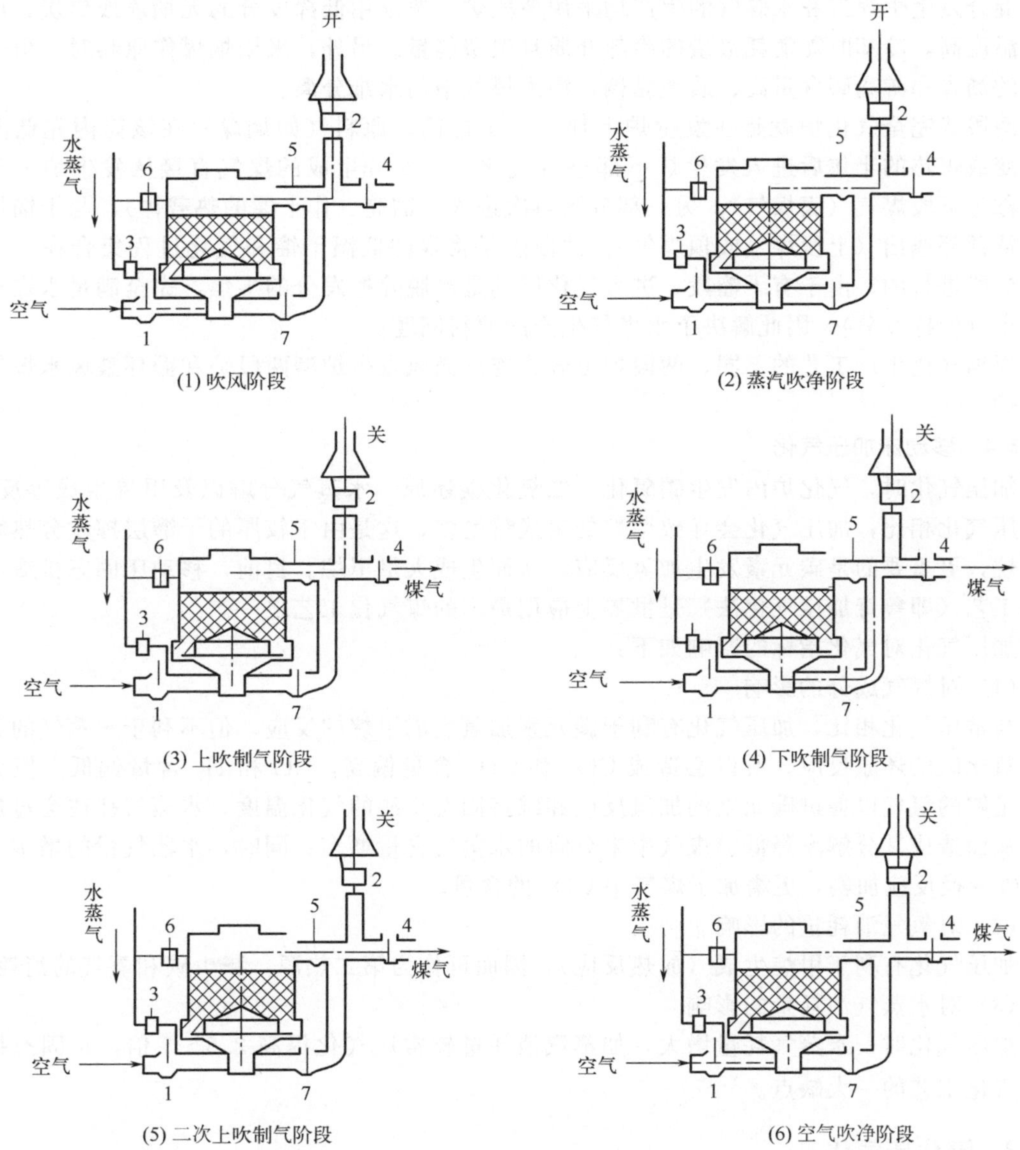

图 8-6　工作循环组成（1～7 为各气路相应阀门）

① 吹风阶段：该过程将空气与原料混合燃烧，为制气阶段提供热量；

② 蒸汽吹净阶段：在该阶段，水蒸气进入气化炉内吹扫残余的吹风气以提高水煤气质量；

③ 上吹制气阶段：该阶段是主要的制气阶段，在 1100～1200℃下吹入水蒸气并进行大量分解反应；

④ 下吹制气阶段：为充分利用料层上部的蓄热、克服上吹制气时造成的气化层上移，将蒸汽从炉顶吹入而制得合格的水煤气；

⑤ 二次上吹制气阶段：将下吹后残留在炉底部和管道内的水煤气吹入贮气柜中，防止空气进入导致爆炸；

⑥ 空气吹净阶段：将残存在炉顶空间和管道内的水煤气吹入贮气柜，以防止因直接排放造成煤气损失。

8.2.2.3 两段炉常压气化

混合发生炉煤气和水煤气的生产均采用单段炉，要求用低挥发分的无烟煤或焦炭，出炉煤气温度高，冷却时需消耗大量的冷却介质且浪费能量。另外，采用烟煤作原料时，由于焦油中的沥青和游离碳含量高、质地黏稠，混入煤气中与水难分离。

两段式完全气化炉就是在发生炉上加一个干馏筒，原料（如烟煤）在该筒内先低温干馏，变成炽热的半焦后进入发生炉下部进行气化。一部分生成的煤气直接从发生炉下部逸出，称为下段煤气（底煤气）；另一部分则再次进入干馏筒（作干馏的热载体），与干馏煤气一起从顶部逸出（上段煤气或顶煤气）。两段炉是将煤的低温干馏和气化过程集合在一个炉体内分段进行的，由于有干馏段，进入气化层的是已脱除挥发分的半焦，完全满足水煤气生产要求（低挥发分），因此解决了水煤气生产的原料问题。

根据气化生产工艺的不同，两段炉可分为连续鼓风发生炉型两段炉和循环鼓风水煤气型两段炉。

8.2.2.4 移动床加压气化

加压气化时，气化炉内发生碳氧化、二氧化碳还原、水蒸气分解以及甲烷生成等反应。与常压气化相比，加压气化会导致甲烷的生成量增多，这是由于较厚的干馏层挥发分热解产生甲烷，更重要的是碳元素发生加氢反应，从而生成大量甲烷。目前，移动床固态排渣加压气化工艺（即鲁奇加压气化法）是世界上应用最广的煤气化工艺之一。

加压气化对气化指标的影响如下：

（1）对煤气成分的影响

与常压气化相比，加压气化有利于碳元素加氢生成甲烷的反应，但不利于水蒸气的分解和二氧化碳的还原反应，所以会造成 CO_2 和 CH_4 含量偏高，CO 和 H_2 含量偏低。但为了提供足够的氢气以促进碳元素的加氢反应和维持固态排渣的气化温度，水蒸气往往会过量通入，从而造成其分解率降低、煤气中未分解的水蒸气含量增多；同时，水蒸气量的增多又促使 CO 变换反应加剧，更增加了煤气中 CO_2 的含量。

（2）对氧气消耗量的影响

加压气化有利于甲烷生成（放热反应），因而可作为第二热源，减少碳和氧气的消耗。

（3）对水蒸气消耗量的影响

加压气化时，水蒸气耗量增大，如蒸汽消耗量较常压气化提高 2.5～3 倍，是固态排渣加压气化工艺的一大缺点。

8.2.3 流化床气化

流化床气化又称沸腾床气化，是将蒸汽和富氧空气（或氧气）等气化剂由炉底通入气化炉，使煤粒在炉内上下翻滚呈沸腾状气化的技术（图 8-7）。

流化床气化可以使用粒度较小的煤（<8mm），并能显著提高单炉的生产能力，因此，常压流化床气化炉在工业生产中被广泛使用。

8.2.3.1 基本原理

当气体以较低的速度自下而上通过固体颗粒床层时，气体从颗粒间的空隙中穿过而固体颗粒静止不动，该床层即为固定床；气速渐渐增大后，床层开始膨胀松动，少量颗粒在一定的区间内开始随着气流运动；当气速增大到使全部颗粒恰好悬浮于气流中时，气体通过床层

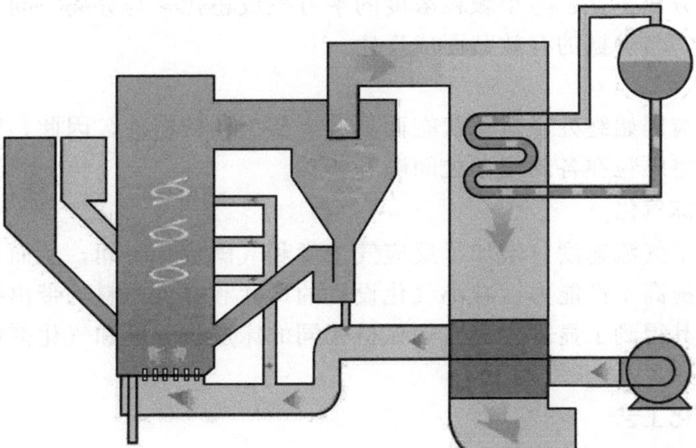

图 8-7 循环流化床

的压降等于该截面上颗粒的表观重量，床层开始流化，气速愈大，则颗粒活动愈剧烈，并在床层内各处、各方向运动，呈流化态的颗粒床层称为流化床；若气体流速超过固体颗粒的极限沉降速度，固体颗粒将被气体夹带而出，流化床变为气流床。

8.2.3.2 常压流化床气化

根据原料的粒度分布和颗粒特性，气化剂（即流化介质）以一定流速自下而上通过流化床。通过控制气化剂的流速，使床层内的煤粒处于流化状态，经过剧烈的搅动和返混，煤粒与气化剂充分接触并反应（碳燃烧、二氧化碳还原、水蒸气分解及一氧化碳变换等反应），同时进行热量传递。此时，煤在干燥、干馏和气化后，产生的煤气会带着约 70% 的灰粒和部分未完全气化的细煤粒离开床层并从炉顶逸出，而增重后的渣粒则从炉底排出。

(1) 床内反应层的分布

尽管料层呈流化状态，但流化床气化过程与移动床相似，仍分为氧化层和上部的还原层。不过，两者之间也有不同之处：

① 流化床中氧化层的高度随着气流速度的增加而增加；

② 流化床中氧化层的高度与煤料颗粒大小无关。

(2) 床内温度的分布

在流化床气化过程中，由于煤粒与气化剂充分接触、混合，所以整个床层温度非常均匀，极少会出现因某个局部热点而引起大面积结渣的情况。虽然流化床内的温度非常均匀，但为了避免炉内结渣而导致沟流、起泡和气噎等不良现象，流化床的气化温度要低于移动床（通常在 850～950℃），并采用反应活性较好的煤作气化原料。

(3) 床内颗粒的混合

流化床内的煤颗粒较细且气化剂流速较高，并处在剧烈的搅动和返混状态下。因此，流化床的气化强度远高于移动床。如直径为 4m 的流化床气化炉，其操作温度为 1000℃时，产气能力为 $50000m^3/h$。另外，由于流化床气化炉内煤的干馏和气化在同一温度下进行，相对移动床干馏层而言，煤中挥发分得以完全分解，因此煤气中几乎无焦油存在，酚和甲烷的含量也很低。虽然所得煤气热值较低，但其净化系统简单，对环境的污染也较小。

(4) 带出物

由于流化床中各种固体颗粒充分混合，除灰分就比较困难。因此，原料煤不能全部变成灰分，所以最终排出物中碳含量往往较高（40%～60%）。带出量的影响因素较多，例如，与气流速度的四次方成正比、与小颗粒浓度的平方根成正比、与分离空间的高度成反比、与流化床净高成正比，与炉栅的有效截面成反比。

(5) 流体特性

流化床内的煤粒因始终处于运动状态而具有类似流体的特性，因此，特别适用于多反应器系统操作，以便将颗粒在各反应器之间顺利转移。

8.2.3.3 加压流化床气化

加压操作减小了气流速度，增加了反应气浓度和气固接触时间，从而可以克服常压流化床的许多缺陷，如提高生产能力、减小气化设备的尺寸和降低原料的带出损失等。其中，气化炉的生产能力尤其得到了显著提高，如保持相同的床层膨胀度和气化剂组成时，气化强度随压力的提高而迅速提高。

8.2.3.4 温克勒气化工艺

如图 8-8 所示，该工艺是最早应用于工业生产的流化床技术，由原料预处理、气化、显热回收及煤气除尘等环节组成。原料采用粒度小于 10mm 且具有较高反应活性的褐煤、不黏煤、弱黏煤、长焰煤及中等黏性烟煤。对于自由膨胀序数大于 4 或水分超过 20%的原料煤，需进行预处理。氧气（或空气）和水蒸气由不同的喷嘴喷入，流化床的高度约为 3m。气化后，约 30%的灰分包含于密度较大的大颗粒中，沉在流化床底部并由刮灰板刮除后送至灰斗；剩余 70%的灰分随气流从炉顶夹带而出。在气化炉上部通入二次气化剂，并在接近灰熔点下操作，使气流夹带的颗粒充分气化，生成不含焦油等组分的煤气。气化炉顶部装有废热锅炉吸收煤气的部分显热，使出口煤气温度下降至 180～230℃。该方法不但能够有效利用低活性煤，还能显著提高气化效率。

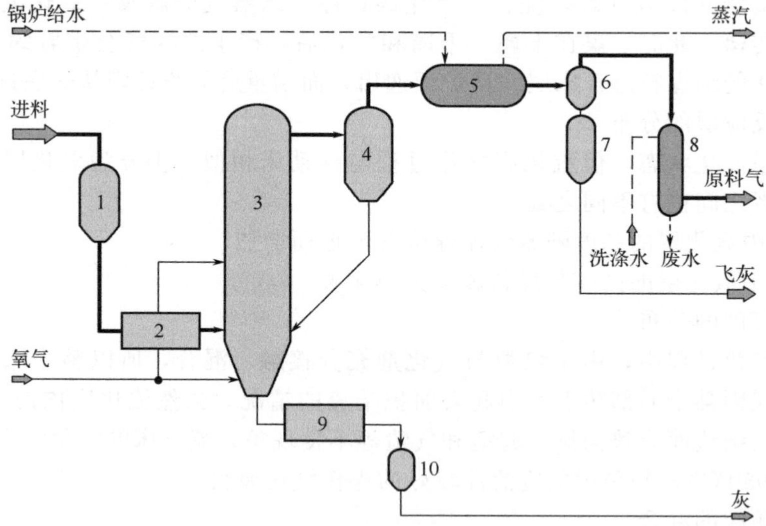

图 8-8 温克勒气化工艺流起示意图

1—进料锁斗；2—螺旋进料机；3—气化炉（底部为流化床）；4—旋风分离器；5—余热锅炉；6—过滤器；7—锁斗；8—洗涤塔和沉降器；9—冷却输送机；10—煤灰锁斗

温克勒气化炉具有很多优点，如单炉产气量大（远高于常压移动床气化炉）、所得煤气中无焦油、炉体结构简单、炉子使用寿命长且调节方便。但也存在明显缺点：由于带出物和灰渣中碳含量较高，可导致煤耗较高；气化炉设备庞大，气化效率较低（仅为鲁奇炉的 5%）；气化温度低（约 900℃）而不利于 CO_2 还原和水蒸气分解，导致所得煤气中 CO_2 含量偏高，而可燃组分如 CO、H_2、CH_2 等含量偏低。由于常压温克勒气化存在的种种问题，加压流态化技术可以提高气化温度和气化压力，成为高温温克勒气化新工艺，尤其适用于褐煤等劣质煤种的气化及合成气生产。

8.2.4 气流床气化

8.2.4.1 概述

(1) 基本原理

气流床气化是以气化剂（如氧气和水蒸气）夹带煤粉并喷入炉膛，在高温作用下，氧煤混合物瞬间着火、燃烧（火焰中心温度可高达 2000℃），使煤粉快速气化，同时干馏产物分解并迅速转化为煤气（CO 和 H_2）及熔渣的技术。

由于煤粒在反应区内被气流隔开，每个颗粒与邻近的煤粒毫不相干，所以可独立膨胀、软化或形成熔渣而不会在塑性阶段熔聚。这样，煤的黏结性对气化过程的影响微乎其微。所以，气流床气化基本适用于所有煤种，不过对熔渣的黏温特性（即其黏度与温度之间的关系）有一定要求。

(2) 气化特性

气流床气化具有并流运动和自热式气化的显著特点，除此之外，还具有以下特点：

① 用纯氧和水蒸气作气化剂：采用纯氧而非空气，可避免 N_2 进入气化炉，以维持较高的反应温度使煤粒得以充分气化；同时提高了 CO_2 和水蒸气浓度，使 CO 和 H_2 浓度提高从而显著改善煤气质量。

② 煤种适应性广：从技术上看，气流床气化适用于任何煤种；但从经济上考虑，宜选用气化惰性低的煤种（如褐煤等）。此外，应选择灰熔点较低的煤种，当灰熔点较高或熔渣的黏温特性（物质的黏度随温度变化的性质）不够理想时，可配入低灰熔点的煤或添加助熔剂。

③ 原料煤的粒度：粒度越细越好，一般 70%以上的煤粉粒度应小于 75μm。

④ 采用高压气化：提高压力则气相分压增大，气化反应加快后碳转化率增大，同时生产能力显著提高。

8.2.4.2 气流床气化工艺

(1) K-T 气化法

K-T 气化法是最成熟的一种常压粉煤气化方法。炉身为耐火砖内衬的圆筒体，两端安装有圆锥形的气化炉头，每个炉头内有两个相邻的烧嘴，根据炉头数可分为两炉头型和四炉头型。K-T 气化法的工艺流程包括煤粉制备、煤粉和气化剂的送入、制气、废热回收和洗涤冷却。

K-T 气化法技术成熟，炉结构简单、易维修，其单炉产气能力很大且蒸汽用量低、碳转化率高于流化床气化法，加之煤种适应性很广（更换烧嘴还可气化其他固体、液体和气体燃料）。但缺点是整个系统能耗大、建厂投资高以及飞灰处理困难等。

(2) Shell 法

Shell 法是一种干粉进料的加压气流床气化工艺。该装置操作压力为 2.8MPa、气化温度为 1500℃、冷煤气效率为 80%～83%并可同时用于发电（发电效率为 43%）。该法的特点有：

① 原料适应性广，可使用褐煤、烟煤和沥青砂等；

② 煤气有效成分含量高（90%以上）、CO_2 含量低，并且无焦油等液体，适合用于合成气生产；

③ 单炉生产能力大，处理能力可达 2000t/d。

(3) Texaco（德士古）气化法

德士古气化法是以水煤浆进料的加压气流床气化工艺。目前，德士古气化工艺是工业上应用最广泛的气流床气化技术。如图 8-9 所示，该气化炉是具有多层耐火砖内壁的圆筒形高压容器，炉下部为激冷室（激冷型气化炉）或辐射式废热锅炉（废热锅炉式气化炉），煤气于此被激冷至 700～800℃ 后，通过对流锅炉进一步回收煤气的显热并副产蒸汽。所得煤气中 CO 和 H_2 的含量很高，甲烷仅约为 0.1%且无焦油等高级烃类，所以是理想的化工合成原料气。该工艺的关键部件是喷嘴，由于其头部是燃烧的火焰，长期在高温下连续喷射煤浆原料，所以，喷嘴必须耐高温和耐磨，同时应配置冷却系统。此外，水煤浆浓度是一个重要的指标，其高低对气化效率和能耗都有重要影响。

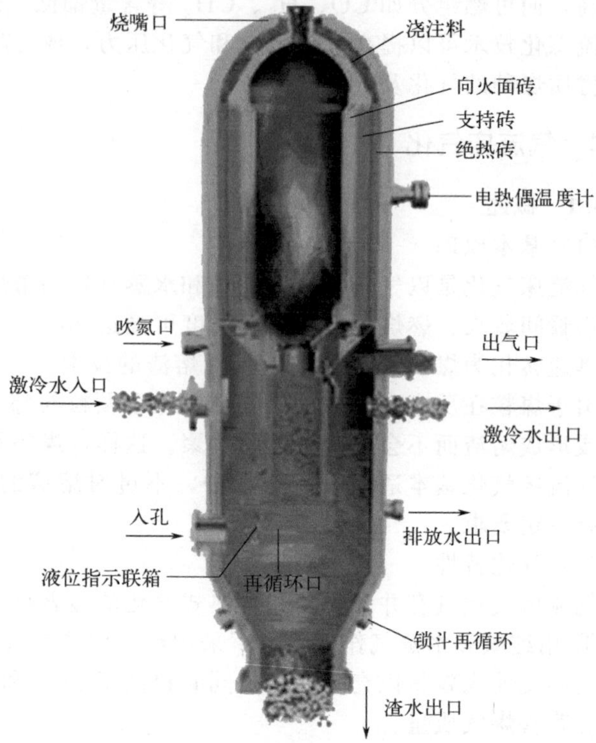

图 8-9 德士古气化炉

德士古气化对煤种的要求主要是其反应性、成浆性和灰熔点。无烟煤反应活性低而褐煤成浆性差，均不适用于水煤浆气化。长焰煤、气煤等制成水煤浆后，与高速氧气流经喷嘴雾化并喷入气化炉内。受到耐火衬里的高温辐射，雾状水煤浆迅速历经预热、蒸发、干馏、挥发物裂解和燃烧以及碳气化等一系列复杂的物理、化学变化，最终生成湿煤气（主要为 CO、H_2、CO_2 和水蒸气）。熔渣和未反应的碳粒并流而下进入炉底的激冷室或辐射式废热锅炉进行水浴，熔渣经淬冷后留在水中，煤气则进入冷却净化系统。

8.3 煤炭液化

煤炭液化是指将固体煤转化为液体产物如洁净液体燃料和多种化学品的过程，同时，在转化过程中副产大量气体和水。

根据转化工艺的不同，煤炭液化的方法主要包括煤炭直接加氢液化和煤炭间接液化。虽然煤的低温干馏所得煤焦油脱硫后加氢也可制液体燃料，但所制得的液体燃料应用范围较窄。本书主要介绍煤炭直接液化和间接液化。

8.3.1 煤炭直接加氢液化

8.3.1.1 过程原理

煤与石油或其他液体油类相比，氢碳原子比低，而氧碳原子比高（如大多数煤的氢碳原子比为 0.4～1，而石油的却为 1.6～2），但与油品在化学组成和分子结构方面有相似之处。通过适宜的条件（高温、加压），可以使煤的分子量变小，同时提高产物的氢碳原子比，最终将煤转化为液体油品。煤炭直接加氢液化是在高温（400℃以上）、高压（10MPa以上）和富氢氛围下，借助催化剂和溶剂的作用进行裂解、加氢等化学反应，将煤炭中的大分子直接转化为分子量较小的燃料油和多种化工产品的工艺过程（图8-10）。**煤直接加氢液化最适合的煤种是褐煤、长焰煤和气煤及储量较少的气肥煤。**

从20世纪30年代起，全球多个国家都在研发煤直接液化制油技术，二战时德国由于石油禁运而将煤直接液化技术工业化，油品产量达到了400万t/a。早期技术液化压力高、油收率低且投资大。随着美国、日本、俄罗斯、中国等国家重新研发煤制油技术，近年来该技术在降低压力、改进催化剂、分离油渣等方面有了很大进展，提高了整体效率。

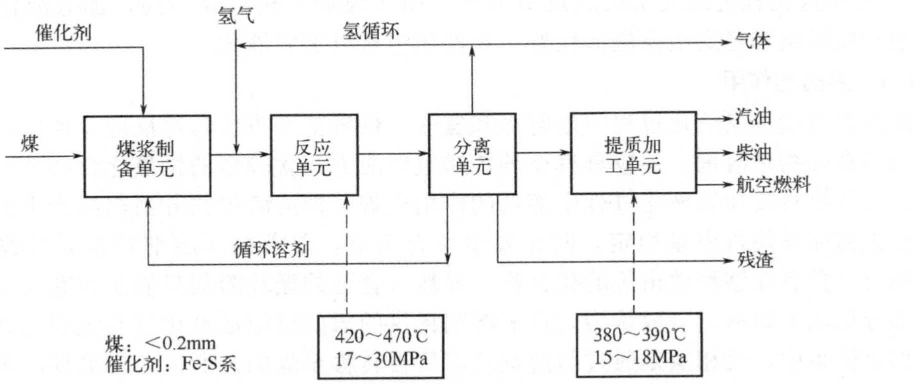

图8-10　煤炭直接加氢液化流程

8.3.1.2　过程中的反应

煤加氢液化中的反应极其复杂，包含一系列顺序反应和平行反应：

（1）裂解反应

煤在加氢液化过程中，当加热到300℃以上时，煤中有机大分子结构中键能最弱的部位开始断裂并形成自由基碎片；当温度进一步升高，一些键能较高的部位也相继断裂成自由基碎片。化学键断裂处用氢来弥补并形成新的化学键。当然，化学键断裂必须适度，若过度断裂，将生成过多气体；若断裂不足，将导致液体油产率低。所以，必须严格控制反应条件。

（2）加氢反应

由于具有供氢能力的溶剂和（或）较高的氢气压力保证了充足的氢供给，所以裂解的自由基碎片与活性氢原子结合，可生成稳定的低分子化合物（沥青烯及液化油分子）。此外，一些C═C双键也可能被氧化加氢。活性氢原子的来源有：①煤有机分子中碳氢键断裂产生自由氢原子；②供氢溶剂碳氢键断裂提供活性氢；③氢气被催化剂活化异裂或均裂产生活性氢；④某些化学反应放出氢原子。加氢反应的进行决定了自由基碎片的稳定和高油收率，若活性氢数量或浓度不足，自由基碎片可能缩聚和脱氢生成半焦，导致油收率降低。当然，影响加氢难易的因素是煤本身的稠环芳烃结构，该结构越紧密。分子量越大，则加氢越难。此外，煤在高温下能否熔化或呈固态也极大地影响其与氢的相互作用。

（3）脱除氧、硫、氮杂原子的反应

煤有机分子中的氧、硫、氮在液化时脱离有机分子，分别转化为H_2O（或CO、CO_2）、H_2S和NH_3等而实现脱除。脱除杂原子的难易程度与其存在形式有关，即侧链环上的杂原子更易脱除。

（4）缩合反应

若温度过高或氢供应不足，裂解自由基碎片或反应物分子及产物分子会发生缩合反应，生成半焦或焦炭。为了提高液化效率，须严格控制反应条件以抑制缩合反应，同时加速裂解和加氢等反应的进行。

8.3.1.3 经济性评价

直接加氢液化的经济性主要以无灰干燥基原料煤转化为低分子产物的难易程度和耗氢量（氢气占煤液化成本的30%以上）来考虑。对于原料煤，其中有机质和煤岩组成是评价煤加氢液化性能的重要指标：

① 煤化程度越低，越容易加氢液化。无烟煤几乎不能反应，而黏结性较小的低煤化程度烟煤液化率稍高，最适宜加氢液化的煤是高挥发分烟煤和年老褐煤。

② 对于煤化程度或元素组成近似的煤，由于煤炭岩相组成不同，加氢液化性能也不相同。通常镜质组和稳定组反应活性好，而丝质组难以加氢液化。

8.3.1.4 溶剂的作用

溶剂在直接加氢液化过程中溶解煤和氢气、供氢甚至直接与煤反应。所以，溶剂应是液化产物的良好物理溶剂，还应具有循环传递氢的能力和含较多的供氢化合物及较少的耗氢化合物。根据煤直接加氢液化过程中溶剂的作用机理，即溶解煤并分散热解产生的自由基，并及时提供活性氢使自由基稳定，防止发生聚合反应，要求循环溶剂对重质芳香物的溶解性好，同时又含有能够释放出氢的化合物。显然，合适的循环溶剂只能是含有较多稠环芳香烃并经部分加氢的物料。一般认为，供氢溶剂提供的氢的反应活性比气态氢要高许多，在高压催化加氢体系中，气相氢是通过与溶剂反应后再转移至煤的。所以，对循环溶剂的加氢深度要适宜，才能保证溶剂中氢的数量多、反应活性高。

8.3.1.5 催化剂的作用

催化剂可以加速煤直接加氢液化的速率，最终提高转化率、油收率和生产能力，同时降低反应条件和生产成本，以及改善油品性质等。很多金属或其氧化物对直接加氢液化有催化作用，如Sn、Co和Ni基催化剂的活性很高，煤的转化率可达90%以上。其中Sn以多种形式存在（氧化物、盐或其他形式），均能表现出较高的活性。虽然工业中常用的Fe基催化剂的活性不如上述催化剂，但其价廉、易得且来源广泛，因而在实际生产中获得了大量应用。金属卤化物尤其是氯化锌和氯化锡，在煤加氢液化中也有一定的催化作用，其突出特点是能有效地使沥青烯转化为油类，提高汽油的选择性。但某些金属化合物如少量CaO或V_2O_5的存在会催化缩合等反应的进行，使所得产品大部分为半焦，所以对煤加氢液化不利。

8.3.1.6 工艺参数

（1）反应温度

反应温度是煤直接加氢液化的重要参数。在合适的反应条件下，将煤加热至最优反应温度后，原料的反应性能和催化剂活性均增加，可获得较高的转化率和油收率。但反应温度过高时，催化剂表面易积碳或烧结，从而减少活性位的数量，使催化剂活性降低甚至丧失活性，导致液化效果变差。

（2）反应压力

煤加氢过程中，通常采用较高的压力（氢分压），这样可以提高与催化剂表面接触的液体层中氢气的浓度，利于氢气的吸附、扩散和活化，从而增加催化剂活性表面的利用率。另外，提高压力可加快液化过程中的加氢速度，使低分子物质稳定，从而抑制其脱氢和缩合成半焦的反应，提高油品的收率。但氢分压提高，也会使高压设备的使用不可避免且能耗增加，因而产品成本显著增加。

（3）反应时间

加氢液化的转化率和油收率受反应时间影响较大。在适当的反应条件下，随反应时间的延长，液化率先快速增长后逐渐减慢；而沥青烯和油的收率也相应增加至极值后下降；气体产率随反应时间的延长逐渐增大，同时耗氢量也随之增加。所以，从生产角度出发，适宜的反应时间可以维持高空速和高处理量，同时确保可观的产率。

8.3.1.7 代表性煤直接加氢液化工艺

（1）溶剂精炼煤法

溶剂精炼煤法（solvent refining of coal，SRC 法）是以供氢溶剂对煤进行萃取并加氢，生产清洁的固体或液体燃料的煤直接加氢液化法。其中，根据产品种类又分为 SRC-Ⅰ和 SRC-Ⅱ法。SRC 法有以下特点：①反应条件缓和（反应温度为 400～500℃，反应压力为 10～15MPa）；②无需催化剂，活化氢来源于供氢溶剂；③耗氢量低。

SRC-Ⅰ和 SRC-Ⅱ的机理类同，都是将煤糊在高温高压下热解为自由基碎片后，从供氢溶剂得到氢而稳定，失去氢的芳烃溶剂加氢再生。区别在于 SRC-Ⅰ法加氢少（2%），氢化程度浅，以高分子固体产品为主；SRC-Ⅱ法加氢量大（3%～6%），氢化程度较深，产品以低分子液体为主。

① SRC-Ⅰ法：SRC-Ⅰ法的工艺流程如图 8-11 所示，原煤经磨碎（粒径<0.3mm）、干燥（水分<2%）后与溶剂混合制成煤糊（溶剂与煤质量比为 1.5～3），煤糊与压缩氢气一起送入加热炉。之后物料进入溶解器进行溶解、加氢等反应（温度为 400～450℃，压力为 10～14MPa，停留时间为 0.5～1h，无催化剂），反应过程虽为放热反应，但由于氢化程度浅，所产生的反应热较小。溶解器排出的反应产物冷却至 260～340℃后进入高压分离器。顶部分离的气体产物冷却后（65℃），可凝物为水和轻质油；不凝气体脱除气态烷烃、H_2S、CO_2 等后，作为富氢气循环使用。分离器底部排出的固液混合物经过滤分离，滤饼为未转化的煤和灰，可用作气化原料制氢气；滤液送减压蒸馏装置分离出轻质油、重油和其他液体产品。从减压蒸馏塔底抽出的液体产品经冷却固化为固体产品（产率可达 60%）。SRC-Ⅰ工艺中煤的转化率达 90%～95%，脱硫效果较好（可脱除煤中全部无机硫和 60%～70%有机硫）。

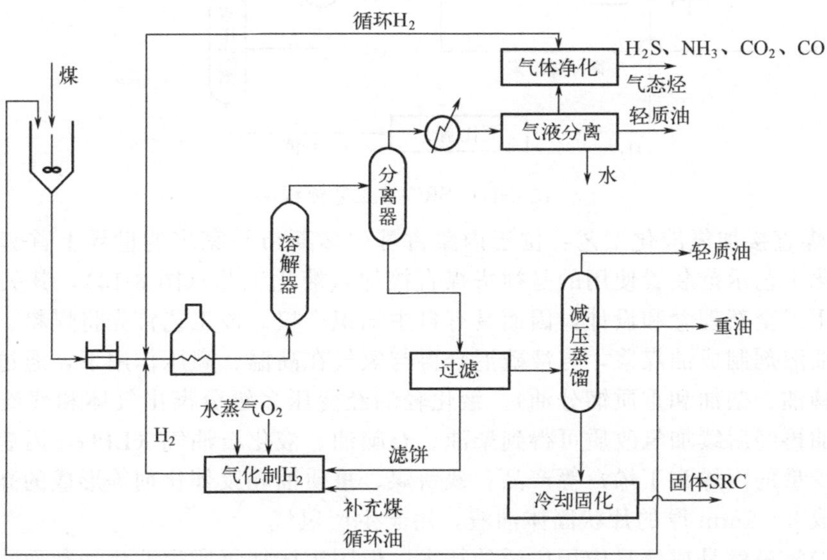

图 8-11　SRC-Ⅰ工艺流程

② SRC-Ⅱ法：也称循环 SRC 法，工艺流程如图 8-12 所示。将煤粉与循环煤溶浆按（1∶1.5）～（1∶2.5）（质量比）制成煤糊，与压缩氢气一起进入加热炉加热后（约 400℃），送入反应器进行萃取加氢反应（温度为 440～460℃，压力为 14MPa，无催化剂）。由于氢化程度较深、反应热较大，需在不同部位加入冷氢气以控制反应器温度。自反应器出来的产物送入高压分离器，顶部导出的气体经冷却分离得到循环用的富氢气、用作管道煤气的甲烷和乙烷，以及液化石油气（丁烷等）；底部排出物一部分用作循环煤溶浆返回系统，另一部分经分离得到石脑油、燃料油和残留物。残留物进一步减压蒸馏后可得燃料油和残渣（可作气化原料生产氢气）。

SRC-Ⅱ工艺中煤的转化率高达 95%～96%，液体油产率可达 38.9%～43.7%，不但液化效率高，而且产品质量好，如燃料油不含灰、硫含量低于 0.4%且热值能达到 40000kJ/kg 以上，而轻质油进一步加工可得高辛烷值汽油，完全可以作为石油的替代品。另外，所得轻质油含有 20%～30%酚类，可分离利用其中的高值酚类化合物。SRC-Ⅱ工艺因用气液分离器排出的热煤溶浆（含一定固体）作循环溶剂，且煤浆中矿物质（具有催化活性）含量随煤溶解时间的增长而增加，所以能够显著促进加氢裂解和液化的进行，因而无需额外加入催化剂。同时，采用蒸馏工艺完成产品分离，可简化工艺流程。

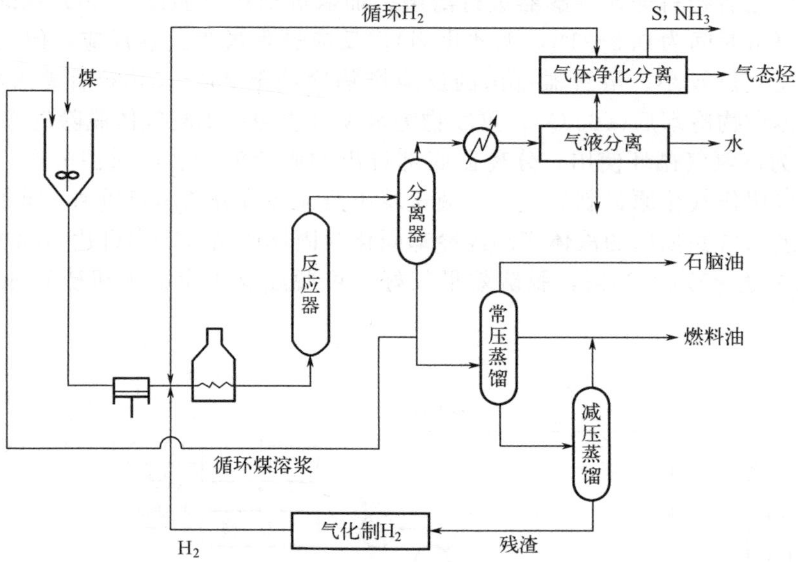

图 8-12　SRC-Ⅱ工艺流程

③ 神华煤直接加氢液化工艺：位于内蒙古鄂尔多斯市马家塔的世界上首套大型现代煤直接加氢液化工艺示范装置使用的是神华煤直接加氢液化工艺（图 8-13），其关键技术和核心设备都采用了全新理念和设计，因而具有自主知识产权。该工艺首先将煤粉、高活性铁基催化剂、重油溶剂制成油煤浆，与液硫混合再与氢气在高温、高压作用下，通过加氢制得烃类轻油（石脑油、柴油和重质馏分油）。液化轻油经变压多级分离出气体和残渣后得到液化粗油，该粗油再经后续加氢改质可得到柴油、石脑油、液化石油气（LPG，丙烷、丁烷的混合物，伴有少量的丙烯和丁烯）等产品。残留煤、重质油和废催化剂等形成的高温油渣，经水冷固化形成 3～5mm 厚的片状固体油渣，用于生产氢气。

固定床加氢虽然是成熟且应用广泛的技术，但固定床加氢所得液化油却面临着金属和沥青质含量较高的问题（金属含量高将使固定床加氢催化剂迅速失活，沥青质含量过高将使催化剂床层压差急剧升高）。因此，如果采用固定床加氢制备循环溶剂，加氢原料质量的控制

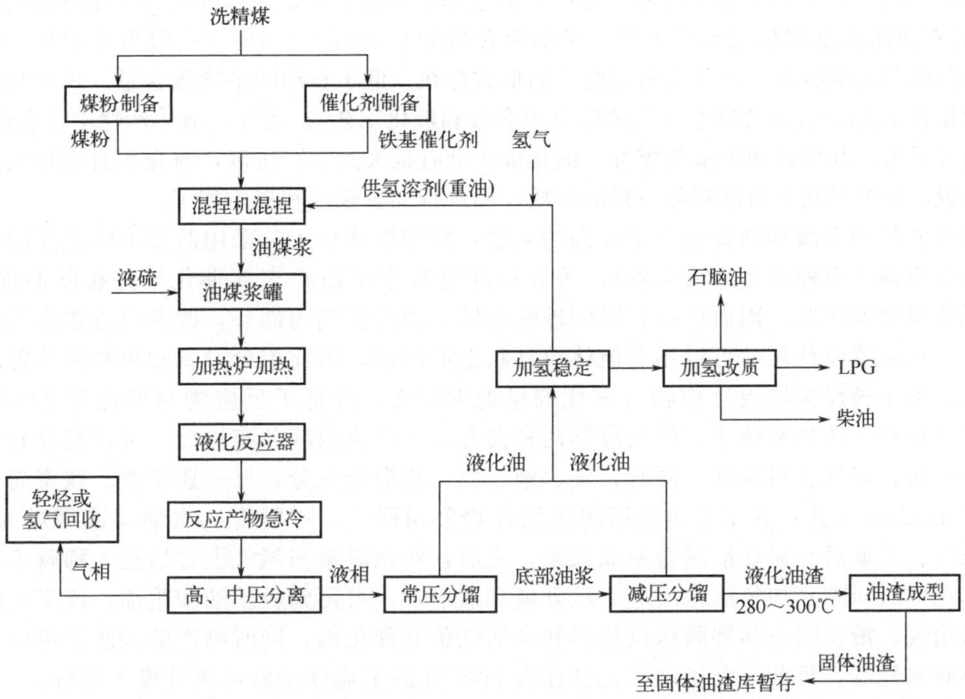

图 8-13　神华煤直接加氢液化工艺流程

要求将难以满足，并且装置操作周期也将难以保证。相比之下，由于沸腾床工艺对原料的适应性强，可加工高金属含量、高残炭值原料，而且其反应温度较固定床高，原料轻质化率可根据需要调整（最高可达 55%～60%），所以在整个运行过程中产品质量变化很小。在神华煤直接加氢液化工艺中，利用沸腾床加氢技术，常压和减压蒸馏塔的全部馏出物按供氢溶剂的要求深度加氢后转变为供氢溶剂。其中，采用减压蒸馏并通过对其馏分油进行适宜加氢，是保证循环溶剂质量的可靠方法。因为减压蒸馏分离出的重油含有大量的稠环芳烃，沥青和固体物含量极低，通过控制加氢深度来部分饱和稠环芳烃，使其既有溶解分散能力，又有供氢能力。高浓度油煤浆的制备全部采用该供氢溶剂，所得油煤浆的黏度适中。例如煤浆浓度为 45% 时，黏度为 90cP（60℃，1cP＝1mPa·s）；煤浆浓度为 48% 时，黏度为 240cP（60℃）。此外，由于溶剂性能的提高，液化条件可以大大缓和，煤在反应器内的停留时间可以大大减少，反应器利用率可以提高。

煤液化反应除生成液化油外，还会产生大量的固体残渣（包括灰和未转化的煤与催化剂）以及沥青类。因此，对煤液化生成物的固液分离，是构成煤液化工艺的一个重要部分。考虑到技术可靠性、设备的适用性和对分离出的固、液所要求的指标，以及这些技术在现有工业上的使用效果和成熟程度，神华煤直接加氢液化工艺选择减压蒸馏这一十分成熟的技术来分离固体和液，所获得的油收率较高。例如，按照控制减压塔底固体含量 50% 来操作，非固体成分大部分是沥青类液体，实际残渣带走的油不足塔底物的 3%，对整体油收率的影响小于 1%。如果采用其他技术（如过滤分离或溶剂萃取等），虽能更多地回收液体沥青类物质，但因沥青加氢转化极为困难，将导致溶剂质量大幅度下降，使反应效率乃至综合效率降低，过程成本显著增加。

煤炭直接加氢液化工艺所生产的液体产物保留了液化原料煤的一些性质，芳烃及氮、硫和氧等杂原子含量高，色相与储藏稳定性差等，如氮的质量含量为 0.2%～2.0%（典型的氮含量为0.9%～1.1%，杂原子氮以咔唑、喹啉、氮杂菲、氮蒽、氮杂芘以及其他氮杂芳烃的形式存在），是石油氮含量的数倍至数十倍。又如硫含量为0.05%～2.5%（一般为0.3%～0.7%），且大部分以苯并噻吩和二苯并噻吩衍生物的形式存在，低于石油的平均硫含量。煤液化粗油中的氧含量在1.5%～7%及以上（具体取决于煤种和液化工艺）。此外，液体产物中含有铁、钛、硅和铝等元素，其种类和含量与煤种、液化催化剂有很大关系。所以，对煤炭直接加氢液化制油品来说，若要得到与石油制品一样的品质，须进行加氢脱杂和提质加工。

针对液化油金属和沥青质含量较高的问题，神华煤液化工艺采用两段串联式强制内循环悬浮床反应器（也称浆态床反应器），可在反应过程中不断补充新催化剂并排除旧催化剂，并且无床层堵塞问题，因而可以长时间连续运转。通过强制内循环，改善反应器内流体的流动状态，反应器设计尺寸可以不受流体流动状态的限制，因此单台设备和单系列装置的处理能力大。由于该反应器内反应物与催化剂呈返混状态，保证了反应物与催化剂之间接触良好，而且有利于传热和传质，使反应器内径向和轴向反应温度分布均匀，可以充分利用反应热加热原料，降低进料温度。同时，气、液、固三相混合充分，反应速度快、效率高。

④ H-Coal工艺：该工艺由美国碳氢化合物公司研发，以褐煤、次烟煤或烟煤为原料，经过破碎、干燥后与循环油混合制成煤浆。之后，将该煤浆与氢气混合后送入沸腾床反应器进行高压（21MPa）加氢液化反应。经分离和蒸馏后，可得到轻质油和重油。该工艺的特点在于采用气、液、固三相沸腾床反应器和高活性负载催化剂，同时副产的残渣还可以作为气化原料制取氢气。目前，利用该工艺已建有600t/d的工业性试验装置并投入运行。

⑤ CTSL工艺：该工艺是在H-Coal工艺的基础上，美国碳氢化合物公司进一步发展的催化两段液化工艺。CTSL工艺的特点在于反应条件更为缓和，采用两个与H-Coal工艺相同的三相沸腾床反应器实现全返混反应模式。此外，该工艺还采用高活性胶状Fe基催化剂。在高温分离器后串联的加氢固定床反应器，可以对液化油进行加氢精制。固液分离则采用临界溶剂萃取方法，以最大限度地从液化残渣中回收重质油。

⑥ IGOR工艺：该工艺是德国在IG工艺基础上进一步发展的直接加氢液化新工艺。原料煤经过磨碎、干燥后与催化剂、循环油一同制成煤浆，与氢气混合（30MPa）送入反应器进行加氢液化反应。产生的液体产物经过固定床反应器的二次加氢后，分离出汽油、柴油等各类产品。该工艺的独特之处在于将液化油的二次加氢反应器与高压液化装置紧密结合，从而减少了因物料进出装置而导致的能量损失。1981年，德国建立了200t/d的工业性试验装置，证明了该工艺的可行性和高效率。

⑦ EDS工艺和NEDOL烟煤液化工艺：1977年，美国埃克森公司成功开发出EDS供氢溶剂工艺。原料煤经破碎、干燥与供氢溶剂混合制成煤浆，与氢气混合并预热后送入反应器，进行萃取加氢液化反应，产物经减压蒸馏进行固液分离后得到气体、石脑油、重油和残渣。该工艺中基本为非催化反应，采用循环供氢溶剂对煤进行萃取加氢液化，循环溶剂在加氢反应前先在固定床反应器中催化加氢成为供氢溶剂（溶剂加氢和煤萃取加氢分别进行）。1985年完成了250t/d的工业性试验装置的建设。

日本在20世纪80年代对EDS工艺进行改进，成功开发出NEDOL烟煤液化工艺。其具体流程包括煤浆制备、加氢液化、固液蒸馏分离、液化粗油二段加氢以及溶剂催化加氢等。该工艺在液化反应器中加入了Fe催化剂，并将反应压力提高至17～19MPa。该工艺总体流程与德国工艺相似，特点是使用了不同的催化剂和反应条件，同时采用了减压蒸馏的方法进行固液分离。

⑧ 其他煤直接加氢液化工艺：FFI低压加氢液化工艺是俄罗斯开发的煤直接加氢液化成液体燃料的工艺，也是一种重要的煤液化技术。该工艺以褐煤和烟煤为原料，可生产出液

体燃料及多种化工产品。其特点在于原料预处理阶段采用了高效振动碾磨机，大大提升了处理效率。同时，瞬间涡流仓煤干燥技术的应用，使得煤能够迅速完成湿度分离、热粉碎和气孔爆裂，从而大幅缩短了干燥时间。此外，该工艺还采用了高效且可再生的催化剂钼酸铵和三氧化钼，降低了成本。最重要的是，通过降低煤液化压力至6～10MPa，不仅减少了设备制造和运输费用，还降低了气体压缩及液体泵送的电能消耗。俄罗斯在多地建立了工艺开发装置，并进行了年产300万t液体产品的工厂设计。

(2) 煤油共炼技术

煤油共炼技术是将煤和石油渣油或煤焦油等同时加氢裂解，转变成中质和轻质油以及少量气体等产品的技术。由于石油渣油的H/C原子比较高，有一定供氢作用，因此可以促进煤的热溶解和加氢，使煤的转化率和油收率提高；煤焦油含较多的芳烃化合物，也可作为供氢溶剂；而煤能够防止石油渣油在加氢裂解中形成不溶固体或半焦，同时，煤可吸附渣油中的重金属，从而提高其金属脱除率。所以，煤和油之间呈现出相互促进的协同作用。此外，煤和油一次性通过反应装置，提高了反应装置的处理能力。总之，在煤的直接加氢液化工艺中，煤油共炼具有转化率和油收率高、耗氢量和生产成本低的显著优点。

2012年4月，陕西靖边利用延长煤油混炼技术启动了世界首个煤油共炼工业示范项目。该项目充分利用陕北地区的丰富煤、油资源以及现有基础设施，建立了一个年产45万吨油品的悬浮床加氢裂化装置，并配备了相应的技术研究设施。

(3) 煤超临界萃取

一般来说，物质的溶解度随溶剂密度的增大而提高，但液体溶剂的黏度也增大，使萃取过程中固液分离变困难；气体的黏度虽很低，有利于萃取过程中的气固分离，但其密度太小导致溶解量很小。因此，煤直接加氢液化中所用溶剂应同时具备高密度和低黏度的特性。而超临界气体具有较高的密度、很低的黏度和较大的扩散速度（表8-4），因此对固体有较强的渗透能力，是较理想的萃取剂。超临界萃取即利用压缩气体的超临界状态，提高煤中有机质的挥发能力和溶解能力，达到物质分离的目的。该法萃取效率高，尤其是在常规萃取方法难以进行的情况下显示出强大的优越性。不过，所用溶剂应具有较好的稳定性，避免溶剂回收困难和溶剂与萃取物发生化学反应，从而影响产品的质量。

表8-4 流体作为溶剂使用时的一些相关物理性质

物态	密度/(g/cm^3)	黏度/[g/(cm·s)]	扩散系数/(cm^2/s)
气体	10^{-3}	10^{-4}	10^{-1}
超临界气体	0.3	10^{-3}～10^{-4}	10^{-3}
液体	1	10^{-1}～10^{-2}	5×10^{-6}

煤的超临界萃取在高温下（300～400℃）进行，加之煤的结构复杂，因此该过程包含了复杂的物理和化学过程。三甲苯是煤超临界萃取的理想溶剂，但从技术和经济两方面衡量，选用甲苯作溶剂更为合适。

8.3.2 煤炭间接液化

煤炭间接液化最先由德国人F. Fischer和H. Tropsch开发，于1923年用合成气（CO和H_2）在铁基催化剂上合成出以烃类为主的油料产品，后称为费托（F-T）合成。这是合成油工业的开始，也是煤炭间接制取烃类油的一种方法。该工艺首先在德国大规模应用，并于1936年建立了第一座工业规模的合成油厂。该厂采用常压下钴基催化剂和气相固定床进行 F-T 合成，生产发动机燃料。之后又开发出中压（0.5～2MPa）钴基 F-T 合成和中压（1～3MPa）铁基 F-T 合成，到 1939 年德国已建成 9 座 F-T 合成油厂，总生产能力达 225 万 t/a。第二次世界大战后合成油厂相继关闭或改建他用，整个合成油工业处于停滞阶段。唯有南非，因石油和天然气产量不足，而煤炭储量丰富、价格低廉，在 1955 年建立了 SASOL-Ⅰ合成油厂，后又分别于 1980 年、1983 年投资并建成 SASOL-Ⅱ厂和 SASOL-Ⅲ厂主要生产汽油。SASOL 三个厂每年总计可生产 450 万吨车用燃料和其他化工产品。

自 1973 年发生“石油危机”以后，世界各国重新审视并开展 F-T 合成技术的研发，以提高 F-T 合成的经济性和改善产品的选择性。典型技术如 20 世纪 70 年代美国 Mobil 公司开发的 ZSM-5 沸石分子筛催化剂和 Mobil 工艺，两者均已得到工业应用。其他技术如 F-T 两段合成法、中科合成油浆态床 F-T 合成法、Tigas 合成法（合成气一步合成高辛烷值汽油工艺）以及高选择性的新型催化剂等均在开发之中。简单来说，煤炭间接液化是先将煤气化得到原料气（合成气等），再经催化后成液体油品及其他化学产品，具体介绍如下。

8.3.2.1　煤炭间接制油

（1）F-T 合成

煤基 F-T 合成烃类油一般要经过原料煤预处理、气化、气体净化、部分气体转换（可不用）、F-T 合成和产物回收加工等工序。

煤预处理是根据所选用的气化方法对气化原料煤的要求进行预加工，以提供符合气化要求的原料的过程。工业上用于生产合成原料气的气化炉有鲁奇加压气化炉、德士古气化炉、水煤气炉和 K-T 炉等。

目前该工艺的成本在很大程度上取决于气化，据南非 SASOL 的资料介绍，制气工艺占总费用的 65%，合成工艺占 20%，产品回收加工占 10%。所以，从降低生产成本来说，F-T 合成应采用热效率高、成本低的气化炉，如德士古气化炉和鲁奇熔渣炉等。

由于操作条件、催化剂和反应器形式等的不同，F-T 合成包含许多不同的合成工艺。目前工业上采用和正在开发的 F-T 合成工艺大致有以下几种：

① 气相固定床合成工艺，如常压或中压钴基合成、Arge 合成等；

② 气流床 Synthol 合成工艺；

③ 气-液-固三相浆态床 F-T 合成工艺；

④ 密相流化床合成工艺。

（2）F-T 合成产物

合成气通过不同路线可以制取多种化工产品，其中 F-T 合成可以得到汽油、柴油、石蜡等各种产物。采用不同的 F-T 合成工艺，各产物的产率也不同（见表 8-5）。在目前的条件下，由于 F-T 合成技术投资大、成本高，阻碍了其在工业上的广泛应用。F-T 合成产物的价格，很大程度上受煤价的制约，因此，F-T 合成技术的经济性主要取决于煤价和吨油耗煤量。

表 8-5　典型 F-T 合成产物的组成

产物名称	Arge(固定床)产物/%	Synthol(气流床)产物/%	产物名称	Arge(固定床)产物/%	Synthol(气流床)产物/%
CH_4(C)	5	10	软蜡(C_{20}～C_{30})	23	4
LPG(C_2～C_4)	13	33	硬蜡(C_{30+})	18	2
汽油(C_5～C_{12})	22	39	含氧化合物	4	7
柴油(C_{13}～C_{19})	15	5			

8.3.2.2 煤炭间接制甲醇

甲醇制乙烯和丙烯等烯烃的 MTO（methanol to olefins）工艺、甲醇制丙烯的 MTP（methanol to propylene）工艺和甲醇制芳香烃的 MTA（methanol to aromatics）工艺是重要的化工技术。该技术是发展非石油资源生产乙烯、丙烯和芳香烃等产品的核心技术。石脑油、重油、天然气、煤及其加工产品（焦炭、焦炉煤气）、乙炔尾气等均可作为生产甲醇所用合成气的原料。其中煤制甲醇，即以煤为原料生产甲醇的技术，是传统煤化工中较为成熟的工艺，也是符合我国"富煤贫油少气"资源特点的工艺路线和"以煤代油"的有效途径。1923 年，德国首先通过 CO 和 H_2 在 Zn-Cr 催化剂上合成甲醇，并实现工业化生产。20 世纪 60 年代，铜基低温催化剂合成甲醇获得巨大成功，将甲醇生产提高到新的水平。合成甲醇工艺有高压法、中压法和低压法。高压法采用 Zn 基催化剂，历史较久、技术成熟，但高压法动力消耗大、投资费用高，同时副反应多，甲醇产率也较低；中压法和低压法采用铜基催化剂，经济和技术指标均较先进，如低压法的压缩动力消耗仅为高压法的 60%。因此，目前由 CO 和 H_2 合成甲醇的新建工厂普遍采用低压或中压 Lurgi 工艺和 ICI 工艺（使用低温铜基催化剂）。由煤制取甲醇一般包括制气、变换、净化、压缩、合成和粗甲醇精制等工序，具体工艺过程可见图 8-14 和图 8-15。一般来说，合成气经压缩、换热后，进入甲醇合成反应塔，在铜基催化剂的作用下进行合成反应，反应热由循环沸腾水（含 7%左右的甲醇）带出。由合成塔出来的反应气体中含约 7%的甲醇，经冷凝并通过分离器将液态甲醇与未液化残余气体（夹有气态 CH_4 等）分离，获得粗甲醇。未反应气体一部分排出系统，以维持系统中组分含量恒定，另一部分循环使用。未反应气体因循环使用导致体系中 CH_4 积累增多，宜采用催化自热重整为 CO 和 H_2 后再进入循环系统。

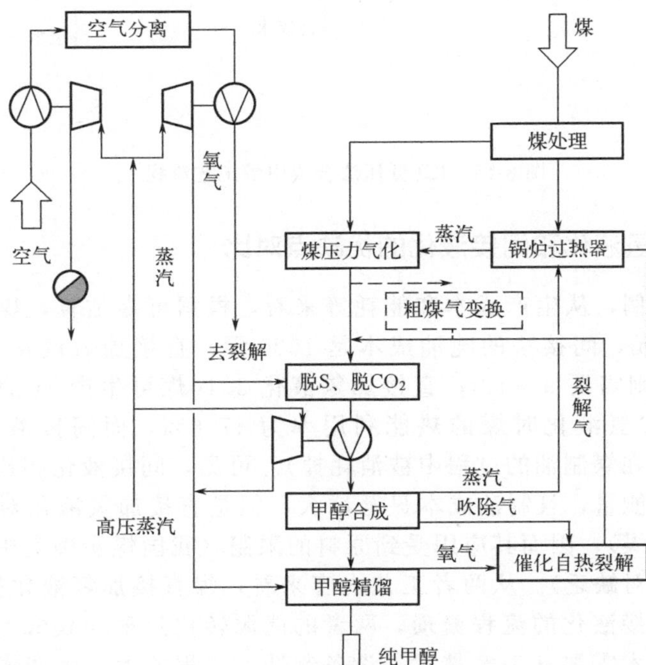

图 8-14 Lurgi 低压法煤制甲醇工艺

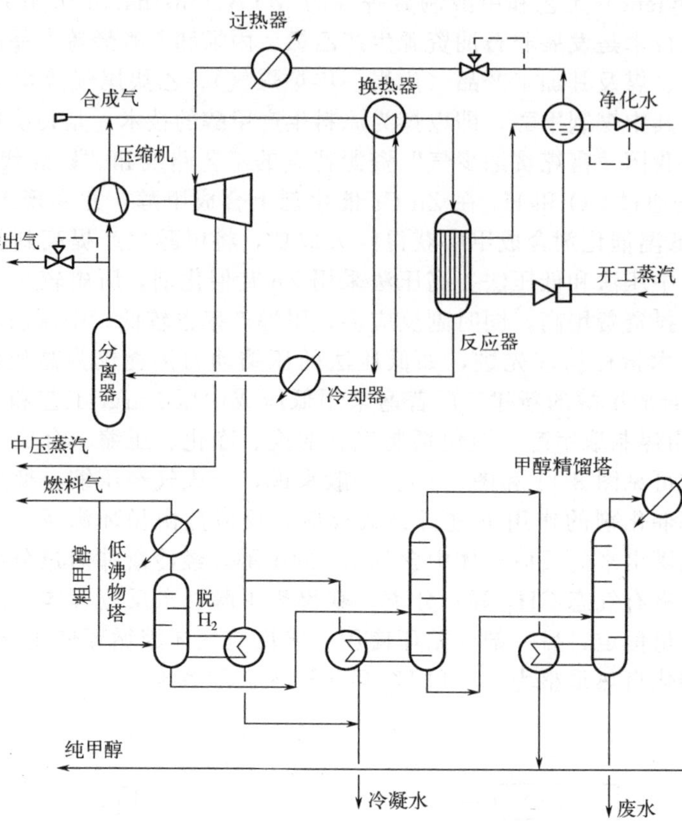

图 8-15 ICI 低压法合成甲醇工艺流程

8.3.3 煤炭直接加氢液化和间接液化的优缺点对比

以煤液化制油为例，从生产成本和能耗等来看，根据可靠估算，煤炭直接加氢液化的吨油成本是 1400 元，间接法的吨油成本是 1600 元；直接加氢液化每生产 1t 油需要 5～6t 水，而间接法则需要 9～12t；直接加氢液化 2.4t 煤可生产 1t 油，而间接法需要 4.4t 煤；采用直接加氢液化时煤的热能利用率为 47.6%，而间接液化的利用率仅为 28.6%（大部分热能在煤制油的过程中被消耗掉）。可见，间接液化相比于直接加氢液化需要耗费更多的水及能量，且制油成本显著增大，但是直接加氢液化对煤的质量要求较高（需要质量较优的煤），因而其应用受到原料的限制（我国煤炭种类中适宜采用直接加氢液化的煤种储量相对缺乏）。从两者工艺内容来看，煤直接加氢液化操作条件（高温、高压）苛刻，而煤间接液化的流程繁琐，两者的能源转化效率均较低，水耗和能耗均较高。因此，煤制油技术需要从工艺技术、设备制造、工程放大、生产成本、能源转化效率、设备长周期运行稳定性、环保等方面继续进行深入研究。此外，为适应煤化工作业趋势，企业要建立与之配套的加工技术与操作流程，全程保障煤液化产品的质量。两种工艺的优缺点具体如表 8-6 所示。

表 8-6 煤炭直接加氢液化和间接液化的优缺点

煤炭直接液化	优点	① 煤消耗量较小：一般 1t 无水无灰煤能转化成 0.5t 以上的液化油，加上制氢用煤，3～4t 原料即可产 1t 液化油； ② 油收率高：如采用 HTI 工艺的油收率高达 63%～68%； ③ 由于是油煤浆进料，所需设备体积小、投资低，运行费用也低； ④ 馏分油以汽油、柴油为主，目标产品的选择性较高
	缺点	① 反应条件相对较苛刻：液化温度高达 420～470℃，传统工艺中液化压力甚至高达 70MPa，及时改进的现代工艺如 IGOR、NEDOL、HTI 等也达 17～30MPa； ② 煤种适应范围窄：仅适用于褐煤、长焰煤、气煤、不黏煤、弱黏煤等少数年轻煤； ③ 液化产物复杂； ④ 液、固两相混合物的黏度较高，分离相对困难； ⑤ 氢耗量大（一般为 6%～10%）：过程中不仅需要频繁补充大量氢，还需提供循环油作供氢溶剂，使装置的生产能力降低； ⑥ 工艺不够成熟：目前国内只有国能等少数产业化装置在运行，但稳定性仍需提高
煤炭间接液化	优点	① 合成条件温和：无论是固定床、流化床还是浆态床反应器，反应温度均低于 350℃、反应压力 2.0～3.0MPa； ② 转化率高：如采用熔铁催化剂，合成气单程转化率＞60%，当循环比为 2.0 时，总转化率可超过 90%。若采用钴基催化剂，合成气转化率甚至更高； ③ 煤种适应性强：不仅年轻煤（褐煤、烟煤等）适用，而且我国主要煤炭资源（年老煤、高灰煤等）也特别适用于煤炭间接液化； ④ 产品非常洁净：无硫、氮等污染物，可以加工成优良的柴油（十六烷值为 75）、航空煤油、汽油等多种燃料，还可以提供其他优质的石油化工原料； ⑤ 工艺成熟：有稳定运行的产业化工厂，如南非 SASOL 和英荷壳牌，已经形成了年产 500 多万吨油品和约 200 万吨化学品的产业
	缺点	① 油收率低、煤消耗量大：一般情况下，约 5～7t 原煤才能产出 1t 成品油； ② 反应物均为气相，所需设备体积庞大、投资高，运行费用明显增高； ③ 副产物多、目标产品选择性低：正构链烃产物的碳数范围为 C_1～C_{100}，若降低反应温度，则蜡油等重烃类产量增大，而 CH_4、C_2H_4、C_2H_6 等轻烃类产量减少

8.4 煤制其他化学品

煤中所含有机质（40%～60%）是以芳香族为主的稠环，由桥键互相连接，并带有各种官能团的大分子组成。以煤为原料，经化学加工（热加工和催化加工等方式）可以使煤转化为气体、液体和固体燃料及其他众多化学品。从生产过程来说，化学加工主要包括煤的气化、液化、干馏以及焦油加工和电石乙炔化工等；从产品分布来说，煤化学加工过程包含传统煤化工和新型煤化工。前者涉及焦炭、电石、合成氨和尿素生成等；后者通常为煤制甲烷、煤制油、煤制甲醇、煤制二甲醚、煤制烯烃、煤制芳香烃、煤制乙二醇和乙醇等（图 8-16）。新型煤化工以替代石油化工产品为主，具体包括柴油、汽油、航空煤油、液化石油气、乙烯和丙烯等原料以及替代燃料（甲醇、二甲醚）等。关于煤制其他多种化学品将会在第 10 章中详细介绍。

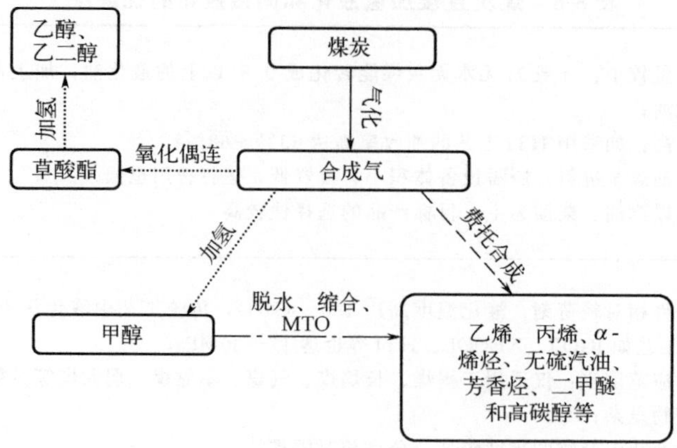

图 8-16　煤制多种化学品

● 课后题

8-1　从冶金焦的质量要求出发，分析炼焦配煤的质量控制要求。
8-2　简述炼焦配煤的意义。
8-3　简述炼焦工艺条件与焦炭质量之间的关系。
8-4　炼焦回收的主要化学产品有哪些？生产中如何从配煤上提高煤气产量？
8-5　煤气的种类有哪些？有什么区别？
8-6　固定床常压气化有哪些工艺？对煤的质量有哪些具体要求？并简述原因。
8-7　加压气化与常压气化相比有哪些优点？
8-8　对比固定床、流化床和气流床三种气化方法对煤质要求的不同之处。
8-9　三种主要气化炉中气化剂和燃料的接触方式有哪些？
8-10　简述煤液化的原理及液化过程中主要的加氢方式。
8-11　简述煤炭直接加氢液化对煤炭质量的基本要求。
8-12　列举新型煤化工的产品。

第9章 煤的分类和煤质评价

9.1 煤炭分类的意义和指标

9.1.1 意义

煤的分类是煤炭勘探、开采规划、分配和合理使用的共同依据。

9.1.2 方法和原则

对煤炭进行分类时，根据分类目的的不同，有实用分类（技术分类和商业编码）和科学/成因分类（即使是纯科学分类，通常也有实际用途）两大类。

煤炭的科学分类包括下列几项原则：

① 要全面地包括各产地的全部煤种；

② 能包括各种煤的全部性质，如物理性质、化学性质和工艺性质等；

③ 能确定各种煤的工业用途，如炼焦、气化、低温干馏、加氢、动力以及其他综合利用。

9.1.3 煤炭分类的指标

煤的牌号反映着**煤的有机质特性**。因此，国际上和各国普遍以**煤化程度**和**煤的黏结性**作为煤工业分类的两个指标（表 9-1）。

表 9-1 各国和国际煤分类选用指标

国名	变质程度指标	黏结性指数	备注
英国	挥发分	格金焦型	国家煤炭局
美国	固定碳、发热量	坩埚焦特性	美国材料与试验协会 ASTM D388-23
法国	挥发分	坩埚焦膨胀序数	
德国	挥发分	坩埚焦特性	商业分类(以国际分类作为国家标本)
意大利	挥发分	坩埚焦膨胀序数	
荷兰	挥发分	坩埚焦特性	
波兰	挥发分(分热量为辅)	罗加指数(奥-阿膨胀度、坩埚膨胀序数为辅助)	PN82/G-97002:1982
俄罗斯	挥发分、镜质体反射率	焦质层最大厚度	GOST 25543—88、GOST R 70208—2022
日本	发热量、燃料比、镜质体反射率	坩埚焦特征最大流动度	JISM1002 新日铁公司(NSC)
国际分类	挥发分(发热量)	坩埚膨胀序数或罗加指数,奥-阿膨胀度或格-金焦型	

（1）煤化程度

各国用来反映煤化程度的指标是干燥无灰基挥发分（V_{daf}），这是因为它能较好地反映煤化程度，并与煤的工艺性质有关，而且其区分能力强、测定方法简单且易于标准化。但是煤的挥发分不仅与煤化程度有关，而且还受煤的岩相组成的影响。同一种煤的不同岩相组成，其挥发分有很大差别。煤化程度相同的煤田，由于岩相组成的不同而具有不同的挥发分值；而不同煤化程度的煤，在岩相组成不同的情况下，也可能得到相同的挥发分值。因此，煤的挥发分有时也不能十分准确地反映煤的煤化程度，尤其对于挥发分较高的煤，其误差更大。

为此，有的国家采用煤的发热量或镜质组反射率作为评价烟煤和无烟煤煤化程度的主要指标。煤的发热量适用于低煤化程度的煤和动力煤，一般以含水无灰基/恒湿无灰基高位发热量代表煤的煤化程度。镜质组反射率在高变质阶段的烟煤和无烟煤中能较好地反映煤化程度的规律，同时能够综合反映变质过程中镜质组分子结构的变化，加之其组成又在煤中占优势，因此该指标可排除岩相差异的影响，比挥发分产率更能确切地反映煤的变质规律。

此外，煤中的氢碳原子比在一定程度上也能代表煤的煤化程度。对高煤化程度煤尤其是无烟煤来说，氢含量能很好地反映煤化程度。**我国现行无烟煤分类以煤中氢含量作为分类指标之一**。

（2）煤的黏结性

煤的黏结性是煤在热加工过程中重要的工艺性质，是煤炭分类中又一个重要指标。表示煤黏结性的指标很多，如胶质层最大厚度、罗加指数、坩埚膨胀序数、奥-阿膨胀度和格-金焦型等。

① 坩埚膨胀序数：在法国、意大利、德国等国普遍采用。它在一定程度上反映了煤的黏结性，而且方法简单，尤其是煤质变化不大时较为可靠。但其测定结果取决于焦饼的外形，故常有主观性且过于粗略。

② 格-金焦型：在英国使用，与挥发分较为接近，对黏结性不同的煤都能加以区分。但其测定方法较为复杂，并且受人为因素影响较大。

③ 罗加指数：对弱黏结煤和中等黏结煤的区分能力强，且测定方法简单、快速，所需煤样少，易于推广。

④ 奥-阿膨胀度对强黏结煤的区分能力较好，测试结果的重视性好，但对黏结性弱的煤区分能力差，设备加工也较困难。

⑤ 吉泽勒流动度：反映煤产生最稀薄状态胶质的黏度。它对弱或中等黏结煤有一定区分能力。该法灵敏度高，测值十分敏感，但存在较多人为和仪器的因素，使得在不同测定条件下所得结果不能一致。

我国目前采用胶质层最大厚度 *Y* 值和黏结指数 *G* 来表示煤的黏结性。用胶质层最大厚度表征中等或强黏结煤的黏结性，而用黏结指数表征弱黏结煤的黏结性，这就充分利用了它们各自的优点。

9.2 中国煤炭分类

9.2.1 我国煤原有的分类方案

我国煤原有的分类方案是以炼焦用煤为主的工业分类方案。由中国科学院、原煤炭部、原冶金部等单位共同研究，方案于 1956 年 12 月提出，1958 年 4 月经原国家技术委员会正式颁布试行。该分类方案的分类指标是煤的干燥无灰基挥发分（V_{daf}）和胶质层最大厚度（Y 值）。从褐煤到无烟煤之间的所有煤种，共分为 10 大类、24 小类，见表 9-2。其中，10 大类主要用于地质部门的资源勘探、煤炭部门的矿井建设和开采、管理部门的煤炭计划和调拨；24 小类则主要用于各种煤的合理利用和科学研究。

表 9-2　中国煤炭（以炼焦用煤为主）原有的分类方案

大类别	小类别	分类指标	
		V_{daf}/%	Y/mm
无烟煤		0～10	
贫煤		10～20	0(粉状)
瘦煤	1 号瘦煤	14～20	0(成块)～8
	2 号瘦煤	14～20	8～12
焦煤	瘦焦煤	14～18	12～25
	主焦煤	18～26	12～25
	焦瘦煤	20～26	8～12
	1 号肥焦煤	26～30	9～14
	2 号肥焦煤	26～30	14～25
肥煤	1 号肥煤	26～37	25～30
	2 号肥煤	26～37	＞30
	1 号焦肥煤	≤26	25～30
	2 号焦肥煤	≤26	9～14
	气肥煤	＞37	＞30
气煤	1 号肥气煤	30～37	9～14
	2 号肥气煤	30～37	14～25
	1 号气煤	≤26	5～9
	2 号气煤	≤26	9～14
	3 号气煤	＞37	14～25
弱黏煤	1 号弱黏煤	20～26	0(成块)～8
	2 号弱黏煤	26～37	0(成块)～9
不黏煤		20～37	0(粉状)
长焰煤		＞37	0～5
褐煤		＞40	—

原有的煤炭分类方案，无论是在指导我国国民经济各部门正确而合理地使用煤炭资源，还是在煤田地质勘探工作中正确地划分煤炭类别（牌号）和合理地计算煤田储量等方面都起到了积极的作用。但该分类方案也存在一些明显的缺点：

① 对长焰煤和褐煤没有提出明确的划分指标和界线。即 V_{daf} 大于 40%、Y 值等于 0mm（粉状）的年轻煤，既可划分为褐煤，又可划分为长焰煤。这对煤矿和用户来说，划分为不同的煤类意味着有不同经济效益，如褐煤的煤种比价为 83%，而长焰煤的比价为 100%。

② 大类别过少、小类别过多，导致大类煤的范围过宽，同一类煤中的性质可能相差很大。如同属气煤大类的 1 号气煤因结焦性不好而多用作化工及气化用煤，不宜大量用于配煤

炼焦；而气煤中的2号肥气煤却是结焦性较好的炼焦基础煤，把这两种性质差异较大的煤划分为同一大类显然是不合适的。

③ 对煤田地质勘探部门来说，以胶质层最大厚度Y值（mm）作为煤炭分类主要指标的缺点之一是由于煤样用量大，不仅不利于小口径钻管的普遍推广使用，而且一些厚度在0.6m以下的薄煤层经分选减灰后的停煤量较少，不足以测定胶质层，因此无法确定其煤的类别。此外，对强黏结性的肥煤来说，Y值的测定误差大；对弱黏结性的煤来说，则Y值难以准确测定。

④ 对贫煤和瘦煤的划分界限以Y值等于0时的焦渣成块或粉状来确定是存在较大疑点的。当焦渣“凝结”时又如何划分煤种没有明确规定，而贫煤和瘦煤的煤种比价又相差5%，这就给煤矿和用户之间带来了定价上的矛盾。

⑤ 对于V_{daf}不大于14%的煤，如其Y值大于0，则既不能划分为贫煤，又不能划分为瘦煤，这就无法确定该煤的类别。

⑥ 对低煤化程度的褐煤和高煤化程度的无烟煤不再细分小类，这就不能充分表征这些煤的特征及其工艺利用途径，而我国褐煤和无烟煤资源储量相当丰富。

9.2.2 中国煤炭新分类的国家标准

9.2.2.1 中国煤炭分类的完整体系

中国煤炭分类的完整体系，由技术分类、商业编码和煤层煤分类三个国家标准组成，三者互为补充、同时执行。前两者属于实用分类，后者属于科学/成因分类。它们之间就其应用范围、对象和目的而言，都不尽一致，表9-3比较了它们的主要差别。明确区分科学/成因分类与煤的技术/商业两大分类系统的异同非常重要，这可以促进学科与各煤炭应用领域的发展与进步。需要说明的是，制订煤层煤分类的主要目的是提供一个能与国际接轨的统一尺度，用来评价和计算煤炭资源量与储量。煤层煤（科学/成因）分类不是一种纯学科、理论式的分类，而是将煤层煤看作原生地质岩体的一种按自然属性的分类。由上可见，煤炭分类将根据实际需要在应用中不断加以扩展、补充和修改，使分类更简捷、有效而实用，从而有利于推广应用。

9.2.2.2 中国煤炭分类

1974年，我国有关部门开始对煤炭进行新的分类，经有关部委、科研机关和高等院校的专家多次论证，并对全国主要煤矿、煤产地的煤质资料进行了全面分析研究，基本达成一致意见，于1986年1月19日通过了煤炭分类国家标准，并于1989年10月1日起正式实施。该标准适用于无烟煤、烟煤和褐煤的分类，其所使用的主要分类指标有两个：一是表示煤化程度的干燥无灰基挥发分（在900℃时测定，而原分类方案挥发分测定温度为850℃），用来区分无烟煤、烟煤和褐煤；另一个是表示煤工艺性能的黏结性指标，根据黏结性大小的不同，分别选用黏结指数G、胶质层最大厚度Y和奥-阿膨胀度作为指标。

当前使用的最新煤炭分类国家标准是煤炭科学研究总院北京煤化工研究分院、煤炭科学研究总院西安研究院、中钢集团鞍山热能研究院有限公司共同起草并于2009年6月1日发布的GB/T 5751—2009《中国煤炭分类》，该标准随后于2010年1月1日正式实施，同时废止原标准GB 5751—1986《中国煤炭分类》。相较于原分类，新标准主要在以下几个方面进行了调整和改进：

① 在标准编号上增加了“T”，GB 5751—1986变更为GB/T 5751—2009，表明该标准从强制性国家标准转变为推荐性国家标准。

② 对于煤炭分类体系，GB/T 5751—2009 继续沿用了原有的两大类、十四小类的基本框架，但对某些具体类别的定义及划分依据做了细化和完善，使得分类更加科学合理。例如，无烟煤部分新增了 WY_3 号煤种；而贫瘦煤、焦煤等炼焦用煤分类更加详细，并明确了各类型之间的界限值。

③ GB/T 5751—2009 增加了更符合国际通用做法的关于煤质参数测定方法的规定，如规定了采用空气干燥基高位发热量作为评价指标之一，替代了原来使用的干基低位发热量，这提高了煤炭分类的可操作性和准确性。

④ GB/T 5751—2009 还补充完善了部分术语定义，增强了标准文本的专业性和规范性。同时，加入了更多与环境保护相关的考量因素，体现了绿色发展理念。

对新标准的详细介绍及其中涉及的要点解读如下：

(1) 无烟煤、烟煤和褐煤的分类

无烟煤、烟煤和褐煤的主要区分指标是表征煤化程度的干燥无灰基挥发分（V_{daf}），当 $V_{daf}>37\%$ 和 $G\leqslant5$ 时，再利用透光率（P_M）来区分烟煤与褐煤（见表 9-3 和表 9-4）。

表 9-3　中国煤炭分类的完整体系

项目	技术分类/商业编码	科学/成因分类
国家标准	技术分类：GB/T 5751—2009《中国煤炭分类》 商业编码：GB/T 16772—1997《中国煤炭编码系统》	GB/T 17607—1998《中国煤层煤分类》
应用范围	① 加工煤（筛分煤、洗选煤、各粒级煤）； ② 非单一煤层或配煤； ③ 商业煤； ④ 指导煤炭利用	① 煤视为富含碳的固体可燃有机沉积岩（显微组分和矿物质）； ② 煤层煤； ③ 国际、国内煤炭资源储量统一计算
目的	① 技术分类：以利用为目的（燃烧、转化）； ② 商业编码：国内贸易与进出口贸易； ③ 给出煤利用过程较详细的性质与行为特征； ④ 对商品煤给出质量评价或类别	① 科学/成因为目的； ② 计算资源量与储量的统一基础； ③ 统一不同国家资源量、储量的统计与可靠计算； ④ 对煤层煤质量评价
方法	① 人为制定分类编码系统； ② 数码或商业类别； ③ 有限的参数，有时不分类界； ④ 基于煤的化学性质或部分煤岩特征	① 自然系统； ② 定性描述类别； ③ 有类别界限； ④ 分类参数主要基于煤岩特征

表 9-4　煤炭分类总表

类别	符号	编码	分类(V_{daf})/%	指标(P_M)/%
无烟煤	WY	01,02,03,	≤10.0	—
烟煤	YM	11,12,13,14,15,16	10.0～20.0	—
		21,22,23,24,25,26	20.0～28.0	
		31,32,33,34,35,36	28.0～37.0	
		41,42,43,44,45,46	>37.0	
褐煤	HM	51,52	>37.0①	≤50②

① 当 $V_{daf}>37.0\%$、$G\leqslant5$ 时，再用透光率 P_M 区分烟煤和褐煤（但在地质勘探中，$V_{daf}>37.0\%$、在不压饼的条件下测定的焦渣特征为 1～2 号的煤，再用 P_M 来区分烟煤和褐煤）。

② 凡 $V_{daf}>37.0\%$、$P_M>50\%$ 者为烟煤，P_M 为 30%～50% 的煤，如恒湿无灰基高位发热量 $Q_{gr,maf}>24MJ/kg$，则划为长焰煤（否则为褐煤），其中 $Q_{gr,maf}=Q_{gr,ad}\times\dfrac{100(100-MHC)}{100(100-M_{ad})-A_{ad}(100-MHC)}$。

（2）无烟煤的分类

采用 V_{daf} 和 H_{daf}（干燥无灰基氢含量，以质量分数表示）作为指标，将无烟煤分为 3 个小类（1 号～3 号），详见表 9-5。

表 9-5　无烟煤的分类

类别	符号	编码	分类指标	
			V_{daf}/%	H_{daf}/%
无烟煤一号	WY_1	01	0～3.5	0～2.0
无烟煤二号	WY_2	02	3.5～6.5	2.0～3.0
无烟煤三号	WY_3	03	6.5～10.0	3.0

注：在已确定无烟煤小类生产企业的日常工作中，可以只按 V_{daf} 分类；在地质勘探工作中，为新区确定小类或生产矿厂和其他单位需要重新核定小类时，应同时测定 V_{daf} 和 H_{daf} 并按本表分小类。如两种结果有矛盾，以按 H_{daf} 划分出的小类结果为准。

（3）烟煤的分类

采用干燥无灰基挥发分（V_{daf}）、黏结指数（G）、胶质层最大厚度（Y）和奥-阿膨胀度 b 作为指标把烟煤分为 12 大类（表 9-6）。

表 9-6　烟煤的分类

类别	符号	编码	分类指标			
			V_{daf}/%	$G(G_{R.I})$	Y/mm	b②/%
贫煤	PM	11	10.0～20.0	≤5		
贫瘦煤	PS	12	10.0～20.0	5～20		
瘦煤	SM	13	10.0～20.0	20～50		
		14	10.0～20.0	50～65		
焦煤	JM	15	10.0～20.0	65①	≤25.0	≤150
		24	20.0～28.0	50～65		
		25	20.0～28.0	>65①	≤25.0	≤150
肥煤	FM	16	10.0～20.0	>85①	>25.0	>150
		26	20.0～28.0	>85①	>25.0	>150
		36	28.0～37.0	>85①	>25.0	>220
1/3 焦煤	1/3JM	35	28.0～37.0	>65①	≤25.0	≤220
气肥煤	QF	46	>37.0	>85①	>25.0	>220
气煤	QM	34	28.0～37.0	50～65	≤25.0	≤220
		43	>37.0	35～50		
		44	>37.0	50～65		
		45	>37.0	>65①		
1/2 中黏煤	1/2ZN	23	20.0～28.0	30～50		
		33	28.0～37.0	30～50		
弱黏煤	RN	22	20.0～28.0	5～30		
		32	28.0～37.0	5～30		

续表

类别	符号	编码	分类指标			
			$V_{daf}/\%$	$G(G_{R.I})$	Y/mm	b②/%
不黏煤	BN	21	20.0～28.0	≤5		
		31	28.0～37.0	≤5		
长焰煤	CY	41	＞37.0	≤5		
		42	＞37.0	5～35		

① 当烟煤的黏结指数测值 $G \leqslant 85$ 时，用干燥无灰基挥发分(V_{daf})和黏结指数(G)来划分煤；当黏结指数测值 $G>85$ 时，则用干燥无灰基挥发分(V_{daf})和胶质层最大厚度(Y)或用干燥无灰基挥发分(V_{daf})和奥-阿膨胀度(b)来划分煤。

② 当 $G>85$ 时，用 Y 和 b 并列作为分类指标。当 $V_{daf} \leqslant 280\%$时，b 暂定为 150%；$V_{daf}>28.0\%$时，b 暂定为 220%。当 b 值和 Y 值有矛盾时，以 Y 值为准来划分煤或分类用的煤样(如原煤灰分小于或等于 10%，不需减灰；灰分大于 10%，需按 GB 474—83 的煤样制备方法，用氯化锌溶液减灰后再对煤样进行分类)。

(4) 褐煤的分类

褐煤采用透光率 P_M 作为指标，表示煤化程度参数，用以区分褐煤和烟煤，并将褐煤划分为 2 个小类，同时采用恒湿无灰基高位发热量作为辅助指标区分烟煤和褐煤，具体见表 9-7。

表 9-7 褐煤的分类

类别	符号	编码	分类指标	
			$P_M/\%$	$Q_{gr,maf}$/ (MJ/kg)
褐煤一号	HM1	51	0～30	—
褐煤二号	HM2	52	＞30～50	≤24

注：凡 $V_{daf}>37.0\%$、$P_M>30\%\sim50\%$的煤，如恒湿无灰基高位发热量 $Q_{gr,maf}>24$MJ/kg 则划为长焰煤。

表 9-8 中国煤炭分类简表

类别	代码	编码	分类指标					
			$V_{daf}/\%$	G①	Y/mm	b/%	P_M②/%	$Q_{gr,maf}$③/(MJ/kg)
无烟煤	WY	01	≤3.5					≤2.0
		02	3.5～6.5					2.0～3.0
		03	6.5～10.0					＞3.0
贫煤	PM	11	10.0～20.0	0～5				
贫瘦煤	PS	12	10.0～20.0	5～20				
瘦煤	SM	13	10.0～20.0	20～50				
		14	10.0～20.0	50～65				
焦煤	JM	15	10.0～20.0	＞65①	≤25.0	≤150		
		24	20.0～28.0	50～65	≤25.0	≤150		
		25	20.0～28.0	＞65①				
1/3 焦煤	1/3JM	35	28.0～37.0	＞65①	≤25.0	≤220		
肥煤	FM	16	10.0～20.0	＞85①	＞25.0	≤150		
		26	20.0～28.0	＞85①	＞25.0	≤150		
		36	28.0～37.0	＞85①	＞25.0	≤220		
气肥煤	QF	46	＞37.0	＞85①	＞25.0	＞220		

续表

类别	代码	编码	分类指标					
			V_{daf}/%	G①	Y/mm	b/%	P_M②/%	$Q_{gr,maf}$③/(MJ/kg)
气煤	QM	34	28.0～37.0	50～65	≤25.0	≤220		
		43	>37.0	35～50				
		44	>37.0	50～65				
		45	>37.0	>65①				
1/2 中黏煤	1/2ZN	23	20.0～28.0	30～50				
		33	28.0～37.0	30～50				
弱黏煤	RN	22	20.0～28.0	0～5				
		32	28.0～37.0	0～5				
不黏煤	BN	21	20.0～28.0	0～5				
		31	28.0～37.0	0～5				
长焰煤	CY	41	>37.0	≤35			>50	
		42	>37.0					
褐煤	HM	51	>37.0				≤30	
		52	>37.0				30～50	

① 当 G>85 时，再用 Y 值或 b 值来区分肥煤、气煤与其他煤类的界限。当 Y>25.0mm 时，如 V_{daf}>37.0%，则划分为气煤；如 Y≤25.0mm，则根据其 V_{daf} 的大小而划分为相应的其他煤类。当用 b 值来划分肥煤、气肥煤与其他煤类的界限时，如 V_{daf}>28.0%，则暂定 b>220%者为肥煤或气肥煤；如 V_{daf}>28.0%，则暂定 b 值>150%者为肥煤；如 V_{daf}>28.0%，则暂定 b>220%者为肥煤或气肥煤（V_{daf}>37%时）。当按 b 值划分的类别与 Y 值划分的类别有矛盾时，以后者为准。

② 对于 V_{daf}>37%、G≤5 的煤，再以透光率 P_M 来区分其为长焰煤或褐煤。

③ 对于 V_{daf}>37%、G≤5 的煤，再以 P_M 来确定其是长焰煤或褐煤。如 P_M 在 30%～50%之间，再测 $Q_{gr,maf}$，如其值大于 24MJ/kg，则应划分为长焰煤（地质勘探煤样，对于 V_{daf}>37.0%、焦渣特征为 1～2 号的煤，在不压饼的条件下测定，再用 P_M 来区分烟煤和褐煤）。

注：对于分类用煤样，A_d≤10%的采用原煤。但 A_d>10%的各种煤样，应采用 $ZnCl_2$ 重液选后的浮煤（对于易泥化的低煤化程度褐煤，可采用灰分尽可能低的原煤样），详见 GB 474—83《煤样的制备方法》。

9.2.2.3 中国煤分类方案的几点说明

① 分类用煤样的制备按 GB/T 474—2008 进行。凡原煤样的灰分小于或等于 10%的不需分选减灰。灰分大于 10%的煤样需用规定的氯化锌溶液减灰后才能作为分类用煤样（对于低煤化程度的褐煤，可采用灰分尽量低的原煤）。

② G=85 为指标转换线。当 G>85 时，用 Y 与 b 值并列作为分类指标，以划分肥煤或气肥煤与其他煤类。Y>25.0mm 者，划为肥煤或气肥煤；当 V_{daf}≤28.0%时，b 值暂定为>150%的为肥煤；V_{daf}>28.0%时，b 值暂定为>220%的为肥煤或气肥煤。当 b 值和 Y 值划分煤类有矛盾时，以 Y 值为准。

③ 无烟煤划分小类按 H_{daf} 与 V_{daf} 划分结果有矛盾时，以氢含量（H_{daf}）划分的小类为准。

④ V_{daf}>37.0%时，P_M>50%者为烟煤；P_M 为 30%～50%时，以 $Q_{gr,maf}$>24MJ/kg 者为长焰煤。

⑤ 当以 b 值来划分强黏结煤时，以 b 值>220%的为肥煤（V_{daf}≥37%时）或气肥煤（V_{daf}>37%）。当用 b 值来划分肥煤、气肥煤与其他煤类的界限时，之所以采用“暂定”值是由于该指标在煤炭系统尚未普遍开展，目前尚无充分的数据来确定肥煤、气肥煤与其他煤

类之间的 b 值界限究竟以多少为合适。由于 b 值的数据不够充分，所以新的煤炭分类国家标准中规定，当按 b 值划分的煤类与按 Y 值划分的煤类有矛盾时，则以 Y 值确定的煤类为准。因而矿井在确定强黏结煤的牌号时，可只测 Y 值而暂不测 b 值。但从长远来看，最好同时测定 Y 值与 b 值并进行对比，以便今后提出用 b 值来划分强黏结性煤时的合理界限。

⑥ 如图 9-1 所示，在新的煤炭分类中，将我国各种煤（从褐煤、烟煤到无烟煤）共划分成 14 个大类和 17 个小类。其中无烟煤 3 个小类，主要是按照各小类工艺利用特性的不同而划分，如 01 号年老无烟煤最适于作碳素原料及民用煤球和蜂窝煤，02 号典型无烟煤最适于作为化肥送气原料，而 03 号年轻无烟煤因热值高、可磨性好而很适于作高炉喷吹用煤。褐煤的 2 个小类（51 号及 52 号）也是根据其性质和利用特征的不同而划分的，如褐煤蜡含量高的多是年轻的 51 号褐煤，而 52 号年老褐煤普遍适合于用作电厂燃料。

在烟煤大类中由老到新共划分为贫煤、贫瘦煤、瘦煤、焦煤、肥煤、1/3 焦煤、气肥煤、气煤、1/2 中黏煤、弱黏煤、不黏煤和长焰煤等 12 个类别。其中除不黏煤、弱黏煤、长焰煤和贫煤为非炼焦煤以外，其他 8 个煤类均属炼焦用煤。

在煤炭分类中，每一类煤均可用汉语拼音作为代号表示。由图 9-1 及表 9-8 也可看出，每个煤类均用两个汉语拼音大写字母表示，如气肥煤的汉语拼音代号为 QF，瘦煤的为 SM 等。其来源是其汉语拼音中的第一个字母，如 J 代表焦（Jiao），M 代表煤（Mei）。

在煤炭分类标准中还采用两位数的编码表示不同的煤类。如气煤的数字编码有 34、43、44 和 45 共四个，瘦煤的编码有 13 和 14 两个，而贫煤的编码只有 11。编码越多的煤类，表示其分类指标的变化范围越宽。

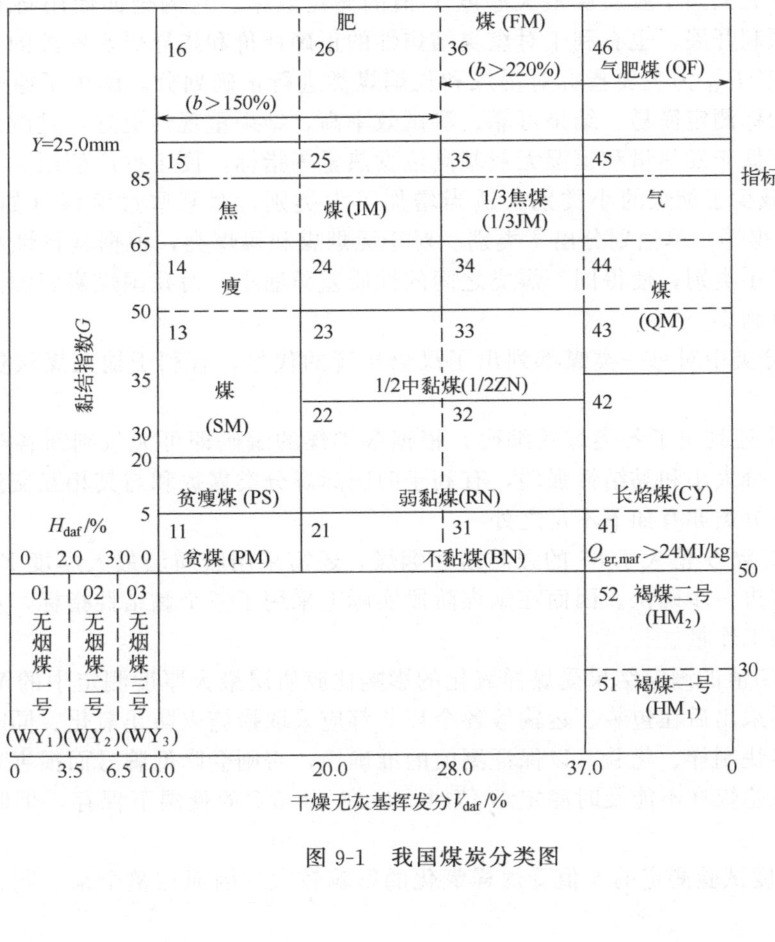

图 9-1　我国煤炭分类图

在各类煤的编码中，十位数字代表挥发分的高低，如：无烟煤的挥发分最低，十位数字为 0（V_{daf}≤10.0%）；褐煤的挥发分最高，十位数字为 5（V_{daf}>37.0%）；烟煤类的十位数字介于 1～4 之间。个位数字对烟煤类来说表征其黏结性或结焦性的好坏（通常为 1～6），个位数字越大，则其黏结性越强，如：个位数字为 6 的烟煤都是胶质层最大厚度 Y>25mm 的肥煤或气肥煤；个位数字为 1 的都是一些没有黏结性的烟煤，如贫煤、不黏煤和长焰煤；个位数字为 2～5 的烟煤，其黏结性随着编码的增大而增强。对褐煤（1～2）和无烟煤（1～3）来说，个位数字表示煤化程度，且每个编码代表一个小类别的煤，如 01～03 分别代表 1～3 号无烟煤，51 号及 52 号各代表 1 号及 2 号褐煤。但也可以看出，瘦煤中的部分 14 号黏结性要比 13 号的高。总之，同一烟煤类中的不同编码部分的性质是有所不同的。又如焦煤类中的部分 24 号，其黏结性就低于 25 号，而焦煤中的部分 15 号，其挥发分就比部分 25 号和 24 号低。但对煤矿来说，由于焦煤中的 15、24 和 25 号煤均执行同一比价，因而也就没有必要按其编码来细分其结焦性的好坏或挥发分的大小。但对配煤炼焦、气化、液化和燃烧等用煤机构，采用编码对指导生产和选择合适的煤源仍有一定的实用意义。

9.2.3 我国新煤炭分类的优缺点

我国新的煤炭分类标准贯彻了拉开档次、按质论价和优质优价的原则，具有严密的科学性和广泛的实用性，为煤炭的合理利用及不同煤种比价的合理调整提供了技术依据。它的主要优点是：

① 代表烟煤黏结性的主要分类指标——黏结指数 G 值的测定煤样用量少，测定方法简易可靠，测试效率大大高于胶质层最大厚度 Y 值的测定效率。它的全面使用将有利于煤田地质勘探工作的顺利开展，也有利于对煤炭结焦性的正确评价和指导煤炭资源的合理利用。

② 采用透光率 P_M 为主要指标对褐煤和长焰煤类进行正确划分，解决了原分类中没有解决的问题。该指标测定简易、结果可靠、测试效率高，结果重现性也好，且测定值受到煤样氧化的影响远远低于发热量和恒湿无灰基高位发热量等指标，便于推广使用。

③ 新分类中减少了烟煤的小类别，适当增加了大类别，对某些过渡煤（如 1/3 焦煤、1/2 中黏煤和贫瘦煤等）单独划分出了类别。对于无烟煤和褐煤类，根据其特性和利用途径的不同分别增加了小类别，使得同一煤类之间的性质差异缩小，对我国煤炭资源的合理利用和合理分配极为有利。

④ 新的煤炭分类中对每一类煤都列出了汉语拼音的代号，有利于输入煤炭资源数据库和检索输出。

⑤ 分类方案中还列出了各类煤的编码，根据各类煤的编码即可大致判断各类煤以及同一类煤之间的挥发分大小和黏结性强弱，有利于向国际煤分类靠拢和与其相互交流。

但是新的煤炭分类亦有如下不足之处：

① 对于黏结指数 G 值大于 85 的强黏结性烟煤，还需采用胶质层最大厚度 Y 值（或奥-阿膨胀度 b 值）来进一步确认。因而在烟煤阶段实际上采用了三个黏结性指标，从而增加了区分强黏结性煤的工作量。

② 黏结指数 G 值的测定结果受煤样氧化的影响比胶质层最大厚度测定中的 Y 值所受影响要大，因此煤样采出后在包装、运输等各个环节都应采取措施以防止氧化。同时，化验室收到煤样后亦应尽快制样、化验，以保证测值的准确性，否则会降低牌号而损害煤矿的经济效益。所以，当试验煤样不能及时测定 G 值时，应在 0～5℃的低温下保存，但时间不得超过一周。

③ 奥-阿膨胀度试验测定的 b 值受煤样氧化的影响较大，因而在整个采、制、测定过程

中更要严格采取措施防止氧化。分析煤样制出后也应在 0～5℃的低温下保存。

④ 胶质层最大厚度 Y 值的测试方法规范性很强，不但在不同实验室之间的测定误差较大，即使是同一实验室的不同操作者之间对 Y 值的测定结果也常会产生一定的系统偏差，尤其是对 Y 值大于 25mm 的强黏结性煤的误差更大。因此胶质层最大厚度测定中所用仪器的材质和制造厂家应尽量一致，并严格执行国标规定。

⑤ 在区分长焰煤和褐煤时，对透光率 P_M 介于 30%～50%的煤还需采用恒湿无灰基高位发热量 $Q_{gr,maf}$ 来进一步区分出褐煤或长焰煤。但该指标的换算公式复杂，最高内在水分（MHC）的测定方法也很费时，而且年轻煤发热量的测定结果误差也大。因此该指标的精确度相对较差，对某些边界区煤存在着误判的可能。

⑥ 某些煤类名称（如 1/3 焦煤和 1/2 中黏煤等）的含义不清，不能使人一目了然。

⑦ 方案中的文字注释太多，对有些煤类仅按照分类图表还不能正确加以划分，而必须详细了解方案下面的各条注释才能确切地划分出不同的煤类。如焦煤、1/3 焦煤和气煤中都有 G 大于 65 的情况，一般 G 值达到 65 以上就需要再测 Y 值或 b 值来进一步判断其煤种。而实际上只有 G 值大于 85 的煤才需要进一步用 Y 值或 b 值来判断其确切的煤种。这样很难使人理解，宜作进一步改进。

⑧ 划分无烟煤小类时，用 H_{daf} 和 V_{daf} 两个指标稍显多余。由于 H_{daf} 能很好地反映无烟煤的变质程度，因此，一般情况下采用 H_{daf} 指标即可。

9.2.4 各类煤的特性与主要用途

（1）无烟煤（WY）

无烟煤的特点是固定碳高、挥发分低，纯无烟煤的真密度高达 1.35～1.90g/cm^3，而且无黏结性、燃点高（一般为 360～420℃），燃烧时不冒烟。这类煤又分为 01 号（年老）、02 号（典型）和 03 号（年轻）三个小类。无烟煤主要用作民用燃料和合成氨造气原料。低灰、低硫且质软、易磨的无烟煤不仅是理想的高炉喷吹和烧结铁矿石用的还原剂与燃料，而且还可作为制造各种碳素材料（如炭块、阳极糊、活性炭和滤料等）的原料，某些无烟煤制成的航空用型煤还可用于飞机发动机和车辆马达的保温。

（2）贫煤（PM）

贫煤是烟煤中变质程度最高的一小类煤，呈不黏结或微弱的黏结状态，在层状炼焦炉中不结焦。发热量比无烟煤高，燃烧时火焰短、耐烧，但燃点也较高（350～360℃），仅次于无烟煤。其主要作为电厂燃料，尤其与高挥发分煤配合燃烧时更能充分发挥其热值高而又耐烧的优点。

（3）贫瘦煤（PS）

贫瘦煤是炼焦煤中变质程度最高的一种，其特点是挥发分较低，黏结性仅次于典型瘦煤。单独炼焦时，生成的粉焦多，在配煤炼焦时配入较少的比例就能起到对瘦煤的瘦化作用，以提高焦炭的块度。这类煤也是发电、民用及其他工业炉窑的燃料。

（4）瘦煤（SM）

瘦煤是具有中等黏结性的低挥发分炼焦煤，炼焦过程中能产生相当数量的胶质体（Y 值一般为 6～10mm）。单独炼焦时能得到块度大、裂纹小、抗碎强度较好的焦炭，但其耐磨性较差，主要用作炼焦配煤。高硫、高灰的瘦煤一般只作为电厂锅炉的燃料。

（5）焦煤（JM）

焦煤是一种结焦性较好的炼焦煤，挥发分一般在 16%～28%之间，加热时能产生热稳定性很高的胶质体。单独炼焦时能得到块度大、裂纹少、抗碎强度和耐磨性都很高的焦炭。

但单独炼焦时膨胀压力大，有时易发生推焦困难，一般作为配煤炼焦使用。

(6) 肥煤 (FM)

肥煤是中等挥发分及中高挥发分的强黏结性炼焦煤，其挥发分多在25%～35%。加热时能产生大量的胶质体，单独炼焦时能生成熔融性好、强度高的焦炭，耐磨性比相同挥发分的焦煤炼出的焦炭还好。但单独炼焦时焦炭有较多的横裂纹，焦根部分常有峰焦。它是配煤炼焦中的基础煤。

(7) 1/3 焦煤 (1/3JM)

1/3 焦煤是中等偏高挥发分的较强黏结性炼焦煤，相当于原煤炭分类中的 2 号肥气煤及部分 2 号肥焦煤，也有少量黏结性较好的 1 号肥气煤和 1 号肥焦煤。它是一种介于焦煤、肥煤和气煤之间的过渡煤。单独炼焦时能生成熔融性良好、强度较高的焦炭，焦炭的抗碎强度接近肥煤，耐磨性又明显高于气肥煤和气煤。因此它既能单独炼焦供中型高炉使用，也是配煤炼焦的良好基础煤，且其配入量可在较宽范围内波动而能获得高强度的焦炭。

(8) 气肥煤 (QF)

气肥煤是一种挥发分和胶质体厚度都很高的强黏结性炼焦煤（也称液肥煤），其结焦性优于气煤而低于肥煤，胶质体虽多但较稀（即胶质体的黏稠度较小）。其单独炼焦时能产生大量的煤气和液体化学产品，最适合于高温下干馏制造城市煤气。气肥煤也可用于配煤炼焦以增加化学产品的产率。但这类煤的成因特殊，煤岩成分中以树皮质等稳定组分较多，且多形成于晚二叠纪。

(9) 气煤 (QM)

气煤是一种变质程度较低、挥发分较高的炼焦煤。气煤结焦性较弱，加热时能产生较多的煤气和焦油，但所产生胶质体的热稳定性较差。虽能单独结焦，但焦炭的抗碎强度和耐磨性低于其他炼焦用煤。此外，所得焦炭多呈细长条而易碎，并有较多的纵裂纹。配煤炼焦时多配入气煤可增加煤气和化学产品的产率，部分气煤也可单独于高温下干馏来制造城市煤气。

(10) 1/2 中黏煤 (l/2ZM)

1/2 中黏煤相当于原分类中一部分 1 号肥焦煤和 1 号肥气煤，以及黏结性较好的一些弱黏煤，因而它也是一种过渡煤，其储量和产量较少（我国目前尚未发现单独生产 1/2 中黏煤的矿井）。该煤的挥发分变化范围较宽且是中等结焦性的炼焦煤，其中部分煤在单独炼焦时能结成一定强度的焦炭，因此可作为配煤炼焦的原料。单独炼焦时焦炭强度差、粉焦率高，主要作为气化或动力用煤。

(11) 弱黏煤 (RN)

弱黏煤是一种黏结性较弱的、从低变质到中等变质程度的非炼焦用烟煤。隔绝空气加热时产生的胶质体少，炼焦时部分能结成强度差的小块焦，少部分能凝结成碎屑焦，因此粉焦率很高，一般适用于气化及动力燃料。该煤的成因也较特殊，在煤岩组分中有较高的丝质体及半丝质体成分，且多形成于中生代的早—中侏罗纪时期（山西大同矿区中的煤是典型的弱黏煤）。

(12) 不黏煤 (BN)

不黏煤是一种在成煤初期就已受到相当程度氧化作用的低变质到中等变质程度的非炼焦用烟煤，焦化时不产生胶质体。该煤的水分大，纯煤发热量仅高于一般褐煤而低于所有烟煤，有的还含有一定数量的再生腐植酸。煤中含氧量大多在10%～15%。不黏煤主要作为发电和气化用煤，也可作为动力及民用燃料，但由于这类煤的灰熔点较低，最好与其他煤类混合燃烧以充分利用其低灰、低硫、收到基低位发热量较高的优点。我国西北地区许多矿区

(如神府、靖远、哈密等矿区）都是典型的不黏煤产地。

(13) 长焰煤（CY）

长焰煤是变质程度最低的高挥发分非炼焦烟煤，其煤化程度稍高于褐煤而低于其他各类烟煤。该煤的燃点低，纯煤热值较低，从无黏结性到弱黏结性的均有，有的长焰煤还含有一定数量的腐植酸，贮存时易风化碎裂。部分长焰煤加热时能产生一定数量的胶质体，也能结成细小的长条形焦炭，焦炭强度差、粉焦率高。所以长焰煤一般不用于炼焦，多作为电厂燃料以及工业窑炉燃料，也可作气化用煤。辽宁阜新矿区是我国最大的长焰煤矿区。

(14) 褐煤（HM）

褐煤是煤化程度最低的矿产煤，其特点是水分大、孔隙度大、挥发分高、不黏结、热值低且含有不同数量的腐植酸。由于氧含量高达15%～30%，褐煤的化学反应性强，热稳定性很差。块状褐煤加热时易破碎，存放在空气中很容易风化变质而碎裂成小块甚至粉末状，使热值进一步降低。该煤的灰熔点也普遍较低，煤灰中常含有较多的钙盐，其中有的来自腐植酸钙（金属有机化合物），有的来自碳酸钙和硅酸钙。根据透光率的大小，褐煤分为2号年老褐煤（$30\% \leqslant P_M \leqslant 50\%$）和1号年轻褐煤（$P_M < 30\%$）。我国内蒙古自治区的霍林河露天煤矿和云南省小龙潭露天煤矿等都是有名的褐煤矿区。

褐煤主要用作发电燃料，粒度为6～50mm的混块褐煤可用于加压气化生产燃料气和合成气。部分新近纪褐煤可作为提取褐煤蜡的原料，但侏罗纪褐煤蜡含量低而只可作为燃料或加氢液化的原料。年轻褐煤也适于作腐植酸铵等有机肥料用于农田和果园，起到增产的作用。

9.2.5 中国煤炭分类编码系统

随着国内外煤炭贸易量和信息交流的增加，使用中国原有的煤炭技术分类方案就显得尤为困难。为了便于煤炭生产、商贸和应用单位准确无误地交流煤炭质量信息、促进经济发展，并便于与正在制定的新的国际煤炭分类接轨，煤炭科学研究总院等于1997年提出了一个新的中国煤炭分类编码系统。该编码系统于1997年以推荐性国家标准GB/T 16772—1997予以公布实施，并与现行煤分类方案（GB/T 5751—2009）并行。

中国煤炭分类编码系统等效采用了ISO 2950—1974国际褐煤分类与AS 2096—1987澳大利亚煤炭分类和编码系统，并参照采用1988年联合国欧洲经济委员会（ECE）提出的“中、高煤阶煤国际编码系统”和1992年ECE提出的“煤层煤分类”的主要技术内容并结合我国国情制定。它是我国现行煤炭分类（GB/T 5751—2009）和1998年制定的“中国煤层煤分类”（GB/T 17607—1998）国家标准的补充。

我国煤炭分类编码系统适用于各煤阶的腐植煤（以煤的恒湿无灰基高位发热量<24MJ/kg的煤定为低阶煤，而该值≥24MJ/kg的煤称为中、高煤阶煤，不包括腐泥煤、泥炭、碳质页岩和石墨）。该编码系统按煤阶、煤的主要工艺性质以及煤对环境影响因素的各项参数进行编码，遴选的参数与编码方法贯穿“实用、简明与可行”的原则，取消了一些学科性参数与分类辅助指标，不分类别、不与煤种定价挂钩。

在确定煤阶参数时，既考虑了分类的科学性，又注重实际用煤的实用性，还兼顾与国际标准接轨的需要。为此确定了镜质组平均随机反射率$Q_{gr,maf}$和全水分M_t（对低阶煤）、挥发分V_{daf}和发热量$Q_{gr,maf}$（对低阶煤为$Q_{gr,maf}$）这四个煤阶参数。其中挥发分和发热量既可作为煤阶参数，又是重要的工艺参数；另外两个工艺指标是黏结指数G（对中、高阶煤）和焦油产率$T_{ar,daf}$（对低阶煤）；两个环境因素分别为灰分A_d和全硫$S_{t,d}$。

煤的镜质组反射率是表征煤化程度的重要指标，由于镜质组反射率不受煤岩显微组分的影响，是较好的度量煤阶的参数。尤其在烟煤阶段，$V_{daf} \leqslant 30\%$时，该值是最理想的煤阶参数，对于高挥发分煤，使用该指标的效果也较好。

考虑到镜质组反射率本身并没有反映出各种镜质煤类型的反射率分布，而镜质体本身就有富氢镜质体与正常镜质体的差异。尽管镜质组反射率相同，但如果类型、分布不同，煤质差异也会很大。加之我国煤的煤岩组成不均一，丝质组分高且高挥发分煤很多，随着煤岩非均匀性的增加，镜质组比例相对减少，由镜质组反射率所表征的煤阶的代表性随之降低，且镜质体本身也复杂不均一，由此加大了煤质的差异。因此，本编码系统采用镜质组反射率和挥发分两个指标互为补充。

煤的发热量是表征高挥发分煤的煤阶指标，也是评价动力煤及销售计价的重要依据。对于低阶煤，改用全水分和焦油产率来表征其煤阶与工艺指标，这与低阶煤的经济价值和实用意义更为密切。

为了使煤炭生产、销售能与用户根据各种煤利用工艺的技术要求准确无误地交流煤炭质量信息，同时保证各煤阶煤分类编码系统能适用于不同成因、成煤时代，以及既适用于单一煤层，又适用于多煤层泥煤或洗煤，也考虑了灰分与硫分对环境的不良影响和现实环境的要求，依次用下列参数进行编码。

① 镜质组平均随机反射率（%，两位数）；

② 干燥无灰基高位发热量 $Q_{gr,daf}$（MJ/kg，两位数）；对于低阶煤采用恒湿无灰基高位发热量 $Q_{gr,maf}$（MJ/kg，两位数）；

③ 干燥无灰基挥发分 V_{daf}（%，两位数）；

④ 黏结指数 G（对中、高阶煤两位数）；

⑤ 全水分（%，对低阶煤一位数）；

⑥ 焦油产率（%，对低阶煤一位数）；

⑦ 干燥基灰分（%，两位数）；

⑧ 干燥基全硫（%，两位数）。

各煤阶煤的编码规定及顺序如下：

① 第一位及第二位数字表示 0.1%范围的镜质组平均随机反射率下限值乘以 10 后取整。

② 第三位及第四位数字表示 1MJ/kg 范围内干燥无灰基高位发热量的下限值，取整；对于低阶煤，采用恒湿无灰基高位发热量 $Q_{gr,maf}$（两位数），表示 1MJ/kg 范围内的下限值，取整。

③ 第五位及第六位数字表示干燥无灰基挥发分除以 1%范围的下限值，取整。

④ 第七位及第八位数字表示黏结指数，用 G 值除以 10 的下限值取整。如从 0 到 9 记作 00；10 及以上到 19 记作 01；20 及以上到 29 记作 02；以此类推，100 及以上记作 10。

⑤ 对于低阶煤，第七位表示全水分。从 0%到小于 20%（质量分数）时，记作 1；20%以上除以 10 的下限值，取整。

⑥ 对于低阶煤，第八位表示焦油产率。当小于 10%时，记作 1；该值大于 10%到小于 15%，记作 2；大于 15%到小于 20%，记作 3；即此后以 5%为间隔，依次类推。

⑦ 第九位及第十位表示 0.1%范围取整后干燥基灰分的下限值。

⑧ 第十一位及第十二位表示 0.1%范围干燥基全硫含量乘以 10 后的下限值取整。

分类指标顺序按煤阶、工艺性质参数和环境因素指标编排。在确定编码位数与指标间隔时，如前述已考虑到指标的测值范围与工艺实践对测值间隔的要求，并无需对位码进行解码与破译（但表示焦油产率的码需解码）。表中各参数必须按规定顺序排列，如其中某参数没有测值，则应在编码的相应位置注以“X”或“XX”。我国煤炭分类编码系统总表如表 9-9 所示。

表 9-9　我国煤炭分类编码系统总表

镜质组反射率	编码	02	03	04		19		50
	/%	0.2～0.29	0.3～0.39	0.4～0.49		1.9～1.99		≥5.0
高位发热量（中高阶煤）	编码	24	25		35		39	
	/(MJ/kg)	24～<25	25～<26		35～<36		≥39	
高位发热量（低阶煤）	编码	11	12	13		22	23	
	/(MJ/kg)	11～<12	12～<13	13～<14		22～<23	23～<24	
挥发分	编码	01	02	03	09		49	50
	G 值	1～<2	2～<3	3～<4	9～<10		49～<50	50～<51
黏结指数（中高阶煤）	编码	00	01	02		09	10	
	/%	0～9	10～19	20～<29		90～<99	≥100	
全水分（低阶煤）	编码	1	2	3	4	5	6	
	/%	<20	<20	30～<40	40～<50	50～<60	60～<70	
焦油产率（低阶煤）	编码	1	2	3	4	5		
	/%	<10	20～<30	15～<20	20～<25	≥25		
灰分	编码	00	01	02		29	30	
	/%	0<1	1～<2	2～<3		29～<30	30～<31	
硫分	编码	00	01	02		31	32	
	/%	0～<0.1	0.1～<0.2	0.2～<0.3		3.1～<3.2	3.2～<3.3	

9.2.6　中国煤层煤的科学/成因分类

为了与国际上煤炭资源储量统计与质量评价系统接轨，利于相互交流煤炭资源、储量信息及统一统计口径，中国煤层煤的分类方案与《中国煤炭分类》（技术分类方案）和《中国煤炭编码系统》（商业分类）共同构成中国煤炭技术/商业分类与科学/成因分类的完整体系，两者互为补充、同时执行。

中国煤层煤的分类标准（GB/T 17607—1998）是非等效地采用联合国欧洲经济委员会《煤层煤分类》（1995）的主要技术内容，并结合我国现实国情而制定的。该标准以煤层煤为对象，适用于各煤阶的腐植煤，并按煤阶、煤的显微组分组成及品位的有关参数进行分类与命名。在参数的遴选和命名表述方面贯彻了“科学、简明和可行”的原则，是考虑煤质和成因因素的分类系统。它便于在国际与国内对腐植煤资源的质量与储量交流信息和进行评价。

中国煤层煤分类如图 9-2 所示，煤层煤的煤阶划分用恒湿无灰基高位发热量 $Q_{gr,maf}$（MJ/kg）作为指标，因此将低阶煤分为低阶褐煤、高阶褐煤和次烟煤三小类。再以镜质组平均随机反射率作为区分中阶烟煤和高阶无烟煤的指标，将烟煤分为低阶、中阶、高阶和超高阶四小类。另外，将无烟煤分为低阶、中阶和高阶三小类。

以无矿物质基镜质组含量 $V_{t,dmmf}$（%）表示煤岩显微组分组成，将 $V_{t,dmmf}<40\%$ 的煤称为低镜质组煤；$40\%\leqslant V_{t,dmmf}<60\%$ 的煤称为中镜质组煤；将 $60\%\leqslant V_{t,dmmf}<80\%$ 的煤称为较高镜质组煤；将 $V_{t,dmmf}\geqslant 80\%$ 的煤称为高镜质组煤。

以干燥基灰分表征煤的品位，$A_d<10\%$ 的煤称为低灰分煤；$10\%\leqslant A_d<20\%$ 的煤称为较低灰分煤；$20\%\leqslant A_d<30\%$ 的煤称为中灰分煤；$30\%\leqslant A_d<40\%$ 的煤称为较高灰分煤；$40\%\leqslant A_d\leqslant 50\%$ 的煤称为高灰分煤。煤类名称的冠名顺序依次为品位和显微组分组成，煤阶命名的示例如表 9-10 所示。

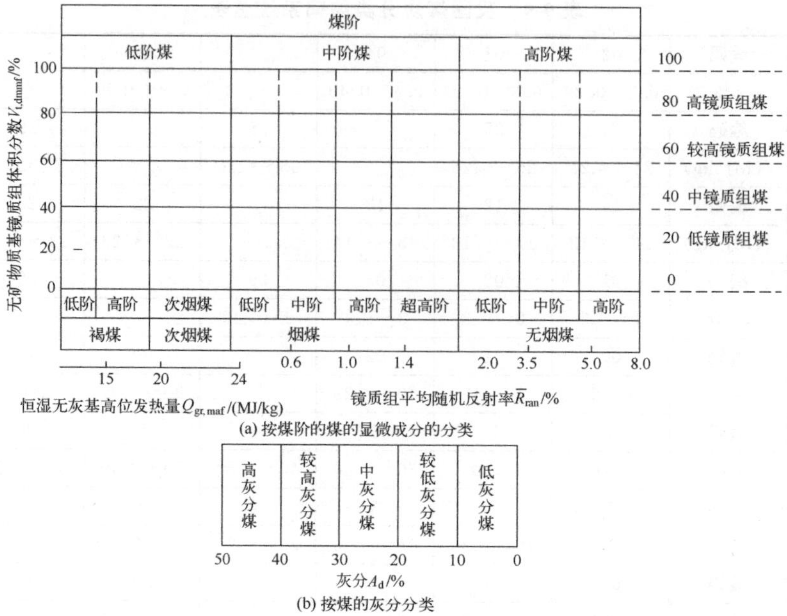

图 9-2 中国煤层煤分类

表 9-10 煤类命名示例表

A_d/%	$V_{t,dmmf}$/%	$\overline{R}_{ran}$/%	$Q_{gr,maf}$/(MJ/kg)	命名表述
26.71	82	0.30	16.8	中灰分，高镜质组，高阶褐煤
8.5	65	0.58	23.8	低灰分，较高镜质组，次烟煤
22.00	50	0.70		中灰分，中等镜质组，中阶烟煤
10.01	60	1.04		较低灰分，较高镜质组，高阶烟煤
3.00	95	2.70		低灰分，高镜质组，低阶无烟煤

9.3 国际煤炭分类

由于主要产煤国和用煤国的煤炭分类标准不一致，在国际煤炭贸易和信息交流中出现了较多问题。因此，联合国欧洲经济委员会于 1955 年提出了“硬煤国际分类”方案，并于 1956 年正式颁布实施。1974 年，国际标准化组织（ISO）又制定了“褐煤国际分类”方案。这两个煤的国际分类方案都是以煤炭贸易为目的的分类系统，其实施后促进了各国的煤炭分类和各产煤国之间煤质特征的对比，有利于世界各国煤黏结性、结焦性等测定方法的统一，并促进了国际煤炭贸易和煤质研究与信息交流。但是，随着科技的进步和人们对煤质认识的深化，两个方案因存在对煤的定义不够明确、未考虑煤岩指标和煤利用环境因素等多方面的问题而明显落后。20 世纪 90 年代以来，ECE 等国际性组织对新的国际煤炭分类进行了系统的研究，并召开了多次国际会议。1988 年 ECE 成功提出了中、高阶煤分类编码系统，替代 1956 年的硬煤国际分类方案。

9.3.1 硬煤国际分类

硬煤为烟煤、无烟煤的统称，指恒湿无灰基高位发热量大于或等于 24MJ/kg 的煤。硬煤国际分类以干燥无灰基挥发分为第一指标，表示煤的煤化程度，当挥发分大于 33%，则以恒湿无灰基高位发热量为辅助指标，同时以表示煤黏结性的自由膨胀序数或罗加指数为第二指标，以及表示煤结焦性的格-金焦型或奥-阿膨胀度为第三指标，如表 9-11 所示。

表 9-11　硬煤国际分类

组别(根据黏结性确定)			类型代号										亚组别(根据结焦性确定)		
组别号数	确定组别的指数(任选一种)		第一个数字表示根据挥发分(<33%)或发热量(煤中挥发分>33%)确定煤的类别 第二个数字表示根据煤的黏结性确定煤的组别 第三个数字表示根据煤的炼焦性确定的亚组别										亚组别号数	确定亚组别的指数(任选一种)	
	自由膨胀序数	罗加指数												膨胀性试验	格-金试验
3	$4\frac{1}{2}$～9	>45					435	535	635				5	>140	$>G_8$
						334	434	534	ⅤC 634				4	50～140	G_5～G_8
						ⅤA 333	ⅤB 433	533	633	733			3	0～50	G_1～G_4
						332a　332b	432	532	632	ⅤD 732	832		2	≤0	E～G
2	$2\frac{1}{2}$～4	20～45				323	423	523	623	723	823		3	0～50	G_1～G_4
						322	Ⅳ 422	522	622	ⅥA 722	822		2	≤0	E～G
						321	421	521	621	721	821		1	仅收缩	B～D
1	1～2	5～20				312	412	512	612	ⅥB 712	812		2	≤0	E～G
						311	411	511	611	711	811		1	仅收缩	B～D
0	0～$\frac{1}{2}$	0～5		Ⅰ 100 A　B	Ⅱ 200	Ⅲ 300	400	500	600	Ⅶ 700	800	900	0	无黏结性	A
类别号数			0	1	2	3	4	5	6	7	8	9	各类煤挥发分大致范围 类别　6:33%～41% 7:33%～41% 8:35%～50% 9:42%～50%		
确定类别的指数	(干燥无灰基)挥发分 V_{daf}/%		0～3	3～10 3～6.5　6.5～10	10～14	14～20 14～16　16～20	20～28	28～33	>33	>33	>33	>33			
	$Q_{gr,maf}$(30℃,相对湿度为96%)/kJ/kg		—	—	—	—	—	—	>32400	>30100 ～32400	>25500 ～30100	>23900 ～25500			
类别:以挥发分指数(煤中挥发分<33)或发热量指数(煤中挥发分>33%)确定															

注:1. 如果煤中灰分过高,为了使分类更准确,在实验前应用密度液方法(或用其他方法)进行脱灰,密度液的选择应能够得到最高的回收率和使煤中灰分含量达到5%～10%;
2. 332a 的 V_{daf}>14%,332b 的 V_{daf}>16%～20%;
3. 本表于 1956 年 3 月日内瓦国际煤炭分类会议中修订。

具体分类如下：首先按照挥发分把硬煤划分为 0～9 共十个类别；而 6～9 类煤需再按恒湿（30℃，相对湿度为 96%）无灰基高位发热量的大小来划分。在Ⅰ类煤中，又按挥发分划分为 A、B 两个小组。A 组煤为 $3\%<V_{daf}<6.5\%$，B 组煤为 $6.5\%<V_{daf}<10\%$。然后在上述 0～9 类硬煤中，再按煤的黏结性指标（自由膨胀序数或罗加指数）划分成 0～3 共四个组别。各组煤的黏结性如表 9-12 所示。

最后，每一组再按硬煤的结焦性指数（奥-阿膨胀度试验或格-金试验）划分成 0～5 共六个亚组别（表 9-13）。

表 9-12　硬煤国际分类组别指标

组别	自由膨胀序数	罗加指数	黏结程度
0	$0\sim\frac{1}{2}$	0～5	不黏结到微黏结
1	1～2	5～20	弱黏结
2	$2\frac{1}{2}\sim4$	20～45	中等黏结
3	$4\frac{1}{2}\sim9$	＞45	中强黏结到强黏结

表 9-13　硬煤国际分类亚组别指标

亚组别	奥-阿膨胀度 b/%	格-金实验焦型	结焦特性
0	无黏结性	A	不结焦
1	仅收缩	B～D	极弱结焦
2	≤0	E～G	弱结焦
3	0～50	$G_1\sim G_4$	中等结焦
4	50～140	$G_5\sim G_8$	强结焦
5	＞140	$>G_8(\leq G_{15})$	特性结焦

从表 9-11 可以看出，硬煤国际分类均由三位阿拉伯数字表示煤的种类，其中百位数字代表煤的类别，十位数字表示煤的黏结性，个位数字表示煤的结焦性。凡百位数字（即第一个数字）越大的煤，表示其挥发分越高；十位数字和个位数字越高的煤，表示其黏结性和结焦性越强。

从表 9-11 还可以看出，在硬煤国际分类中把烟煤和无烟煤（两者统称硬煤）划分成 62 个煤种，其中烟煤 59 种、无烟煤 3 种。此外，它还把煤质特征相近的几个煤种合并成Ⅰ～Ⅳ、Ⅴ_A、Ⅴ_B、Ⅴ_C、Ⅴ_D、Ⅵ_A、Ⅵ_B 及Ⅶ共 11 个统计组。各统计组大致相当于我国新煤分类国标 GB/T 5751—2009 中的大类煤，两者之间的对照关系如表 9-14 所示。

硬煤国际分类的制定满足了当时评价煤主要用于燃烧和焦化的目的。按当前的标准看，这个分类存在诸多不足：①未能对所有煤阶煤进行分类；②分类指标没有考虑煤的气化和液化性能；③没有煤对环境影响的参数；④没有煤炭品位的参数；⑤需要对两种指标体系进行折算或互换，容易发生分组矛盾。

表 9-14 我国煤分类与硬煤国际分类对照关系

统计组别	相当于中国分类的大类别	统计组别	相当于中国分类的大类别
Ⅰ	无烟煤	$Ⅴ_C$	肥煤、气肥煤、1/3 焦煤
Ⅱ	贫煤	$Ⅴ_D$	1/3 焦煤、气煤
Ⅲ	贫煤、瘦煤、不黏煤	$Ⅵ_A$	气煤、弱黏煤、1/2 中黏煤
Ⅳ	瘦煤、焦煤、贫瘦煤	$Ⅵ_B$	气煤、弱黏煤
$Ⅴ_A$	焦煤、瘦煤	Ⅶ	长焰煤、不黏煤、弱黏煤
$Ⅴ_B$	焦煤、肥煤		

9.3.2 褐煤国际分类

褐煤国际分类是硬煤国际分类的补充，褐煤是指恒湿无灰基高位发热量小于 24MJ/kg 的煤。分类指标采用无灰基煤的全水分含量（$M_{t,af}$）将褐煤划分成 6 类。再采用无水无灰基的焦油产率（$T_{ar,daf}$）划分成 5 组，共 30 个组别。各组都以两位阿拉伯数字表示。十位数表示类号，个位数表示组号，褐煤国际分类见表 9-15。

表 9-15 褐煤国际分类表（ISO 2950：1974）

组别指标 $T_{ar,daf}$/%	组号	代号					
＞25	4	14	24	34	44	54	64
＞20～25	3	13	23	33	43	53	63
＞15～20	2	12	22	32	42	52	62
＞10～15	1	11	21	31	41	51	61
≤10	0	10	20	30	40	50	60
类号		1	2	3	4	5	6
类别指标	$M_{t,af}$(原煤)/%	≤20	20～30	30～40	40～50	50～60	60～70

9.3.3 国际中、高煤阶煤编码系统

该编码系统于 1998 年由 ECE 提出，以代替 1956 年的硬煤国际分类方案。该方案以恒湿无灰基高位发热量为 24MJ/kg 作为低煤阶煤和较高煤阶煤的划分界限，镜质组平均随机反射率小于 0.6%的煤为低煤阶煤；恒湿无灰基高位发热量等于或大于 24MJ/kg 以及恒湿无灰基高位发热量小于 24MJ/kg 而镜质组平均随机反射率等于或大于 0.6%的煤为较高煤阶煤（即所有中等煤阶煤和高煤阶煤）。

低煤阶煤相当于褐煤，中等煤阶煤相当于烟煤，高煤阶煤相当于无烟煤，较高煤阶煤相当于硬煤（即烟煤和无烟煤）。

该编码分类适用于单一煤层和多煤层混合的原煤和洗选煤。该系统选定 8 个参数的 14 位编码表征煤的不同性质，即：

① 镜质组平均随机反射率 R_{ran}（%，两位数）；

② 镜质组反射率分布特征 S（一位数）；

③ 显微组分指数（两位数）；

④ 坩埚膨胀序数（一位数）；

⑤ 挥发分产率 V_{daf}（%，两位数）；

⑥ 灰分产率 A_d（%，两位数）；

⑦ 全硫含量 $S_{t,d}$（%，两位数）；

⑧ 高位发热量 $Q_{gr,maf}$(MJ/kg，两位数)。

将以上参数按如下顺序编码，即：

① 第一、第两位数表示 0.1%范围平均随机反射率下限值乘以 10 的镜质组反射率；

② 第三位数是对镜质组反射率分布特征图描述的规定；

③ 第四位数和第五位数表示显微组分指数，即第四位数表示 10%范围（取绝对值）丝质组含量（无矿物质基）除以 10 的下限值，第五位编码表示 5%范围（取绝对值）稳定组含量除以 5 的上限值；

④ 第六位数表示间隔 1/2 两个序数下限值坩埚膨胀序数；

⑤ 第七位和第八位数表示挥发分低至 10%（质量分数，干燥无灰基）时，2%范围（取绝对值）的上限值以及挥发分为 10%以下时，1%范围（取绝对值）的上限值；

⑥ 第九位和第十位编码表示 1%范围（取绝对值）灰分（质量分数，干基）的下限值；

⑦ 第十一位和第十二位数表示 0.1%范围（取绝对值）全硫含量（质量分数，干基）乘以 10 的下限值；

⑧ 第十三位和第十四位数表示 1MJ/kg 范围高位发热量（MJ/kg，干燥无灰基）的下限值。

根据以上 8 个参数及给定的编码位数制定出国际中、高煤阶煤的编码系统，见表 9-16。

表 9-16　国际中、高煤阶煤编码系统

项目	镜质组平均随机反射率 R_{ran}/%		镜质组反射率分布特征		显微组分指数(无矿物质基，体积分数)/% 丝质组		稳定组		坩埚膨胀序数	
位数	1;2		3		4		5		6	
编码号数	02	0.20～0.29	0	≤0.1,无凹口	0	0～<10	0	—	0	0～1/2
	03	0.30～0.39	1	0.1～<0.2,无凹口	1	10～<20	1	0～<5	1	1～$\frac{1}{2}$
	04	0.40～0.49	2	>0.2,无凹口	2	20～<30	2	5～<10	2	2～2$\frac{1}{2}$
			3	1个凹口	3	30～<40	3	10～<15	3	3～3$\frac{1}{2}$
			4	2个凹口	4	40～<50	4	15～<20	4	4～4$\frac{1}{2}$
		R_{ran}(%)每间隔0.1%为一个编码(两位数)	5	2个以上凹口	5	50～<60	5	20～<25	5	5～5$\frac{1}{2}$
					6	60～<70	6	25～<30	6	6～6$\frac{1}{2}$
					7	70～<80	7	35～<35	7	7～7$\frac{1}{2}$
					8	80～<90	8	35～<40	8	8～8$\frac{1}{2}$
					9	≥90	9	≥40	9	9
	48	4.80～4.89								
	49	4.90～4.99								
	50	≥5.00								

续表

项目	挥发分 V_{daf}/%		灰分 A_d/%		全硫 $S_{t,d}$/%		高位发热量 $Q_{gr,daf}$/（MJ/kg）	
位数	7；8		9；10		11；12		13；14	
编码号数	48	>48	00	0～<1	00	0.0～<0.1	21	<22
	46	46～<48	01	1～<2	01	0.1～<0.2	22	22～<23
	44	44～<46	02	2～<3	02	0.2～<0.3	23	23～<24
							24	24～<25
							25	25～<26
	V_{daf} 每间隔 2%为一个编码（两位数）		A_d 每间隔 1%为一个编码（两位数）		$S_{t,d}$ 每间隔 1%为一个编码（两位数）		26	26～<27
							27	27～<28
	10	10～<12	18	18～<19	28	2.8～<2.9	28	28～<29
	09	9～<10	19	19～<20	29	2.9～<3.0	29	29～<30
			20	20～<21	30	3.0～<3.1	30	30～<31
							31	31～<32
							32	32～<33
	V_{daf} 每间隔 1%为一个编码（两位数）						33	33～<34
							34	34～<35
	03	3～<4			38	38～<39	35	35～<36
	02	2～<3	灰分大于 21%后编码依次类推，如编码 24 表示灰分为 24%～25%		39	>39	36	36～<37
	01	1～<2					37	37～<38
					全硫大于 3.1%后编码依次类推，如编码为 46 表示全硫为 4.6%～4.7%			

8 个主要参数值必须按规定的方法和顺序标明。如果其中一个参数没有表明，例如不需对无烟煤标明膨胀序数，就在编码中适当的位置相应地写入“X”字样；当以两位数表示的参数不存在时，就写入“XX”；如果不完整分析数据组要存入数据存储器中，同样的方法也适用。

9.4 煤质评价

煤质评价是指评定煤炭质量及其在工业上的利用价值。正确评价煤质，可以了解煤的成分和性质，为矿井建设、煤炭开采、运输和加工利用提供依据，从而使相关产业得到合理布局，也有利于有关部门充分合理地利用煤炭资源。

9.4.1 煤质评价的阶段与任务

从煤田普查、勘探到开采以及加工利用的过程，煤质评价分为三个不同的阶段，而各阶段煤质评价的任务是不同的。

（1）煤质初步评价

煤质初步评价阶段相当于煤田普查时期对煤质的研究和评价。该阶段研究成煤的原始物质、煤岩组成和煤的成因类型，比较全面地分析煤的各项物化性质。其测定的指标有：煤的工业分析、煤中全水分、最高内在水分、硫含量及各种形态硫的测定、元素分析、灰成分及灰熔融温度、发热量、黏结指数、奥-阿膨胀度、自由膨胀序数、胶质层指数、吉泽勒流动度、抗碎强度、有害元素及微量元素、碳酸盐（二氧化碳）含量、腐植酸含量、苯抽出物、透光率、真密度和视密度等。通过对上述测定指标的综合分析和研究，了解可采煤层的煤质特征，同时初步确定煤的种类，以对煤的加工利用方向提出初步评价。

（2）煤质详细评价

煤质详细评价阶段相当于煤田勘探时期对煤质的研究和评价。该阶段煤质化验的项目更加全面，除了煤质初步评价阶段所测定的指标外，还需测定煤的反应性、煤的热稳定性、低温干馏试验、200kg 焦炉试验和可磨性等工艺性质。煤质评价工作的重点是全面研究勘探区内可采煤层的煤质特征及变化规律，研究煤的变质因素和煤类分布规律，了解可采煤层各种工艺性质和煤的可选性，并对煤作出加工利用的评价，了解沉矸的质量及其变化情况，最终确定沉矸、煤灰渣的综合利用方向。

（3）煤质最终评价

煤质最终评价阶段相当于煤田开采和加工利用阶段对煤质的研究和评价。该阶段煤的加工利用方向已确定，加工利用流程有了明确规定。所以煤质研究工作是定期或随机取样分析，根据开采和加工利用的需要，对某些指标进行测定，检查并控制煤的质量是否符合要求。

9.4.2 煤质评价的内容

煤质评价的内容包括地质方面、工艺技术方面和经济方面。

（1）地质评价

地质工作者在煤田普查和勘探时期，通过取样对煤质进行分析研究，阐明煤质变化规律，并了解影响变化规律的地质因素，如成煤的原始物质、植物遗体的聚积环境、沼泽水介质的性质、煤化作用、氧化作用以及风化作用等。

（2）工艺技术评价

一是通过分析煤的工艺性质，确定煤的加工利用方向；二是在已知煤质特性和加工利用方式的条件下，研究如何通过工艺技术途径，如煤的预热、分选、配煤、成型、制水煤浆或改变工艺操作条件（改变加工方式和炉型等）来改善煤的性质，使其达到最好的利用效果，实现提高煤炭使用价值的目的。

（3）经济评价

经济评价是从经济的角度来分析研究如何最合理地利用煤炭，包括：①煤炭开采方面的经济评价，研究开采方法和机械、矿井运输等以保证矿井生产煤炭质量的稳定，还包括产销平衡和避免长距离运输方面的研究；②研究煤炭加工利用方式是否经济、合理；③煤炭综合利用的研究，如煤灰利用以及稀有元素锗、镓、铀、钒等提取的可能性，高硫煤中硫的回收等；④环境保护方面的研究，如因开采导致地面的下沉、劣质煤燃烧时对大气的污染，必要时采取必要手段限量开采或禁止开采；⑤研究技术政策，如何贯彻国家关于煤炭开发、加工利用的方针政策，依规依法有序开发，保证合理有效地利用煤炭资源。

9.4.3 煤质评价的方法

由于煤本身的复杂性，评价煤质的方法较多。

（1）化学方法

从化学角度出发研究煤的组成、化学性质和工艺性质，是最常用的评价方法，即用工业分析和元素分析的方法对煤质进行评价。但此法以平均煤样作为分析基础，没有考虑煤岩成分的影响。

(2) 煤岩方法

通过对煤岩组成和性质的分析及显微煤岩定量的统计，来评定煤的化学性质和工艺性质。这种评定方法不破坏煤的原始结构，可以弥补化学评定方法的不足。

(3) 工艺方法

通过对煤进行工艺加工的研究来确定煤的利用方向。但该方法要求模拟工业加工条件，如煤的粒度、加热方式、加热速度和终温等。

(4) 物理及物理化学方法

通过研究煤的密度、硬度、脆度、裂隙、电性质、磁性质等物理性质，以及表面积、孔隙度、吸附性、润湿性等物理化学性质来研究煤的全面性质。

煤质评价往往是综合采用上述各种方法进行全面的分析，若要正确评价煤质，需要掌握大量的煤质化验资料，如工业分析、全硫及各种形态硫的测定、元素分析、发热量测定、煤的各种工艺性质分析（煤的黏结性、结焦性、煤的机械强度、热稳定性、反应性、焦油产率、煤灰熔融性、结渣性等）、煤的可选性以及煤岩分析资料（有机显微煤岩成分和含量、煤中矿物成分和分布状态）等。根据这些数据和资料并结合地质情况，确定煤的种类，然后分析煤质特性及其变化规律，提出煤的加工利用方向。同时还必须了解各种工业部门对煤质的要求，才能对煤质作出正确、合理的评价。

9.5 各种工业用煤的质量要求

煤炭既是燃料，也是工业原料，广泛地用于冶金、电力、化工、城市煤气、铁路、建材等行业。但不同的企业和不同的用煤设备对煤质有不同的要求，所以掌握各种工业用煤的质量要求，可以指导我国煤炭的合理利用及综合利用，实现煤炭产品的“对路供应”和“对症下药”。

9.5.1 炼焦用煤的质量要求

对炼焦用煤而言，黏结性和结焦性是最重要的指标，即炼焦用煤首先要有较好的黏结性和结焦性。在GB/T 5751—2009《中国煤炭分类》中，1/2中黏煤、气煤、气肥煤、1/3焦煤、肥煤、焦煤、瘦煤、贫瘦煤均属炼焦用煤范畴，可作为炼焦用（配）煤使用。我国煤炭资源虽很丰富且储量巨大，但煤炭种类及地区分布极不均衡，炼焦用煤只占我国煤炭总储量的20%～25%。因此，充分合理地利用我国现有的炼焦用煤资源十分必要。

(1) 冶金焦用煤质量要求

炼焦精煤的灰分应尽可能低，一般应控制在10.0%以下，最高不应超过12.5%；全硫一般应在1.50%以下，即使个别稀缺煤种（如肥煤），最高也不应超过2.50%；全水分应低于12.0%；挥发分应控制在28%～32%；黏结指数G应控制在58～72（或胶质层最大厚度为17～22mm）。

(2) 铸造焦用煤质量要求

铸造焦用煤的灰分应尽可能低，控制在10.0%以下；全硫含量一般控制在1.0%以下，最高不超过1.5%；全水分亦不应高于12.0%。在实际生产中，大多采取配煤炼焦，即在保证焦炭质量的前提下，对配煤中的单煤，特别是结焦性和黏结性均较好的焦煤和肥煤的要求可适当放宽，以解决炼焦用煤资源不足的问题。由于气化焦和电石焦的用量不大，对煤的要求较低，此处不再赘述。

9.5.2 发电用煤的质量要求

我国发电以大型火力发电厂为主，所以用煤量很大，甚至可以说目前火力发电是煤炭的第一大用户，年用煤量约占全国商品煤销量的26%～40%。一般大型电厂多采用煤粉锅炉。这种炉型对燃煤质量的适应性很强，从褐煤到无烟煤都能高效燃烧。但对于挥发分低于6.5%的年老无烟煤，由于其燃烧性能较差，甚至不易燃烧，一般不用作电厂燃料，但可以掺入一定量的高挥发分煤制成配煤来使用。但是，煤粉锅炉并不能燃烧任何种类的煤炭，每一种型号的锅炉对煤的质量都有一定的适应范围。因此要求供煤的质量要稳定，最好能做到定点供应。纵使暂时做不到定点供应，也应确定每个电厂煤炭供应的质量指标范围，以便电厂采取配煤或其他措施，保证锅炉正常、高效地运行。

对发电用煤而言，挥发分和发热量是两个十分重要的指标。为了在单位时间内提供足够的热量，不仅要求燃煤具有足够的发热量，而且还要有较好的燃烧性能。通常，挥发分高的煤，其燃烧性能及在锅炉内的传热效果均较好。所以不同挥发分的煤对发热量有不同的要求。挥发分在6.5%～10.0%之间的无烟煤，其发热量应在20.91MJ/kg以上；而对于挥发分大于40.0%的年轻煤类，其发热量只要求在11.71MJ/kg以上即可。

发电用煤的灰分和硫分亦不应太高，一般灰分不大于24.0%为宜，为了充分利用劣质煤，灰分可放宽到46.0%。对于固态除渣的锅炉，为了能顺利出渣，对煤灰熔点（ST）也有一定的要求（>1350℃）。另外，硫分高会造成严重的环境污染，也会腐蚀燃煤设备，所以一般应在1.0%以下，最高不超过3.0%。

9.5.3 气化用煤的质量要求

目前，气化炉种类虽然很多，但主要是移动床、流化床和气流床三种类型。气化炉型不同，对煤质的要求也就不同。

（1）常压移动床煤气发生炉对煤质的要求

常压移动床煤气发生炉的应用比较广泛，对煤的适应性也较强，可采用的煤种有长焰煤、不黏煤、弱黏煤、1/2中黏煤、气煤、1/3焦煤、贫瘦煤、贫煤和无烟煤。煤的品种以各粒级的块煤为宜，灰熔点ST>1250℃、灰分≤24.0%、全硫<2.0%，同时抗碎强度应大于60%及具有较强的热稳定性。对于无搅拌装置的发生炉，要求原料煤的胶质层最大厚度$Y<12.0$mm；有搅拌装置的发生炉，则要求$Y<16.0$mm。

为保证移动床煤气发生炉用煤的质量，我国已制定并出台了GB/T 9143—2021《商品煤质量 固定床气化用煤》，可根据用户对煤气热值的要求确定并选择与煤种匹配的煤气发生炉。对煤质的具体要求如下：

① 粒度：烟煤13～25mm、25～50mm、50～100mm；无烟煤6～13mm、13～25mm、25～50mm。原料的反应性好时，粒度可适当增大，每种粒度级别必须单独使用，不能混用；

② 灰分$A_d \leqslant 24\%$；

③ 含矸率≤2%；

④ 灰熔点ST>1250℃；

⑤ 胶质层最大厚度$Y<12$mm（无搅拌装置），$Y<16$mm〔有搅拌装置〕；

⑥ 抗碎强度>60%；

⑦ 热稳定性$TS_{+6}>60\%$；

⑧ 全硫 $S_{t,d}$<2%。

(2) 合成氨用煤对煤质的要求

国内普遍采用无烟块煤为原料生产合成氨的原料气，要求原料煤有较好的热稳定性和较高的抗碎强度。一般说来，要求其热稳定性在70%以上，抗碎强度在65%以上；灰分以小于16%为佳，最高不应超过24%；硫含量应尽可能低，一般不超过2.0%；固定碳（FC）也是很重要的指标，合成氨用煤的固定碳含量应在65%以上；为使气化炉能顺利运行，煤灰熔点（ST）以在1250℃以上为宜。

应该说明的是，各种气化用煤应尽量就地取材。即使某些指标差一些，但从生产的总成本来看若合算，就不必舍近求远去寻找新的煤源。

(3) 水煤气生产对煤质的要求

间歇法生产水煤气的原料煤必须具有较低的挥发分，若采用高挥发分的烟煤和褐煤作为制造水煤气的原料，尽管制得的水煤气热值较高，但气化效率却远低于无烟煤或焦炭。其主要原因是在吹风阶段造成了大量的热量损失。详细来说，一方面，烟煤或褐煤在干馏时会析出大量的甲烷等高热值烃类气体；另一方面，这些原料的反应活性较高，吹风气中会生成大量的CO。另外在实际生产中，由于阀门开闭非常频繁，焦油等污染物在液压阀座上的沉积会导致阀门关闭不严，给生产带来极大的危险。所以，间歇法生产水煤气时，通常选用无烟煤或焦炭作为气化原料。

作为水煤气生产用煤，通常有以下具体要求：固定碳（干基）≥70%、水分（湿基）<7%、灰分（干基）<20%、挥发分（干燥无灰基）<8%、硫分（干基）≤1%、热稳定性≥60%、机械强度≥70%、灰熔点>1250℃以及粒度为25～75mm。

(4) 两段炉对原料煤的要求

两段炉可用褐煤、长焰煤和弱黏煤等作为气化原料，但对原料煤的块度、自由膨胀序数和灰熔点的要求非常严格：

① 块度：入炉煤必须是小块或中块，以15～40mm、20～40mm、25～50mm、和38～75mm为宜，粒度比小于3；粉煤量不得超过10%，否则将明显影响气化强度。

② 黏结性：只能使用非黏结性或弱黏结性煤，自由膨胀序数不大于3，最好是0.5～2.5，或罗加指数控制在15～20。

③ 灰熔点：DT>1150℃或ST>1250℃。

④ 灰分：一般情况下，A_d 应小于18%。

⑤ 挥发分：挥发分越高，煤气质量（热值）就越高。通常原料煤的无水无灰基挥发分应控制在30%～40%。

⑥ 机械强度和热稳定性：由于原料在干馏段内被缓慢加热，因此对原料煤的机械强度和热稳定性要求可以比单段炉低。

(5) 加压气化对原料煤的选择

煤种不同，加压气化后煤气的质量不相同，在相同的操作条件下，煤化程度越低的煤气化时，所得煤气的热值越高。年轻煤所制煤气中甲烷含量较高，这是由于煤的挥发分高、干馏气多，而干馏气中甲烷含量比纯气化煤气高得多（可达65%以上，而纯气化煤气中的甲烷含量仅为5%左右）。同时，年轻煤反应活性高，适当降低气化温度有利于甲烷生成反应的进行。

煤种对煤气产率也有很大影响。煤化程度愈低，则煤气产率愈低，这是因为煤化程度愈低，固定碳含量愈低，进入气化区的碳量就愈少，从而造成煤气产率较低，但煤气中干馏气占的比例较高，且甲烷含量也较高。

一般鲁奇加压气化对煤质的具体要求如下：

① 水分：加压气化炉的炉温通常低于常压气化炉，而且料层较厚，因此入炉煤的水分可以提高；但当有些褐煤水分过高时，就会对气化造成不良的影响。通常要求褐煤水分控制在 20%以内。

② 灰分：鲁奇加压气化炉原则上对煤的灰分无严格要求，但是煤中灰分含量增加，将导致消耗定额增加、煤气产率降低，且灰渣含碳量增加、煤气热值降低。因此，控制煤的灰分小于 20%较为经济。

③ 粒度：加压气化时，由于气化炉内气流的实际速度远低于常压气化，并且与煤的机械强度、热稳定性和反应活性有关，因此，粒度可小于常压气化。通常，加压气化炉中采用的原料粒度为褐煤 6～40mm、烟煤 5～25mm、焦炭和无烟煤 5～20mm。因此，在气流中不能使用小颗粒的前提下，减小煤的粒径有较好的经济性。

④ 黏结性：从经济角度出发，气化煤的黏结性弱或不黏结为好。

⑤ 灰熔点与结渣性：灰熔点和结渣性是影响气氧比和气化强度的关键（尤其是反应活性差的煤），因对炉温要求高，对灰熔点要求也高，通常要求 ST＞1200℃（最好高于 1400℃）。

⑥ 反应活性：原料煤反应活性好，有利于改善煤气质量，提高气化强度，降低消耗指标。尤其在加压气化炉中，由于气化温度低于常压气化，原料煤反应活性的好坏就显得更为重要。

（6）流化床气化炉用煤对煤质的要求

部分企业也使用流化床气化炉生产合成氨原料气。该气化炉在常压下操作，由于煤粉易被吹跑或从炉条间隙漏掉，因此必须使用粒度为 6～50mm 的块煤。此外，灰熔点要大于 1200℃且略有黏结性，硫分以不超过 1%为宜。对于气流床气化，为维持正常的液态排渣，液渣黏度最好维持在 15～25Pa·s 之间。此外，发热量大于 25000kJ/kg、灰熔点小于 1300℃且灰分为 15%～20%。

（7）K-T 炉对煤质的要求

K-T 炉是一种粉煤气流床气化炉，利用在常压下连续运转的高速气化工艺，生产合成氨的原料气，气化温度高达 1400～1500℃，对煤质的要求也不严格。该工艺几乎可以气化任何煤，例如高硫、低熔点、易碎、黏结、加热膨胀的各种烟煤、无烟煤和褐煤均可使用 K-T 炉，气化反应在不到 1s 内就可完成。不过，煤粉的粒度越细越好，一般是小于 200 目的粉煤占 90%左右（褐煤可降到 80%左右）、全水分在 1%～5%。如用褐煤，则必须先进行干燥预处理使水分降到 5%～10%，烟煤和无烟煤的水分应降到 1%左右。煤的灰熔点越低，气化装置越容易运转，目前也用灰分高达 35%左右的褐煤作为气化原料。另外，气化时用氧气作气化剂，生成以 CO 和 H_2 为主的粗煤气。根据国外经验，K-T 炉多采用褐煤和年轻烟煤进行气化。

9.5.4 液化用煤的质量要求

相较于间接液化，由于煤直接加氢液化工艺除国能等少数企业外还未完全工业化普及，因此世界各国对液化用煤的要求还不一致。如日本的一些学者主张采用低灰分煤；欧美有些学者则认为高灰、高硫煤价格低廉，有利于降低液化的成本。高灰煤在磨碎过程中能耗大，尤其是黄铁矿含量高的煤能耗更大，同时高灰煤对生产效率和气固分离都不利，但黄铁矿（具有液化加氢催化功能）含量高的煤有利于液化反应。在多数情况下，原煤的液化效果比精煤要好，所以宜采用原煤液化。液化用煤的质量要求如表 9-17 所示。

表 9-17 液化用煤质量要求

液化用煤煤种	$V_{daf}/\%$	$A_d/\%$	C/H	$C/\%$	$S/\%$	$R_{o,max}/\%$	丝质组含量/%
褐煤、长焰煤、气煤、气肥煤	>37	<25	<16	60～85	>1.0	0.3～0.7	<10

根据 GB/T 23810—2021《商品煤质量 直接液化用煤》规定，所用煤的干燥无灰基挥发分应高于 35.00%，褐煤、烟煤的全水分分别小于 35.00%和 16.00%，以干燥无灰基表示的氢碳原子比应大于 0.75（2 级）或 0.80（1 级），丝质组含量小于 45.00%（无矿物质基），灰分小于 8.00%（1 级）或介于 8.01%～12.00%（2 级），而且 HGI>50、镜质体反射率<0.65%。该标准对所用煤中有害元素的含量也做出了规定，即 P 和 Cl 元素的质量含量应低于 0.100%（干燥基），As 和 Hg 的含量分别低于 20μg/g 和 0.250μg/g。具体来说，一般宜采用挥发分较高的年轻煤（如褐煤、长焰煤和 V_{daf} 大于 40%的气煤等）作直接液化用煤。通常，容易液化的煤岩组分的顺序是稳定组、镜质组和半镜质组，而丝炭几乎不能液化。所以，液化用煤的丝炭组分含量最好低于 10%，最高不超过 15%。平均最大反射率小于 0.7%的镜煤大多适于液化，但某些达到 0.9%的镜煤也适于液化。从煤的化学成分来看，一般含碳量小于 85%、碳氢质量比小于 16 的煤较适宜液化。由于煤中的氧大都以羰基形式存在，液化加氢时会消耗大量的氢变成水，所以氧含量高的煤不适宜液化。此外，高硫分煤在液化时也会消耗大量的氢生成硫化氢析出，而含氮量高的煤在液化时会变成氨，也可使氢耗量增大。如采用含氧量较低的年轻烟煤进行液化，尽管氢的消耗量较小，但反应速度要比含氧量高的褐煤慢。综上，在一系列对液化用煤的煤质要求中，有许多是互相矛盾的，所以液化用煤采用配煤的方法较为合适。

9.5.5 水泥回转窑用煤的质量要求

水泥、陶瓷、玻璃、砖瓦、石灰等材料都要经过各种炉窑焙烧、煅烧甚至熔化等高温处理，煤炭是主要燃料。其中水泥工业用煤要求较高，其生产方法不同，对煤炭品种和质量的要求也不同。回转窑要求以灰分小于 20%、发热量大于 23.00MJ/kg 的挥发分较高的烟煤煤粉作燃料；而立窑则要求以发热量大于 25.09MJ/kg 的无烟块煤作燃料。为减轻对水泥配方的影响，水泥用煤的质量应保持稳定。烧砖瓦、石灰窑（土窑）用煤的质量要求不高，甚至煤矸石、石煤亦可使用。

9.5.6 高炉喷吹用煤的质量要求

近年来，为了减少焦炭消耗、增加生铁产量和改善生铁质量，我国将无烟煤粉从风口随热风喷入高炉的喷吹技术得到了大力发展，已达到国际先进水平。高炉喷吹用煤对煤的质量要求较高，煤质的高低对高炉的正常操作和喷吹的经济效益都有直接的影响。高炉喷吹用煤的质量应满足下列要求：灰分一般应低于 12%（最高不超过 17%），硫含量应低于 0.7%（最高不超过 1.10%），水分应低于 8%（最高不超过 12%），且挥发分产率应合适。一般说来，挥发分的高低对高炉喷吹的影响较小，但当 V_{daf} 较高时，在制粉及喷吹过程中容易引起爆炸。我国目前基本上以无烟煤作为喷吹的原料煤，挥发分均在 10%以下。烟煤也可以作为喷吹的原料煤，但由于其爆炸的危险性较大，喷吹需在惰性气体（一般为氮气）中进行，设备相对复杂，成本也略有增高。此外，高炉喷吹用煤的固定碳含量应高些（一般以大于 75%为宜），可磨性指数 HGI 也应高些。虽然 HGI 的大小对高炉喷吹的效果没有直接影响，但 HGI 过小会给制粉工艺带来一定的困难，而且会增加动力消耗，显著降低喷吹设备的寿命（特别是喷枪）。煤灰成分对高炉喷吹也有一定的影响，钒和钛的含量越低越好，因为这两种元素会增加炼铁过程中灰渣的黏度，导致铁水和炉渣分离困难。煤灰中二氧化硅与氧化钙之比越小越好，因为 CaO 含量的增高有助于降低酸性炉渣的黏度。另外，如果煤灰中的氧化铁含量高，相当于在高炉中间接增加了矿石中的铁。

9.5.7 其他工业用煤的质量要求

（1）烧结矿用无烟煤的质量要求

我国的铁矿石有许多是贫矿，如果将贫矿直接作为高炉冶炼的原料，不仅会使高炉的利用系数降低、生产能力下降，而且炼铁时的焦炭耗量也会大幅度上升，所以这种贫矿通常首先进行精选。但精选后的精铁矿粉不能直接送入高炉冶炼，必须将其在高温下烧结（熔融）成块。烧结时，过去多用焦粉作燃料，因此对烧结燃料的要求也是低灰、低硫和高发热量。为节约焦炭，目前已多用无烟煤粉来代替焦炭。烧结用无烟煤的灰分应小于 15%、硫分小于 0.7%（最高不超过 1%）且小于 0.5mm 的煤粉量要少。

（2）电石炉用无烟煤的质量要求

电石炉可以用焦炭、无烟煤作原料。其中，开启式电石炉可全部使用无烟煤，密闭式电石炉则需要焦炭和无烟煤掺混使用。这两种电石炉对无烟煤的质量要求如表 9-18 所示。

表 9-18 电石炉用无烟煤

煤质指标	开启式炉	密闭式炉	煤质指标	开启式炉	密闭式炉
A_d/%	<7	<6	$S_{t,d}$/%	<1.5	<1.5
V_{daf}/%	<8	<10	密度 TRD/%	<1.45	<1.6
M_t/%	<5	<2	粒度/mm	3～40	3～40
F_{Cd}/%	>82	>80			

（3）生产电极糊用无烟煤的质量要求

生产电极糊用无烟煤的质量要求如表 9-19 所示。

表 9-19 生产电极糊用无烟煤的要求

煤质指标	一级	二级	煤质指标	一级	二级
A_d/%	<10	<12	M_t/%	<3	<3
$S_{t,d}$/%	<2	<2	抗磨试验/% (>40mm 残留量)	<35	<25

（4）生产碳化硅用无烟煤的质量要求

生产碳化硅时对无烟煤的质量要求如表 9-20 所示。

（5）生产人造刚玉时对无烟煤的要求

生产人造刚玉用无烟煤的质量要求如表 9-21 所示。

表 9-20 生产避雷器用碳化硅时对无烟煤煤质的要求

煤质指标	固定碳 FC_d /%	灰分 A_d /%	粒度 /mm
质量	>80	>13	>13(或>25)

表 9-21 生产人造刚玉时对无烟煤煤质的要求

煤质指标	固定碳 FC_d /%	灰分 A_d /%	粒度 /mm
质量	>77	>15	>13(或>25)

(6) 竖窑烧石灰时对无烟煤的要求。

竖窑烧石灰用无烟煤的质量要求如表 9-22 所示。

表 9-22 竖窑烧石灰时对无烟煤煤质的要求

煤质指标	固定碳 FC_d/%	灰分 A_d/%	粒度/mm
质量	13～100	>60	>25

(7) 生产碳粒砂用无烟煤的质量要求

碳粒砂是生产送话器等声变电阻材料的主要原料，也被称为扩音器粉。制造碳粒砂的无烟煤主要是物理性质要好（如块状、硬度高、质地均一、光亮、致密且具有贝壳状断口），煤灰中的 Fe_2O_3 含量要低，煤的灰分应小于 20%，挥发分也应较低，同时纯煤真密度不宜过高。但仅凭上述物理和化学性质还不能肯定这种无烟煤就一定适于制造碳粒砂，而只能作为选择时的参考。只有通过生产性的试验，才能真正确定该种煤是否可用于制造碳粒砂。

(8) 制造活性炭用煤的质量要求

对于制造活性炭用的煤，灰分低于 10% 为宜，固定碳含量要高。此外，煤的反应性要好、硫分要低。其中，制造颗粒状活性炭用的煤，其热稳定性好也是一个十分重要的指标，因为热稳定性不好的无烟块煤在加热处理过程中会碎裂成粉而达不到要求。但制造粉末状活性炭时，我国内蒙古自治区东部如扎赉诺尔等地所产的低灰、低硫褐煤也能使用，因为这种煤经过高温处理后固定碳含量会增高，活性也较高。

● 课后题

9-1 煤炭分类有哪几种方法？分类时应遵循什么原则？

9-2 我国煤炭分类采用哪些指标？它们是如何划分煤炭的？请详细叙述无烟煤、烟煤和褐煤的分类情况。

9-3 表示煤黏结性的指标有哪些？各自的适用条件是什么？

9-4 我国煤炭分类的优缺点是什么？

9-5 各类煤有何特性？它们的主要用途是什么？试着结合结构、组成和特性说明各种煤的用途。

9-6 我国煤炭分类编码系统采用哪些参数编码？怎样编码？每类编码代表的性质是什么？请举例说明。

9-7 请叙述我国煤层煤的科学/成因分类过程。

9-8 硬煤国际分类采用哪些分类指标？它们是如何分类的？每类编码代表的性质是什么？该方法有什么缺点？

9-9 褐煤国际分类是如何划分褐煤的？

9-10 国际中、高煤阶煤的编码系统采用哪些参数编码？

9-11 煤质评价分哪几个阶段？它们各自的任务是什么？

9-12 煤质评价的主要内容是什么？有哪些评价方法？

9-13 简述各种工业用煤对煤炭质量的要求。

第10章　煤炭工业应用实例

从 18 世纪中叶至今，人类已经历了四次工业革命，每一次工业革命都触发了能源革命，从柴薪、煤炭、石油再到新能源，人类可利用的能源范围不断扩大，能源利用方式日益丰富，能源利用效率不断提升。而正在进行的以人工智能、大数据和物联网等技术为核心的第四次工业革命，使人类社会进程迈入了“智能时代”。为缓解第一次工业革命以来化石能源大规模使用引发的气候变化、环境恶化和生物多样性丧失等问题，各国政府主导了以光伏发电、风力发电以及电动汽车为标志的“第四次能源革命”。2023 年 12 月，第 28 届联合国气候变化大会提出能源转型的目标，到 2030 年将可再生能源容量增加两倍，同时将能源利用效率提高一倍，在未来 30 年左右化石能源要退出历史舞台，让位于新型的可再生能源，到 2050 年实现能源部门的净零排放。在此背景下，煤炭在我国能源结构中的地位和作用必将随之发生重大调整，煤炭的属性将从能源向化工原料转换。因此，本章将重点从煤炭原料化利用角度，介绍近年来我国在煤炭工业化应用领域取得的重要进展。

10.1　背景和概述

10.1.1　能源转型

工业革命以来，化石能源的大规模开发利用虽然极大地推动了人类文明进步，但也带来了资源枯竭、气候变化和地缘政治冲突等问题，严重威胁人类可持续发展。为了应对这些挑战，必须加快能源转型，实现能源低碳化[1]。能源转型是指从现有的以化石能源（煤炭、石油、天然气）为主的高碳能源体系，逐步向以可再生能源（太阳能、风能、水能、核能、氢能等）为主的低碳能源体系转变的过程。

10.1.1.1　世界能源转型现状

（1）化石能源仍占主导地位，但转型在加速

尽管全球能源转型在近几年的确呈现出大幅提速的趋势，但化石能源在全球能源结构中仍然占据主导地位。根据英国能源研究院发布的《世界能源统计年鉴（2024）》，2023 年化石燃料占全球能源结构的 81%，其中石油占 32%，煤炭占 26%，天然气占 23%。这一数据表明，尽管可再生能源和核能的比重在逐渐上升，但化石能源仍然是全球能源消费的主要来源。

（2）可再生能源增长迅速，但仍需努力

可再生能源在一次能源消费中的比重逐年上升，2023 年达到 14.6%，比上年增长 0.4%，预计到 2030 年可达 20%。根据国际能源署发布的《2024 年可再生能源报告：分析和预测至 2030 年》，未来 6 年间，全球可再生能源装机容量将增加超过 5500GW。从发电技术看，预计到 2030 年，太阳能光伏发电将占全球可再生能源发电装机增长的 80%。

（3）区域分化特征明显

欧盟立法驱动激进转型，碳边境调节机制（carbon border adjustment mechanism，CBAM）或碳边境税（carbon border tax，CBT）将于 2026 年全面实施，但面临产业外迁压

力（钢铁产能转移至土耳其、北非）；美国通过《通胀削减法案》投入 3690 亿美元清洁技术补贴，本土光伏产能两年内增长 300%，但页岩油气产量仍居全球首位；我国风光装机突破 10 亿千瓦（占全球 37%），煤电“三改联动”（节能、灵活、供热改造）年减排 2.6 亿吨 CO_2，但绿电消纳率低于 95%（西北地区弃风率超 8%）；新兴经济体中，印度设定 2070 年碳中和目标，但煤电占比仍达 70%；非洲可再生能源投资缺口每年超 2000 亿美元。

10.1.1.2 我国能源转型进展

经过多年的努力，我国在能源转型领域取得了重大的进展。截至 2023 年底，我国风电、光伏发电装机规模较十年前增长了 10 倍，清洁能源发电装机占总装机的 58.2%。清洁能源消费量占能源消费总量的比重从 15.5%提高到 26.4%，煤炭消费比重下降 12.1%[2]。2024 年 6 月底，我国煤电发电装机容量为 11.7 亿千瓦，占总发电装机容量的 38.1%；并网风电和太阳能发电装机容量合计 11.8 亿千瓦，占总装机容量的 38.4%，新能源发电装机规模首超煤电。

目前，化石能源仍是我国一次能源消费的主体（图 10-1）。2022 年，中国化石能源占一次能源消费的比重为 82.4%，非化石能源占比 17.6%。预计到 2060 年，化石能源占比降至 15%左右，非化石能源的比重将提升至 85%左右。

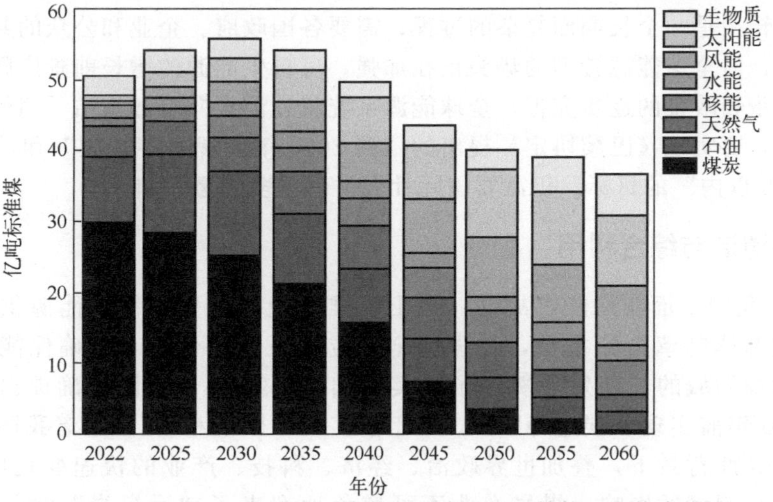

图 10-1　2022～2060 年我国一次能源需求总量和结构（电热当量法）

资料来源：《中国能源转型展望 2024》执行摘要

10.1.1.3 机遇与挑战

（1）能源转型面临多重挑战

① 地缘政治风险：中东冲突升级和俄乌冲突持续使能源生产地区的局势更加紧张，地缘政治的不确定性对全球能源系统造成了冲击。这种不确定性使得能源转型面临更大的挑战。

② 高昂的成本：清洁能源技术的成本虽然正在下降，但对于一些发展中经济体，高昂的成本和项目风险仍然限制了清洁能源项目的推广。

③ 技术和基础设施的瓶颈：新的可再生能源发电量如何高效融入电力系统，以及电网扩张和许可时间是否能跟上步伐，都是亟待解决的问题。

④ 政策和执行力度的差异：各国在能源转型方面的政策和执行力度存在差异，导致转型的速度和效果各不相同。一些国家取得了显著进展，而一些国家则进展缓慢。

(2) 转型趋势和前景

① 电气化趋势明显：根据国际能源署（International Energy Agency，IEA）发布的《世界能源展望2024》，电气化趋势将主导未来能源系统。清洁能源正以前所未有的速度进入能源系统，低排放能源将在2030年前产生全球一半以上的电力。

② 多元化能源供应：未来能源系统将呈现多元化供应的趋势。虽然化石能源在短期内仍将占据重要地位，但可再生能源、核能以及氢能等清洁能源的比重将逐渐上升。

③ 国际合作和支持：实现全球能源转型需要国际社会的共同努力和支持。各国需要加强合作，共同推动清洁能源技术的发展和传播，为发展中经济体提供更多的资金和技术支持。

(3) 技术创新驱动的能源转型

技术创新是驱动能源转型的关键力量。近年来，科技的飞速发展促使清洁能源技术领域取得了显著成就。智能电网、电动交通工具、大型储能系统以及智慧能源系统等新兴技术和商业模式不断涌现，为能源转型进程提供了坚实的支撑。能源行业向数字化转型，数字孪生电网、虚拟电厂等技术提升了能源管理和利用效率。负碳技术、直接空气捕集 CO_2（direct air capture，DAC）和生物质能碳捕集与封存（bio-energy with carbon capture and storage，BECCS，瑞典Preem炼油厂项目）等技术助力 CO_2 减排。核能创新方面，小型模块化堆（SMR）获美英政府资质许可，第四代高温气冷堆（中国石岛湾项目）推动了核电站的商业化运营进程。

世界能源转型是一个长期而复杂的过程，需要各国政府、企业和公众的共同努力。尽管面临诸多挑战，但全球能源转型的势头正在加强，可再生能源的增长前景广阔。未来，随着技术的不断进步和政策的逐步完善，全球能源系统将逐渐走向更加清洁、高效和可持续的发展道路。然而，要实现《巴黎协定》提出的"到2050年实现净零排放"和"将全球气温升幅控制在1.5℃以内"的目标，仍需要国际社会付出更多的努力和行动。

10.1.2 煤炭清洁与综合利用

2014年，我国全面布局能源战略，提出了推动能源消费革命、能源供给革命、能源技术革命和能源体制革命的举措，并强调全方位加强国际合作，以确保能源安全。这一战略为我国能源领域的长期发展奠定了坚实基础。2020年，我国明确提出了"双碳"目标，即在2030年前实现"碳达峰"，2060年前实现"碳中和"，预示着我国能源结构将发生深刻变革。在此背景下，叠加世界政治、经济、科技、产业的快速变化以及地区稳定、社会民生等多个因素的影响，煤炭产业不可避免地迎来了"后煤炭"时代。面对这一挑战与机遇并存的局面，降低煤炭等化石能源在能源消费结构中的比重，成为我国达成"双碳"目标的关键举措。为了实现这一转变，煤炭清洁与综合利用技术的创新与发展发挥了重要作用。

在《"十四五"现代能源体系规划》中，煤化工行业的煤炭清洁利用科技创新示范工程有：煤制油、煤制气、先进煤化工等技术研发及示范应用，在晋陕蒙新等地区建设二氧化碳捕集利用与封存示范工程。2024年，国家发展改革委等部门《关于加强煤炭清洁高效利用的意见》（简称《意见》），进一步为未来煤炭清洁高效利用指明了方向。《意见》提出：构建多元高效的煤炭使用体系，有序发展煤炭原料化利用；加强煤基新材料应用创新，优化调整产品结构，加快煤基新型合成材料、先进炭材料、可降解材料等高端化工产品的技术开发与应用；加快煤制油气战略基地建设；加强煤制油气等产能和技术储备；推动煤化工与绿电、绿氢、储能、二氧化碳捕集利用与封存等耦合发展，打造低碳循环的煤炭高效转化产业链，促进煤化工产业高端化、多元化、低碳化发展[3]。

10.2 现代煤化工

煤化工是指以煤为原料，经化学加工使煤转化为气体、液体和固体燃料以及化学品的过程。目前，新型煤化工主要有五大路径：煤制气、煤制油、煤制烯烃、煤制乙二醇、煤制芳烃，其主要技术路线如图 10-2 所示。《现代煤化工“十四五”发展指南》提出，“十四五”期间现代煤化工产业的发展目标是：形成 3000 万 t/a 煤制油、150 亿 m^3/a 煤制气、1000 万 t/a 煤制乙二醇、100 万 t/a 煤制芳烃、2000 万 t/a 煤（甲醇）制烯烃的产业规模。

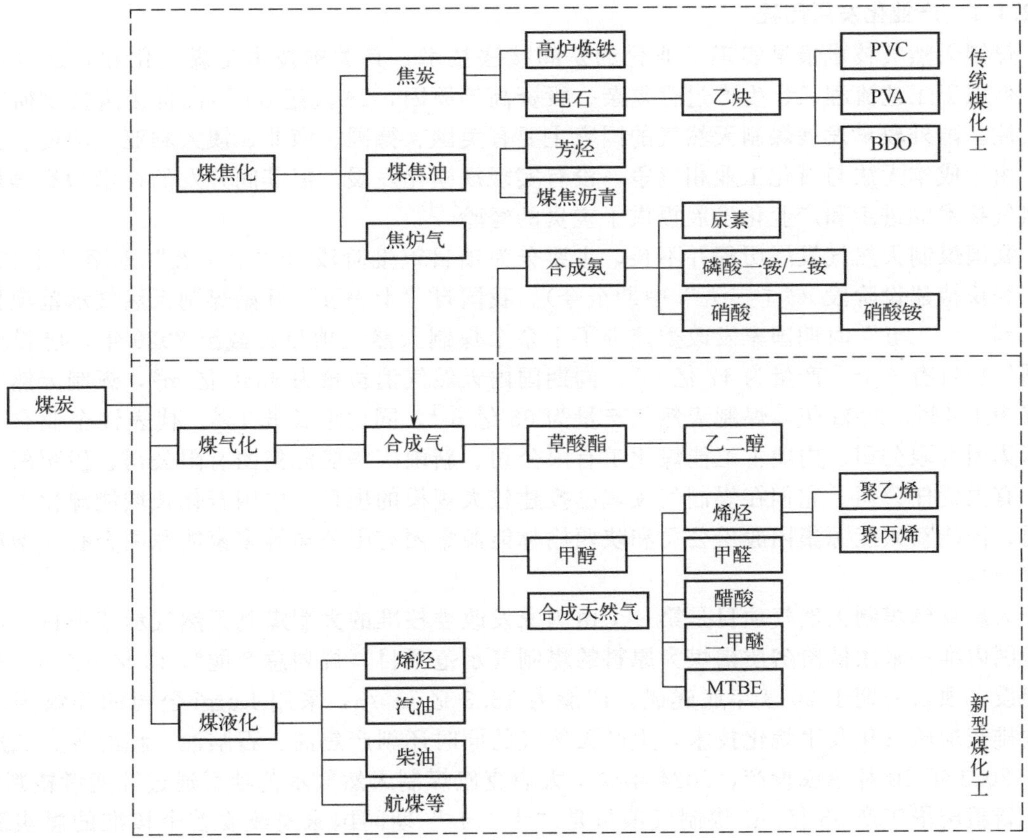

图 10-2　煤化工行业主要技术路径

10.2.1 煤制气

10.2.1.1 概述

（1）定义

煤制天然气是以煤为原料，气化产生合成气，再经过净化和甲烷化处理，生产热值符合规定的替代天然气的技术，其工艺流程如图 10-3 所示。煤制天然气生产工艺流程可分为煤气化转化技术和直接合成天然气技术，两者的区别主要在于：煤气化转化技术先将原料煤加压气化，由于气化得到的合成气达不到甲烷化的要求，因此需要经过气体转换单元提高 H_2/CO 比再进行甲烷化；直接合成天然气技术则可以直接制得可用的天然气。

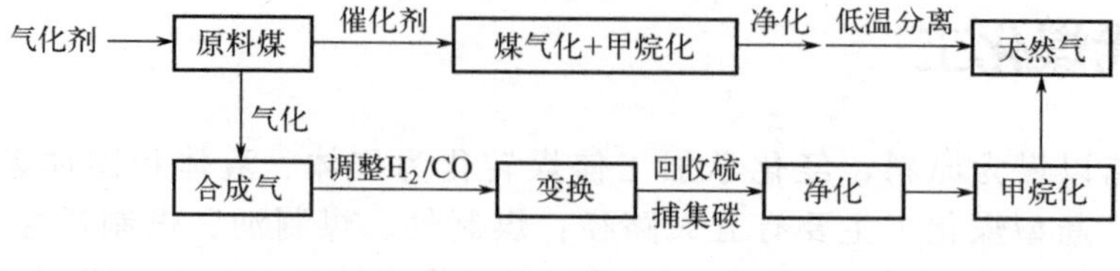

图 10-3 煤制天然气工艺流程

（2）基本原理

煤气化反应：$C+H_2O \longrightarrow CO+H_2$，$C+CO_2 \longrightarrow 2CO$

甲烷化反应：$CO+3H_2 \longrightarrow CH_4+H_2O$

10.2.1.2 产业化发展历程

煤制天然气技术最早实现工业化的是间接法技术，其关键技术是煤气化和合成气甲烷化。但限于工艺流程长、生产过程复杂、投资高等原因，20 世纪 80 年代直接法技术研究引起关注。国外较早发展煤制天然气的国家主要有美国、德国、南非、澳大利亚、印度、蒙古等。由于成本无法与石化工业相竞争，没有实现规模化发展，但其间开发的技术为后续煤制天然气技术的进步和产业化发展提供了宝贵的经验[4]。

我国煤制天然气发展历程并不长，主要分为项目审批阶段（“十一五”末至“十二五”初）和扶持建设阶段（“十二五”中期至今）。我国自“十一五”开始煤制天然气示范项目建设，到“十二五”时期国家发改委核准了十余个煤制天然气项目。截至 2020 年，已投产的煤制气项目有 4 个，产量为 47 亿 m^3，同期国内天然气消费量为 3240 亿 m^3，煤制天然气占比仅为 1.4%。2023 年，煤制天然气产量为 65 亿 m^3，同比增长 6.1%。代表性企业有中国大唐集团有限公司、内蒙古汇能煤化工有限公司、新疆庆华能源集团有限公司、伊犁新天煤化工有限责任公司。它们在煤制气领域已投建较大规模的项目。中国石化长城能源化工有限公司、国能新兴能源集团股份公司和陕西榆林能源集团有限公司等多家能源国企有大型项目投建规划。

大唐克旗煤制天然气项目是第一个由国家发改委核准的大型煤制天然气示范项目。该项目是国内唯一采用低阶劣质褐煤为原料的煤制气示范项目，规划总产能为 40 亿 m^3/a，分三期建设。项目一期于 2013 年底建成，产能为 13.3 亿 m^3/a，采用 Lurgi 公司的碎煤固定床干法排灰加压气化及甲烷化技术，生产天然气的同时还副产焦油、石脑油、粗酚等。二期工程于 2023 年 10 月建成投产。2024 年底，大唐克旗煤制天然气示范项目通过性能考核判定。

新疆庆华年产 55 亿 m^3 煤制气项目是“十二五”期间国家发改委首个核准的煤炭深加工示范项目，位于新疆伊犁哈萨克自治州伊宁县，一期年产 13.5 亿 m^3 煤制气工程于 2013 年末建成投产，已累计产气 107 亿 m^3。二期项目正在筹备中，全部投产后每年产气将达 53.75 亿 m^3（图 10-4）。2024 年，准东煤制油气战略基地支撑项目——新疆天池能源、国家能源集团、新疆新业集团三个煤制天然气项目全部通过国家发改委预审。三个项目建设规划都为 20 亿 m^3/a，投资超 500 亿元。

10.2.2 煤制油

10.2.2.1 概述

（1）定义

煤制油是以煤炭为原料，通过气化、合成、液化、热解等化学加工过程生产油品和大宗化工产品的技术，包含煤的直接液化和间接液化两条技术路线。其产品主要为汽油、柴油、

图 10-4　新疆庆华能源集团有限公司 55 亿 m^3/a 煤制天然气项目

液化石油气和航空煤油等液体燃料，以及石油化工产品。

（2）基本原理

直接液化：$C + H_2 \xrightarrow[\text{催化剂}]{425\sim470℃,\ 10\sim20MPa} C_nH_{2n+2} + C_nH_{2n} + H_2O$，其工艺流程如图 10-5 所示。

间接液化（即 F-T 合成）：

$$C+H_2O \longrightarrow CO+H_2,\ C+CO_2 \longrightarrow 2CO$$

$$CO + H_2 \xrightarrow{\text{高温、高压、催化剂}} C_nH_{2n+2} + C_nH_{2n} + H_2O$$

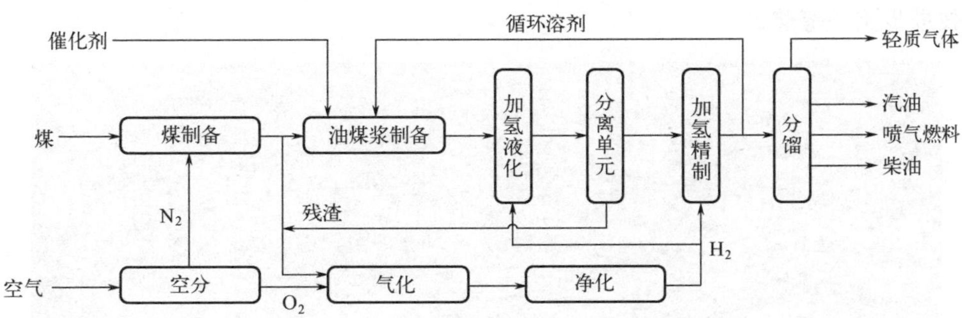

图 10-5　煤制油直接液化工艺流程[5]

10.2.2.2　产业化发展历程

德国是最早研究煤制油技术的国家，早在 1913 年，德国化学家弗里德里希·柏吉斯（F. Bergius）就提出了煤炭直接液化技术，并因此获得 1931 年的诺贝尔化学奖。1923 年，德国化学家费歇尔（F. Fischer）和托罗普希（H. Tropsch）试验成功开发出间接液化技术[6]。1927 年，德国法本（Farben）公司用柏吉斯法，在德国莱比锡附近的洛伊纳（Leuna）建成世界第一座年产 10 万吨的煤炭直接液化厂。1934 年德国鲁尔化学公司用费-托合成工艺，建成世界第一座年产 7 万吨的煤炭间接液化厂。第二次世界大战后，由于经济性问题，德国的煤制油项目都暂停了。南非由于政治原因，基于国家富煤贫油的资源特点，煤制油技术的科学研究和工业化应用得到了很好的发展。南非的煤炭探明储量为 587.5 亿吨，约占全非洲的 2/3。目前，南非拥有一座年产 800 万吨油品的煤制油工厂，是世界上唯一大规模的煤制油商业工厂，并为该国提供了 60%的运输油料。

我国煤制油产业的整体规划：依托 14 个大型煤炭基地、9 个大型煤电基地，构建内蒙古鄂尔多斯、陕西榆林、宁夏宁东、新疆准东 4 个现代煤化工产业示范区；另外，陕西、河南、安徽淮南、贵州毕节、湖北荆州等煤炭资源丰富区作为补充布局点。目前已形成内蒙古鄂尔多斯、陕西榆林、山西晋北、新疆准东、新疆哈密等五大煤制油气战略基地。2023 年，我国煤制油行业产能达 931 万吨，预计至“十四五”期间末，我国煤制油年产能将达到 1200 万吨。主要企业有国家能源集团、内蒙古伊泰集团、山西潞安集团和兖州煤业等。2008 年，全世界首个百万吨级煤直接液化商业化工厂在内蒙古鄂尔多斯建成并投产，我国成为世界唯一掌握百万吨级煤直接液化关键技术的国家。这项技术在鄂尔多斯成功应用后，经过工艺流程优化和设备改进等，形成了国内首个二代直接液化技术工艺。在此项目实施提供的经验基础上，我国首个应用自主研发的煤直接液化二代技术项目于 2024 年 10 月在国家能源集团哈密能源集成创新基地正式开工建设，项目规划投资 1700 亿元。项目投产后，每年可生产 400 万吨煤液化产品。其中，煤直接液化生产线每年可产 320 万吨，煤间接液化生产线每年可产 80 万吨。

国家能源集团宁夏煤业公司 400 万吨/年煤炭间接液化示范项目，是国家“十二五”期间重点规划建设的煤炭深加工示范项目，是目前全球一次性投资规模最大的单体化工项目。项目于 2013 年 9 月 28 日开工建设，占地面积 560 公顷，项目投资 550 亿元，年设计产油化品 405 万吨，年转化煤炭 2410 万吨，2016 年 12 月 28 日项目正式投产（图 10-6）。项目建设过程中攻克了大型装备制造、成套设备集成技术难题，打破了煤制油化工核心技术、装备及材料长期被国外垄断的局面，探索出了符合我国国情的科技含量高、附加值高、产业链长的煤炭深加工产业发展模式，为适应后石油时代、抢占技术制高点提供了技术战略储备。2017 年，宁东煤制油项目“神宁炉”荣获第 19 届中国专利金奖。2020 年，煤制油项目获得国家科技进步奖一等奖。

图 10-6　国家能源集团宁夏煤业公司 400 万吨/年煤制油项目夜景

10.2.3 煤制烯烃

10.2.3.1 概述

（1）定义

煤制烯烃是以煤炭气化得到的合成气为原料，经直接或间接生产低碳烯烃（乙烯、丙烯等）的工艺技术。直接合成路线为煤基费-托合成烯烃，即煤经气化得到合成气，直接在催化剂作用下合成乙烯、丙烯、丁烯等烯烃类化合物。间接路线为煤基甲醇制烯烃，煤基合成气合成甲醇后再通过甲醇制取烯烃。

（2）基本原理

间接路线：

$$2CH_3OH \xrightarrow{\text{脱水}} CH_3OCH_3 + H_2O$$

$$nCH_3OCH_{3n} \longrightarrow C_nH_{2n} + nH_2O(n=2,\ 3)$$

直接路线： $CO + H_2 \xrightarrow[\text{催化剂}]{\text{高温、高压}} C_nH_{2n} + H_2O$。

10.2.3.2 产业化发展历程

如图10-7所示，甲醇制烯烃的典型工艺有美国Exxon Mobil（埃克森美孚公司）的MTO工艺、美国UOP（环球油品公司）和挪威Hydro（海德鲁公司）联合开发的UOP/Hydro MTO工艺、德国Lurgi公司的MTP工艺以及中国科学院大连化学物理研究所（简称大连化物所）的DMTO（dimethyl ether to olefins，二甲醚制烯烃）工艺。其中，UOP/Hydro MTO工艺和大连化物所DMTO工艺较为先进且有工业应用。

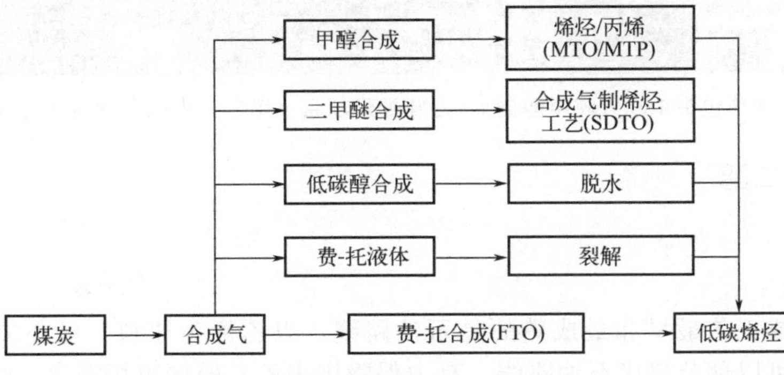

图10-7 煤经合成气制烯烃工艺路线[5]

大连化物所对煤制烯烃技术的研究始于20世纪80年代。2006年，第一代甲醇制烯烃技术（DMTO-Ⅰ）完成万吨级工业性试验。2010年，神华集团（现为国家能源集团）采用大连化物所DMTO技术在包头建成全球首套百万吨级工业化装置，成功实现了我国煤制烯烃工业化生产。该项目是全球最大的煤基甲醇制烯烃工业化示范工程，拥有自主知识产权的DMTO（甲醇制低碳烯烃）工艺核心装置。项目建设规模为180万吨/年煤基甲醇装置、60万吨/年聚烯烃（聚乙烯、聚丙烯）联合石化装置，甲醇转化率达到99.9%以上，乙烯+丙烯选择性达到80%以上，产品符合聚合级烯烃产品规格要求（图10-8）。2023年该示范项目实施升级，二期项目建成后，煤化工甲醇产能将达380万吨，聚烯烃产能达135万吨。2015年，世界首套采用第二代甲醇制烯烃技术（DMTO-Ⅱ）建设的蒲城清洁能源化工有限责任公司DMTO-Ⅱ工业装置成功开车。2020年，大连化物所与宁夏宝丰集团一次性签订了5套100万吨/年烯烃产能的DMTO-Ⅲ工业装置技术许可合同，总投资810亿元人民币。2025

年初，该项目首系列100万吨/年甲醇制烯烃工业装置投料开车成功并产出合格聚烯烃产品。截至目前，DMTO系列技术实现技术许可36套，烯烃产能超2400万吨/年，其中，DMTO-Ⅲ技术许可10套，产能超1000万吨/年；DMTO系列技术已投产18套工业装置，产能超过1000万吨/年，其中DMTO-Ⅲ投产2套，产能达200万吨/年。

中国科学院大连化物所在20世纪90年代初开发了SDTO（syngas via dimethylether to olefins）工艺。该工艺包括两个阶段：第一阶段是在固定床中将合成气转化为二甲醚；第二阶段是将二甲醚转化为低碳烯烃，催化剂为基于SAPO-34的DO123催化剂。理论上，合成气制二甲醚比合成气制甲醇在热力学上更为有利，所以用二甲醚制烯烃比用甲醇制烯烃更有优势。合成气经低碳醇生产烯烃的工艺路线，受限于合成气制低碳醇的工业化进程。合成气经费-托合成生产的液体产物，通过传统石化裂解技术可以得到低碳烯烃。

图10-8　神华包头180万吨甲醇制60万吨烯烃项目（图源：中国科学院大连化物所）

10.2.4　煤制乙二醇

10.2.4.1　概述

（1）定义

乙二醇的合成工艺最早和最成熟的是石油路线，以乙烯为原料，经环氧乙烷制得乙二醇。煤制乙二醇可以部分替代石油路线，有力保障国内乙二醇的市场需求。煤制乙二醇技术基于煤气化技术，以煤气化得到的合成气为原料，经直接或间接方法制取乙二醇。其中，直接合成法是合成气经高温、高压一步催化直接得到乙二醇；间接合成法主要是先用合成气得到甲醇、甲醛或草酸酯等中间反应物，再进一步转化得到乙二醇（图10-9）。

（2）生产工艺

煤制乙二醇的工艺分为直接和间接两类（图10-10）。直接合成法受化学反应热力学的限制，需要在高温、高压及催化剂存在的条件下进行，且合成气转化率和乙二醇选择性都较低，因此难以实现工业化。采用间接法合成乙二醇且已工业化的工艺路线主要有2条，合成气—甲醇—乙烯—环氧乙烷水合路线和CO氧化偶联经草酸二甲酯（dimethyl oxalate，DMO）加氢路线。前者耦合了煤化工和石油化工的技术，虽然技术较为成熟，但工艺流程长，仅有少数几家企业采用该技术。目前，煤制乙二醇最成熟且已实现工业化应用的工艺是草酸酯加氢合成法。该路线第一步由CO与亚硝酸酯氧化偶联制草酸二甲酯的工艺已非常成熟，第二步草酸酯加氢制乙二醇的工艺较为复杂。工业上普遍采用气相法草酸酯加氢工艺。

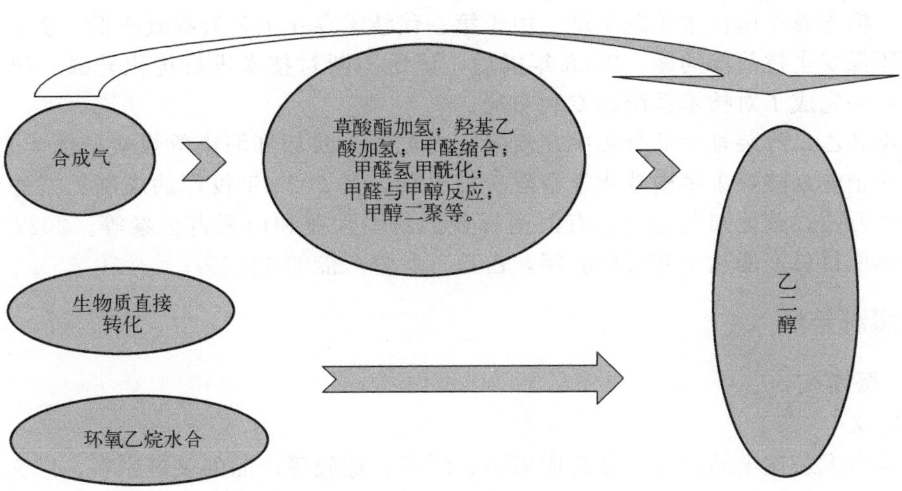

图 10-9　乙二醇的合成工艺路线

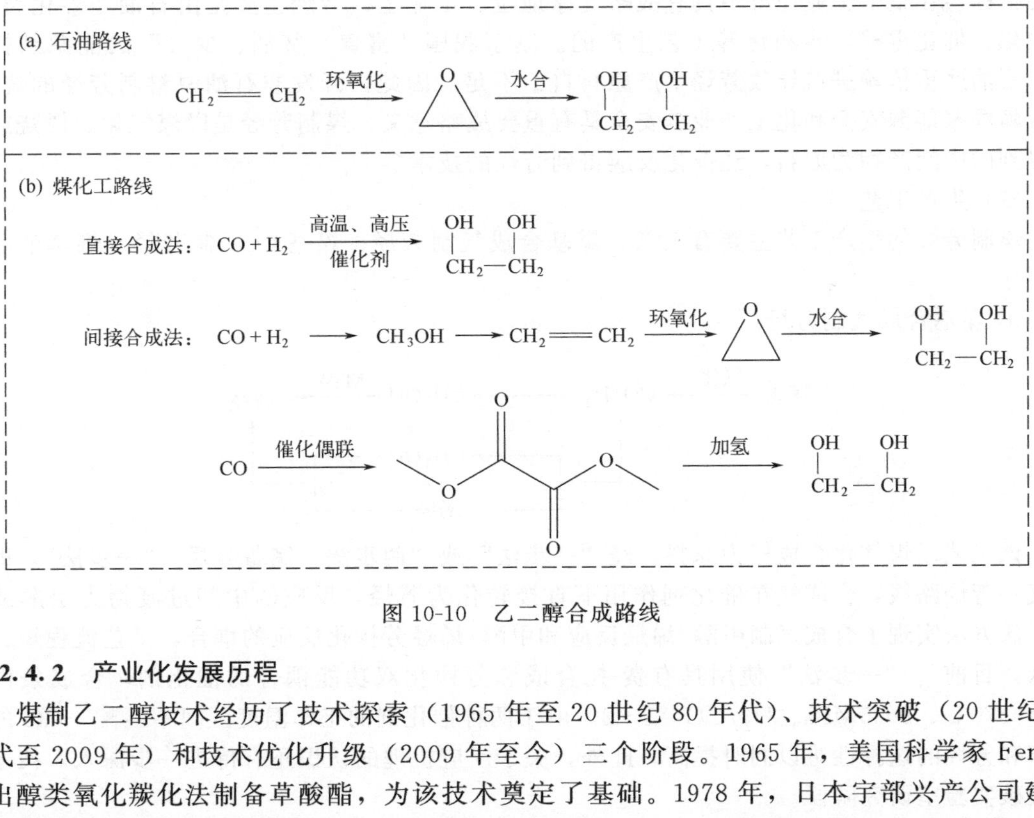

图 10-10　乙二醇合成路线

10.2.4.2　产业化发展历程

煤制乙二醇技术经历了技术探索（1965 年至 20 世纪 80 年代）、技术突破（20 世纪 80 年代至 2009 年）和技术优化升级（2009 年至今）三个阶段。1965 年，美国科学家 Fenton 提出醇类氧化羰化法制备草酸酯，为该技术奠定了基础。1978 年，日本宇部兴产公司建成年产 6000 吨草酸二丁酯高压液相试验装置，后与美国 UCC 合作开发了常压气相合成工艺，完成小试和中试，但未实现工业化。我国自 20 世纪 90 年代起开展煤制乙二醇技术的深入研究。在这一过程中，天津大学、华东理工大学、浙江大学以及中国科学院福建物质结构研究所（简称福建物构所）等多家知名高校和科研院所积极参与。它们在 CO 合成草酸酯和草酸酯加氢这两个关键技术体系中，特别是在催化剂和反应器等核心技术领域，取得了显著的进展。2008 年，福建物构所成功攻克了煤制乙二醇关键技术，并联合企业开发了第一代煤制乙二醇成套技术（第一代技术），该技术通过中国科学院成果鉴定，全球首次实现煤制乙二醇工业化，标志着中国技术领跑全球。由于第一代技术存在工艺流程效率低、贵金属催化剂成本高、环保安全挑战等问题，2008 年以后，该所不断对技术进行优化升级，研发出了新一代技术，并完成了对技术系统的专利布局。

我国煤制乙二醇装置大部分集中在新疆、内蒙古、陕西和河南等煤炭资源丰富的地区。产能最大的企业是陕煤集团榆林化学有限责任公司，其 2023 年投产的煤制乙二醇生产装置产能达 180 万吨；其他知名的企业有河南煤业、新疆天业和内蒙古久泰等。2022 年，我国煤制乙二醇项目总产能达 1083 万吨/年，占乙二醇总产能的 43.2%。

10.2.5 煤制芳烃

10.2.5.1 概述

(1) 定义

芳烃作为大宗化学品之一，是合成树脂、纤维、橡胶等产品的关键原料。广义上是指具有芳香族特性的烃类化合物，其中苯的同系物如苯（benzene）、甲苯（toluene）和二甲苯（xylene），被统称为“三苯（BTX）”。芳烃生产技术是衡量一个国家化工产业发展水平的重要指标，在整个工业经济中具有战略支撑地位。工业上，芳烃主要是由石油经催化裂化、芳构化、催化重整、异构化等工艺生产的。基于我国“富煤、贫油、少气”的能源结构特点，石油严重依赖进口导致芳烃生产原料自给不足。因此，开发非石油原料制芳烃的技术，对保障国家能源安全和化工产业链安全具有重要战略意义。煤制芳烃是以煤气化、燃烧或液化得到的中间产物为原料，经催化反应得到芳烃的技术。

(2) 生产工艺

煤制芳烃的生产工艺主要有三条：煤基合成气制芳烃、煤基 CO_2 制芳烃、煤基油品制芳烃。

① 煤基合成气制芳烃：

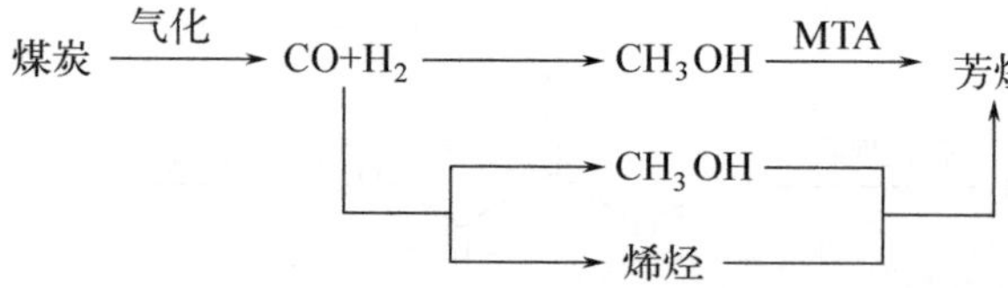

该工艺以煤气化合成气为原料，经“一步法”或“两步法”制备芳烃。“一步法”，即合成气—芳烃路线，合成气在催化剂作用下直接转化为芳烃，反应的中间过渡物为甲醇或烯烃。该方法实现了合成气制甲醇/烯烃反应和甲醇/烯烃芳构化反应的耦合，工艺流程短、能耗低。目前，“一步法”使用具有费-托合成和芳构化双功能耦合的催化剂，合成条件为 270～370℃、2～5MPa、$H_2/CO=1\sim2$。由于两种催化剂的工作温度区间不匹配，CO 的转化率和芳烃的选择性难以同时提高。此外，关于反应机理的认识还有待进一步深入，技术尚未突破实验室研究阶段。

“两步法”，即合成气—甲醇—芳烃路线，合成气先制备甲醇，再由甲醇制芳烃（即 MTA)。相较于“一步法”，“两步法”技术较为成熟，已进入工业化试验阶段，但工艺流程较长，芳烃产物选择性有待提高。

② 煤基 CO_2 制芳烃：

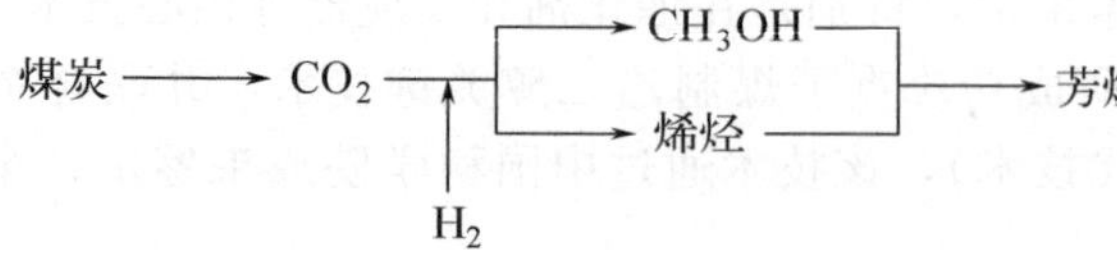

煤基 CO_2 制芳烃技术是在“碳达峰与碳中和”战略背景下发展的重要减排技术，其核心目标是通过资源化利用缓解煤化工产业碳排放问题。该工艺主要包含两个关键转化阶段：首先在催化剂作用下将 CO_2 与绿氢（H_2）转化为甲醇或烯烃等中间体，随后通过芳构化反应生成芳烃产物。从反应机理角度分析，虽然该过程与合成气“一步法”制芳烃相似，但 CO_2 分子相较于 CO 具有更高的化学惰性，其活化能垒显著增加，因此开发兼具 CO_2 高效活化与中间体芳构化的双功能催化剂成为技术突破的核心难点。此外，受上游高能耗的 CO_2 捕集与提纯过程和制氢成本的制约，该技术的成本较高。

③ 煤基油品制芳烃：

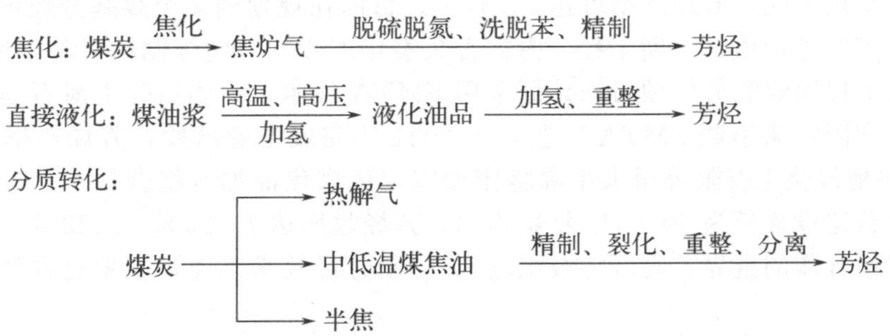

煤基油品制芳烃工艺包括三条路线：焦化、直接液化和煤炭分质转化。焦化制芳烃是煤经高温焦化后得到焦炉气，焦炉气再经过脱硫脱氮净化、洗脱苯、精制等过程得到芳烃产物。该工艺较为成熟，但芳烃产率较低，难以满足市场需求。

直接液化制芳烃是指将煤油浆（煤粉、溶剂油和催化剂的混合物）在高温、高压条件下进行加氢液化反应，获得液化初级油品，提取其中的轻石脑油组分，通过催化加氢、重整等精制工艺得到芳烃产品。相较于石油基石脑油，由煤液化所得石脑油重整得到的芳烃产率更高。该工艺已成功实现商业化，但反应条件苛刻，关键设备依赖进口，技术的国产化还有待提高。

相较于高温焦化制芳烃，煤分质转化制芳烃为中低温煤热解技术。煤炭经热解后得到气态（热解气）、液态（中低温煤焦油）和固态（半焦）三类产物。根据其理化特性的差异分别对三者提质，实现低阶煤资源的分质转化与价值梯度开发。该技术聚焦液态产物的高值化利用，其核心芳烃制备环节（即煤焦油制芳烃技术）以富含多环芳烃的煤焦油为原料，通过精制、裂化、重整、分离等步骤得到芳烃产物。煤焦油中稠环芳烃的含量较高，通过选择性加氢裂化可以得到较高的单环芳烃收率，具有较广阔的工业应用前景（表 10-1）。

表 10-1　煤制芳烃技术工艺对比[7]

工艺	机理	技术特点	实验进度
煤基合成气制芳烃	煤炭—合成气—芳烃	流程短，能耗低，技术难度高	实验室
	煤炭—合成气—甲醇—芳烃	工艺成熟，流程长，芳烃选择性低	工业化
煤基 CO_2 制芳烃	煤炭—CO_2—芳烃	CO_2 活化困难，成本高，技术难度高	实验室
煤基油品制芳烃	煤炭—焦炉气—芳烃	工艺简单，芳烃产率极低	工业化
	煤油浆—液化油品—芳烃	反应条件苛刻，核心设备需进口	商业化
	煤炭—煤焦油—芳烃	芳烃收率高，能量利用率高	工业化

10.2.5.2　产业化发展

目前，国内煤制芳烃技术尚未攻克核心技术难题，仍停留在工业试验阶段。主要技术研发力量集中在科研院所层面，包括中国科学院山西煤炭化学研究所（简称中国科学院山西煤化所）、中国石化上海石油化工研究院、大连化物所以及清华大学等。产业实践方面，国内企业曾规划华电榆横煤制芳烃、延长石油榆林煤化煤制芳烃、龙煤天泰煤化工芳烃等6个示范项目。煤基合成气"两步法"制芳烃技术包括合成气制甲醇和甲醇制芳烃（MTA）两个过程，其中合成气制甲醇技术较为成熟，MTA技术尚在工业化实验研究中。主流的MTA技术包括：中国科学院山西煤化所研发的两段固定床ICC-MTA工艺，2012年在内蒙古庆华集团试产成功，产能为10万吨/年；清华大学研发的两段流化床FMTA工艺，即将甲醇制芳烃流化床反应器和流化床催化剂再生器耦合，实现了反应与催化剂再生的循环操作，改善了催化剂的结焦情况，芳烃产率可达74.47%。目前在规划的多个煤基芳烃项目如陕西延长石油百万吨煤制芳烃项目一期工程、内蒙古久泰年产180万吨煤制精对苯二甲酸（PTA）项目及陕西榆能集团煤制芳烃项目均计划采用FMTA技术；中国石化上海石油化工研究院研发了流化床和固定床串联SMTA工艺，于2021年完成工业试验，芳烃产率达78.69%。2020年，陕西精益化工有限公司采用沸腾床加固定床煤焦油加氢组合技术，进行煤分质转化制芳烃，项目建设规模为50万吨/年煤焦油，芳烃收率达71.26%。2022年，清华大学和内蒙古久泰集团合作的世界首套万吨级煤基CO_2制芳烃技术工业试验项目在鄂尔多斯开工建设。

10.2.6 煤化工与其他产业的耦合

煤化工与其他产业的耦合是实现资源高效利用、降低碳排放、提升经济性的重要途径，通过产业链延伸、能源共享、废弃物协同处理等方式，构建循环经济体系。煤化工产业正在积极探索与能源电力、冶金、新能源、环保和农业等产业的深度融合，构建一条低碳、循环且高效的煤炭转化产业链，推动煤化工产业向高端化、多元化及低碳化方向转型。

煤化工在传统上被认为是高污染和高碳排放量行业，消耗1吨煤将排放2～3吨的CO_2。但同时，碳排放具有浓度高且排放集中的特点，为CO_2的捕集、利用与封存（carbon capture，utilization and storage，CCUS）提供了极为有利的条件。2024年，国家能源集团宁夏50万吨/年CCUS示范项目一期顺利投产，该项目实现了将从400万吨/年的煤炭间接液化项目排放的CO_2捕集后，通过专门的管道系统，输送至国内规模最大的油气生产基地——长庆油田，用于驱油封存。

2024年，内蒙古宝丰能源"绿氢＋煤"制烯烃项目顺利开车投产。该项目建设了年产300万吨烯烃的装置，是目前全球单厂规模最大的煤制烯烃项目，也是全球唯一一个规模化用绿氢替代化石能源生产烯烃的项目。项目采用"风光融合"发电制取25亿立方米绿氢，用绿氢替代煤炭、石油生产117万吨绿色甲醇和40万吨绿色烯烃，实现了煤化工与新能源产业的融合发展。

煤化工与多产业耦合是破解"高碳锁定"的关键路径，需通过技术创新、政策协同与商业模式突破，推动"单一产品输出"向"能源-材料-环保"复合价值链升级。未来，煤化工将深度融入新能源、新材料、现代农业等体系，成为碳中和背景下工业生态化转型的核心节点。

10.3 煤基新材料

煤基新材料是指以煤炭为基础原料，经过化学加工后得到的新型功能材料，包括塑料、增塑剂，润滑剂、润滑材料，纺织品（原材料），电极、导电材料等四大类化工产品[8]。

10.3.1 先进炭材料

受国际成品油价格冲击、国内煤制气和煤制油等项目成本倒挂严重的影响，加之环保政策不断收紧，企业面临的节能降碳压力日益增大。在多重因素的共同作用下，提高煤炭转化产品的附加值已成为行业发展的新趋势。通过煤炭制备先进炭材料，不仅能够更有效地固定碳组分，从而减少碳排放，助力实现“双碳”目标，而且还能生产出电极材料、石墨烯材料、活性炭及碳纤维等高附加值的高端产品。这一路径为煤炭转化行业的发展注入了新的活力与动能。

（1）煤基炭材料对原料煤的要求

煤基炭材料作为功能材料，其性能高度依赖原料煤的性质。因此，为了确保煤基炭材料具备所需的性能，原料煤必须满足以下条件[9]：

① 灰分含量低，特别是对于生产炭块和电极材料所用的无烟煤，其灰分含量应小于6%；

② 原料煤应具备较高的机械强度和良好的热稳定性，以确保在加工和使用过程中保持结构稳定；

③ 硫分含量低，以减少环境污染并提高材料性能；

④ 导电和导热性能良好；

⑤ 优异的抗碱性能。

（2）产业化发展动态

凭借得天独厚的煤炭资源禀赋，山西和宁夏成为我国规模最大的煤基活性炭生产基地。山西主要以大同弱黏煤为原料，采用物理活化法生产活性炭，用于水处理和液体净化。宁夏以太西无烟煤为原料，也采用物理活化法生产柱状活性炭，主要用于气体净化和污水净化。总体上讲，煤基活性炭行业以中小型企业为主，技术创新能力较低，产品质量差别较大。2024 年 6 月，中煤集团旗下中煤华利能源控股有限公司年产 15 万吨煤基环保炭材料项目一期开工建设。一期工程规模为 5 万吨/年，包括 4 万吨/年压块破碎炭和 1 万吨/年柱状活性炭，投资 12.66 亿元，预计 2026 年 3 月试生产。产品可用于水处理、食品脱色、医药卫生、军民防护、溶剂回收等环保领域。项目建成后，中煤将成为国内最大的活性炭生产企业。

国家能源集团北京低碳清洁能源研究院使用煤基沥青，研制出了具有特殊结构的软碳负极材料——NICE-SC1 快充型锂离子电池负极材料。基于此材料制成的快充型锂离子电池：快充能力超高，4.5min 即可充电 75%；低温充放电性能优异，工作温度窗口为－40～55℃；循环寿命长，充放电过程产热少，安全可靠。

2024 年 11 月，中国平煤神马集团煤基炭材料耦合工艺技术中试产线项目顺利通过论证，预计将于 2025 年开工建设，项目建设规模为投煤量 6000 吨/年。该项目将煤液化制油技术与煤制炭材料技术耦合，得到的沥青用于生产下游高端炭材料。项目的工艺流程如图 10-11 所示，以炼焦煤为原料，通过热溶催化、固液分离，将煤液化得到煤气、轻质油、稠环沥青和半焦。煤气和半焦用作燃料、能源或原料。轻质油经加氢、分离后得到密度大的航空煤油和超低凝点柴油。稠环沥青经结构改质后制得各种高附加值的炭材料，如中间相沥青、泡沫碳、碳纤维、超级多孔碳、超级电容炭和石墨烯负极等。该工艺可将煤中一半以上的碳固定到炭材料中，反应条件温和，降低了能耗和生产成本，减少了 CO_2 的排放，完全符合国家“双碳”目标战略。

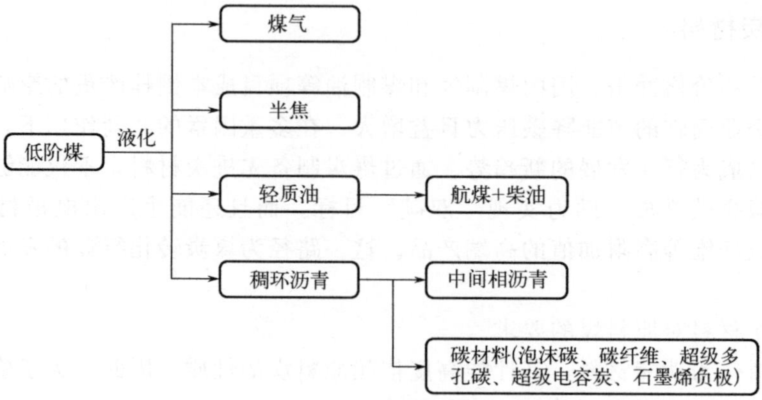

图 10-11　煤液化制炭材料耦合工艺流程

10.3.2　煤基生物可降解塑料

10.3.2.1　概述

（1）定义

煤基生物可降解材料指以煤炭为原料合成的、能被自然界中的微生物（如细菌、霉菌和藻类等）在自然条件下分解为低分子量化合物（如二氧化碳和水等）的材料，如煤制聚乙醇酸（polyglycolic acid，PGA）、聚己二酸聚合物（己二酸丁二醇酯和对苯二甲酸丁二醇酯的共聚物，PBAT）等，其结构如图 10-12 所示。这些材料被广泛应用于纺丝、光缆、薄膜、可降解塑料等领域，可被制成可降解塑料袋、餐盒、汽车零部件、服装等产品。

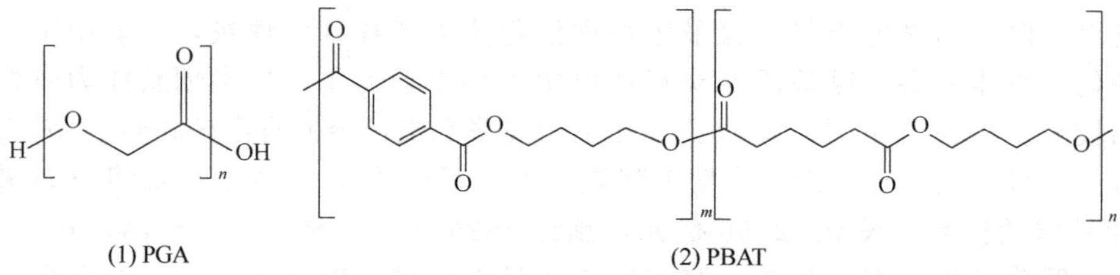

图 10-12　PGA 和 PBAT 的结构

（2）聚乙烯醇

聚乙醇酸或称聚羟基乙酸，在脂肪族聚酯类高分子材料中，其碳数最少、可完全降解且降解速度最快。PGA 是一种热塑性材料，玻璃化转变温度为 40℃，熔融温度约为 225℃。PGA 材料具有生物相容性，自然环境条件下，在水和微生物共同作用下，PGA 能被快速分解为 CO_2 和 H_2O，其过程如下。因此，PGA 可被用于堆肥、生物降解诱发剂及医疗领域等。PGA 材料具有高机械强度，结晶度为 45%～55%，其力学性能（拉伸强度和弯曲强度）与 ABS 等工程塑料相近，可与树脂材料共混制备聚合物合金材料。PGA 具有高汽/氧阻隔性，对水汽的阻隔性能与聚乙烯材料类似。据此，PGA 可用作保鲜包装材料，如农用地膜，碳酸饮料和啤酒等的瓶材，等等。

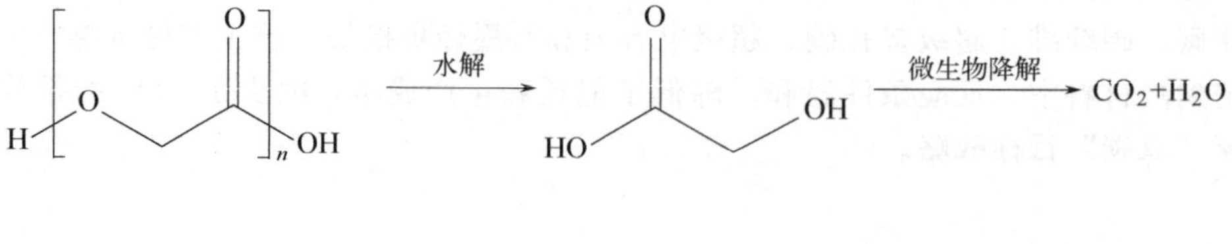

生产 PGA 的原料为羟基乙酸（又称乙醇酸），生产工艺主要有氯乙酸水解法、甲醛氰化法、甲醛氢羧基化法和草酸酯加氢水解法等［图 10-13（a）］。前三种方法毒性较高，企业环保压力大，后一种方法由于我国煤制乙二醇产业的发展而得到大规模工业应用。煤气化得到合成气催化合成草酸二甲酯（DMO），DMO 经加氢制得乙醇酸甲酯（methyl glycolate，MG），MG 加热脱醇直接缩聚得到 PGA（即直接聚合法）；或 MG 水解得乙醇酸，经中间产物乙交酯（$C_4H_4O_4$）开环聚合得 PGA（即开环聚合法）。直接聚合法操作简单、工艺流程短、生产成本较低；开环聚合法合成步骤多、操作复杂、工艺流程长、生产成本较高，产品中有重金属残留，但可以得到平均分子量较高的产品。相较于直接聚合法，开环聚合法较适于工业化应用，因此国内较多采用此法生产 PGA［图 10-13（b）］。

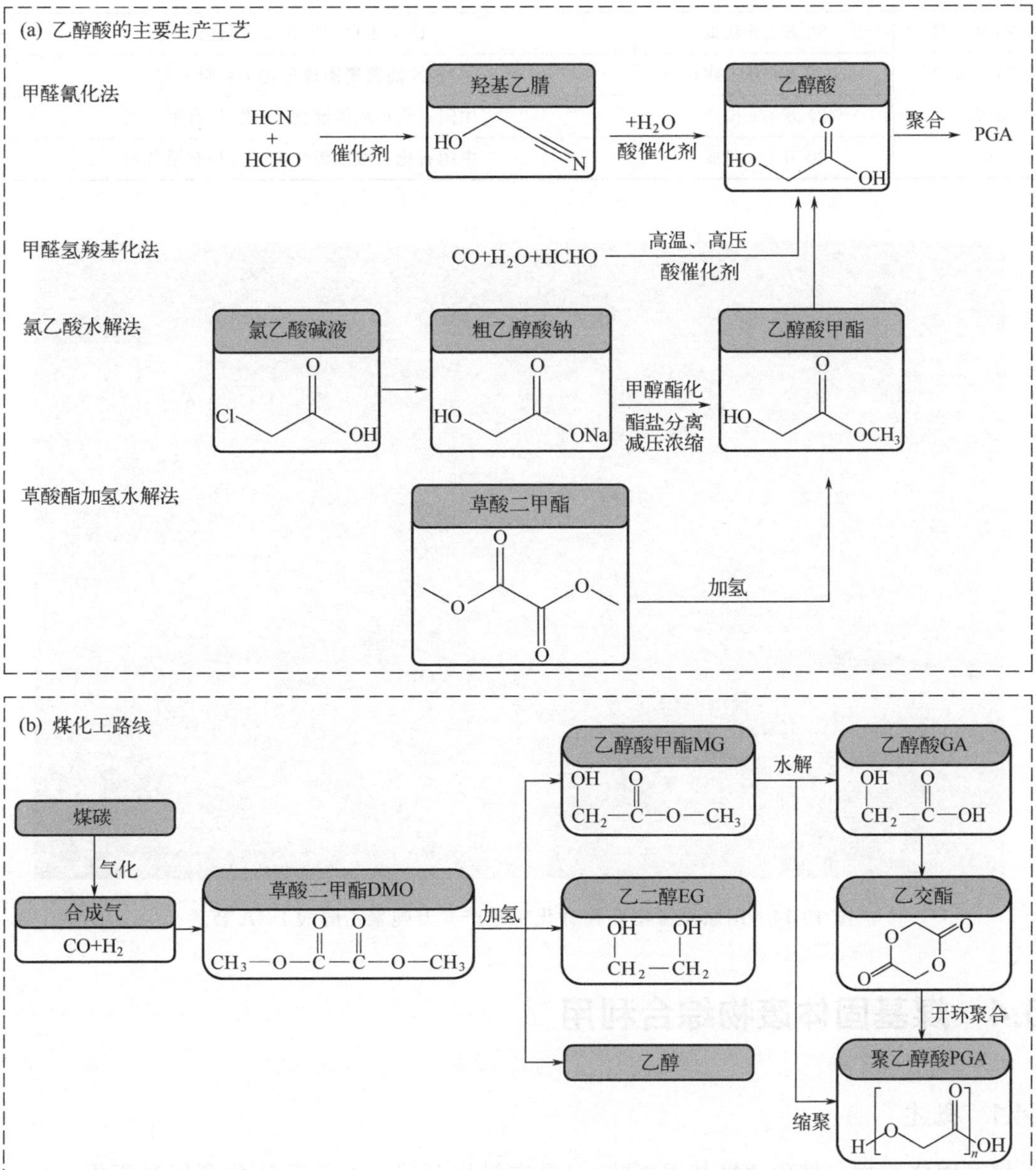

图 10-13 （a）乙醇酸的生产工艺；（b）PGA 煤化工生产工艺

10.3.2.2 产业化发展

随着煤制乙二醇工业的迅速发展，煤制乙醇酸和煤制乙醇酸甲酯的成本降低、产能不断扩大，PGA 产业也得到了迅速扩张（图 10-14），国内拟建和在建 PGA 产能已接近 200 万 t/a（表 10-2）。

表 10-2 国内煤制 PGA 主要产能

投产日期	规模	企业
2018 年 12 月	3000 t/a 投产	通辽金煤化工有限公司
2020 年 7 月	1500 t/a 投产	内蒙古浦景聚合材料科技有限公司
2022 年 9 月	5 万 t/a 投产	国家能源集团榆林化工有限公司
2023 年 5 月	80 万 t/a 获批	内蒙古卓正煤化工有限公司
2024 年 6 月	20 万 t/a 开工建设	国家能源集团榆林化工有限公司
2025	20 万 t/a 投产	中国石化长城能源化工(贵州)有限公司
2026	30 万 t/a 建成	中国石化长城能源化工(贵州)有限公司

图 10-14 国家能源集团榆林化工年产 5 万吨聚乙醇酸 PGA 装置

10.4 煤基固体废物综合利用

10.4.1 概述

煤基固体废物（简称“煤基固废”），是在煤炭开采、加工及转化利用过程中产生的一般工业固体废弃物，主要包括煤矸石、粉煤灰和煤气化渣等。煤矸石在煤炭开采、洗选过程中产生，含碳量为10%～30%，化学组成如表 10-3 所示，无机矿物组成为高岭石、伊利石、蒙脱石等。粉煤灰是从煤炭燃烧产生的烟气中捕集下来的细固体颗粒物，含碳量较低，主要成分为 SiO_2、Al_2O_3、Fe_2O_3。粉煤灰有多种分类方法：按来源可分为 F 类（无烟煤或烟煤煅烧后所得）和 C 类（褐煤或次烟煤煅烧后所得）粉煤灰；按用途可分为拌制砂浆和混凝土用及水泥活性混合材料用粉煤灰。煤气化渣是煤气化过程中无机矿物在高温下转化的熔渣。从气化炉底部收集到的为粗渣，粒径为 4～9mm，在总排渣量中占比 70%；从气化炉顶收集到的为细渣，粒径为 65μm 以下，占比 30%。细渣的含碳量较高，可达 20%～45%；粗渣的含碳量低于 15%，SiO_2、Al_2O_3、Fe_2O_3 和 CaO 的总含量超过 80%。

数据显示，2024 年我国煤矸石、粉煤灰和煤气化渣的产生量分别为 8.29 亿吨、9.25 亿吨和 8000 万吨，累计堆存量分别超 50 亿吨、30 亿吨和 3 亿吨。如此巨大的年产生量和堆存量，不仅会挤占大量宝贵的土地资源，更会在风化迁移过程中对生态产生显著的影响。当处置工艺存在缺陷时，在风力侵蚀、降水淋溶等自然作用下，煤基固废携带的悬浮颗粒物及溶解态污染物将通过大气扩散、径流渗透等途径，分别引发区域性大气颗粒物浓度升高、水域生态系统富营养化以及地表土壤重金属元素富集等链式环境效应。另外，这些煤基固废还具有资源属性，经过处理后可以应用于能源、化工、冶金、建筑、环保和生态修复等领域（表 10-3），但由于组成较为复杂、综合利用技术不成熟、资源化利用难度大、产品市场接纳度低、激励政策少，所以企业处理积极性较低。2021 年，我国发布的《关于“十四五”大宗固体废弃物综合利用的指导意见》（以下简称《意见》），提出要提高煤矸石和粉煤灰的资源利用效率，推进煤矸石和粉煤灰在工程建设、塌陷区治理、矿井充填以及盐碱地、沙漠化土地生态修复等领域的利用，有序引导利用煤矸石、粉煤灰生产新型墙体材料、装饰装修材料等绿色建材，在风险可控的前提下深入推动农业领域应用和有价值组分提取，加强大掺量和高附加值产品应用推广[10]。国家发展和改革委员会称：到 2025 年，国家要建成 50 个大宗固废综合利用示范基地（以下简称“示范基地”），示范基地大宗固废综合利用率达到 75%以上；培育 50 家综合利用骨干企业，实施示范引领行动，形成较强的创新引领、产业带动和降碳示范效应。

表 10-3 煤基固废主要性质及综合利用途径

种类	来源	组成	综合利用
煤矸石	开采和洗选	10%～30% C，30%～60% SiO_2，15%～40% Al_2O_3，2%～10% Fe_2O_3，1%～4% CaO，1%～3% MgO	采空区回填、筑基修路、发电、生产建材、复垦绿化
粉煤灰	煤燃烧	5% C，15%～60% SiO_2，22%～65% Al_2O_3，4%～40% Fe_2O_3，1%～40% CaO，0.7%～1.9% MgO	白炭黑、水泥矿棉、电解铝、特种水泥、陶瓷、土壤复垦、矿井回填
煤气化渣	煤气化	15%～53% SiO_2，8%～17% Al_2O_3，7%～24% Fe_2O_3，7%～19% CaO，0.86%～2.4% MgO	建材、土壤和水体修复、催化剂载体、陶瓷材料

10.4.2 煤基固废综合利用途径

（1）燃料化利用

我国煤矸石的综合利用是根据其热值和组分进行分类梯级利用的，热值低于 1255kJ/kg 的煤矸石无燃烧利用价值，可用于填坑筑路、塌陷区治理、土地复垦等用途，占总量的 35%～45%；建材用砖等用途占 5%～10%；井下开采充填占 3%～7%。热值高于 5021kJ/kg 的煤矸石可用于发电，占总量的 10%～15%。2025 年，贵州六盘水市将建成规模为 1320MW 的低热值煤发电项目。项目以泥煤、煤矸石等低热值煤为主要燃料，每年消耗低热值煤超 360 万吨，低热值煤掺烧比例达 70%。循环流化床作为煤矸石高效燃烧发电的核心设备，每年能够节约 3800 万吨标准煤。

煤气化渣燃料化的工业化应用进展缓慢。高含碳量的细渣因颗粒表面光滑，不利于吸附水化产物，较适合作为燃料使用。2023 年，山东大学的绿色材料与低碳能源团队联合北京中投润天环保科技有限公司，在辽宁工源水泥厂完成了煤气化渣水泥窑燃料和原料替代中试实验，推动了煤气化渣水泥窑燃料和原料替代的工业化进程。

(2) 材料化转化利用

含铝量高的煤矸石可以制备陶瓷纤维，原理是煤矸石通过高温形成熔浆，经喷吹或甩丝成纤工艺得到纤维棉，再进一步加工得到陶瓷纤维制品。煤矸石基陶瓷纤维因具有较低的导热率、高抗机械振动及质轻等优点，作为耐火材料广泛应用于石化、机械、陶瓷、冶金、电力、建材等领域。该项技术已在全国多家企业实现工业化应用，如国家能源集团神东煤炭集团、内蒙古鲁阳节能材料有限公司、赢胜（山西）陶瓷纤维有限公司等。此外，煤矸石还可以制成发泡砖或透水砖、水泥、混凝土增强材料等，用于筑基修路、建材等领域。

粉煤灰与黏土具有相似的化学组成，其 SiO_2、Al_2O_3 和 CaO 的含量较高，具有火山灰活性，因此可部分替代黏土制备水泥、混凝土、微晶玻璃等建筑材料，这是我国粉煤灰利用的主要方式和消纳渠道。高铝粉煤灰提取氧化铝被认为是铝土矿生产氧化铝的理想代替原料，其工业化的工艺路线主要有预脱硅-碱石灰烧结法、石灰石烧结法和一步酸溶法，其基本反应原理如下所示，工艺路线比较如表 10-4 所示[11]。

① 预脱硅-碱石灰烧结法：

$$SiO_2 + 2NaOH \longrightarrow Na_2SiO_3 + H_2O$$

$$Al_2O_3 + 2NaOH \longrightarrow 2NaAlO_2 + H_2O$$

$$Al_2O_3 + Na_2CO_3 \longrightarrow 2NaAlO_2 + CO_2\uparrow$$

$$SiO_2 + 2CaO \longrightarrow 2CaO \cdot SiO_2$$

$$Al_2O_3 \cdot SiO_2 + 2CaO + Na_2CO_3 \longrightarrow 2CaO \cdot SiO_2 + 2NaAlO_2 + CO_2\uparrow$$

$$NaAlO_2 + 2H_2O \longrightarrow Na^+ + Al(OH)_4^-$$

② 石灰石烧结法：

$$7Al_2O_3 + 12CaCO_3 \longrightarrow 12CaO \cdot 7Al_2O_3 + 12CO_2\uparrow$$

$$SiO_2 + CaCO_3 \longrightarrow CaO \cdot SiO_2 + CO_2\uparrow$$

$$7(3Al_2O_3 \cdot 2SiO_2) + CaCO_3 \longrightarrow 3(12CaO \cdot 7Al_2O_3) + 14CaO \cdot SiO_2 + 50CO_2\uparrow$$

$$12CaO \cdot 7Al_2O_3 + NaCO_3 + 2H_2O \longrightarrow NaAlO_2 + CaCO_3$$

③ 一步酸溶法：

$$Al_2O_3 + 6HCl \longrightarrow 2AlCl_3 + 3H_2O$$

$$AlCl_3 + 6H_2O \longrightarrow AlCl_3 \cdot 6H_2O$$

$$AlCl_3 \cdot 6H_2O \longrightarrow 0.5Al_2O_3 + 3HCl + 4.5H_2O$$

表 10-4 粉煤灰提取氧化铝三种工艺对比[11]

主要工艺	预脱硅-碱石灰烧结法	石灰石烧结	一步酸溶法
国内技术历史	20 世纪 80 年代开始	20 世纪 80 年代开始	2004 年至今
代表企业	大唐国际	蒙西集团	国能准能集团

续表

主要工艺	预脱硅-碱石灰烧结法	石灰石烧结	一步酸溶法
中试或工业化情况	2008年年产3000吨氧化铝中试完成，2010年年产20万吨氧化铝生产线投产	2004年完成1000吨中试，年产20万吨生产线已建成	2011年粉煤灰酸法4000吨中试生产线投产
技术成熟度	工艺和设备，均有生产应用实例，技术已经鉴定，无技术风险	工艺和设备，有生产应用实例，技术已鉴定，无技术风险	经过7次中试稳定运行，技术风险较小
主要原料	粉煤炉粉煤灰、流化床粉煤灰	粉煤炉粉煤灰、流化床粉煤灰	流化床粉煤灰
主要副产品	水泥、活性硅酸钙	镓、净水剂、铁红	水泥
产渣量	～2.8t/t-AO①	～8.25t/t-AO	～1.4-1.6t/t-AO
设备选择	容易	部分较难	容易
设备造价	传统设备，低	高	传统设备，低
设备腐蚀	无腐蚀	腐蚀严重	无腐蚀
生产成本	高	高	低
综合能耗	～1.5t标煤/t-AO	～2018t标煤/t-AO	～0.85t标煤/t-AO
AO综合回收率	～85%	～70%	～83.8%

① t-AO是指每吨氧化铝。

2008年，大唐国际发电股份有限公司在内蒙古建成了采用高铝粉煤灰提取氧化铝的示范厂，并打通全部工艺流程，生产出第一批氧化铝。项目建设规模为年产3000吨氧化铝，中国大唐集团拥有自主知识产权。2014年，“高铝粉煤灰提取氧化铝多联产工艺技术优化与产业示范”项目通过国家级技术验收，标志着我国高铝粉煤灰提铝技术正式具备工业化生产能力。该突破性成果成功打通了“煤—电—灰—铝”资源转化路径，为构建“高铝煤炭—发电—高铝粉煤灰—氧化铝—铝合金—生态修复”全产业链协同发展模式提供了技术支撑，对我国战略资源安全保障和循环经济体系建设具有里程碑意义。2021年，GB/T 39201—2020《高铝粉煤灰提取氧化铝技术规范》实施，适用于采用预脱硅-碱石灰烧结法提取氧化铝的工业设计、工艺过程控制和产品质量控制，为行业发展提供了技术指导。2023年，由内蒙古蒙西集团和鄂尔多斯国投集团共同投资、蒙西铝业公司实施的年产20万吨粉煤灰提取氧化铝生产线，国内首条正在运行的工业化生产线全线贯通，该生产线利用火力发电厂废弃物——高铝粉煤灰为原料提取氧化铝，实现了粉煤灰作为工业废渣的全部利用转化，推动构建了“高铝煤电—粉煤灰提取氧化铝—电解铝—铝深加工—废渣综合利用”的完整产业链。

煤气化渣的综合处理是按照“分级分质、梯级利用”思路进行的，即先通过浮选法从气化渣中分离出碳（可用作燃料或原料），所剩固体经酸/碱/助剂萃取，分离提取有价元素Al、Fe、Ca、Mg等的金属氧化物和硅材料，最后的残渣通过烧结除残碳后，可制成建筑用砖、陶瓷等或作为土壤改良剂使用。相较于煤矸石与粉煤灰材料化处理技术的成功工业化，煤气化渣处理的工业化进程相对滞后，面临较大的技术挑战。因为气化渣本身颗粒较小，各组分间的相互作用较强，从而增加了元素提取的难度。渣中组分赋存形态稳定：硅呈高聚配体态，铝硅酸盐为熔融玻璃体，铁为稳定六价四/六配位，钙铁固熔体作为网络修饰体，孔隙水分布于100～5000nm孔径区间且20%～40%为吸附态，导致元素反应活性降低、杂质富集及水分形态复杂，显著增加硅/铝/铁/钙/碳等元素的分离难度。即便使用有机药剂进行分离提取，微孔结构对极性/非极性药剂的强吸附作用也会导致药剂消耗量剧增，大幅增加处理成本。煤气化渣中的有机组分碳、硫、氮分别以吡咯和砜等芳香环形式存在，破坏这种稳定结构的能耗更高[12]。2024 年，国家重点研发计划“煤气化灰渣规模化分质梯级利用关键技术装备研究与示范”项目在山东邹城启动，该项目由中国矿业大学负责、兖矿能源集团股份有限公司牵头。项目在构建煤气化灰渣分质精细化梯级利用示范平台及推动技术创新与升级方面，具有重要示范价值。

10.4.3 煤基固废综合利用技术展望

（1）协同利用与产业链整合

煤基固废的单一利用模式（如填埋或简单建材化）正逐步向多产业协同方向转变。例如，通过“燃料化＋材料化”技术路径，碳组分可用于燃烧发电，无机灰分则通过熔融矿相重构制备高值铝硅基产品（如分子筛、碳化硅等）。此外，跨行业协同利用成为趋势，例如煤基固废与农业废弃物（如玉米芯炭）的协同燃烧，可提升热效率并减少污染物排放。研究还表明，煤矸石与分散性土壤的混合利用可改善土壤结构，助力生态修复。山西、内蒙古等地区已建立生态工业园区，通过跨行业整合资源，打造煤基固废循环经济产业链[13]。

（2）充填开采技术的规模化推广

煤矿充填开采被认为是当前最可行的规模化处置方式，其核心在于“采选充”一体化技术，通过煤基固废代替传统充填材料，既可降低地表塌陷风险，又可减小固废堆存的环境压力。安徽理工大学团队开发的充填材料制备技术，结合重金属钝化与全过程监测技术，已实现工程应用。然而，仍需突破行业壁垒，推动煤基固废在矿山、建筑等领域的跨领域协同利用。

（3）高值化材料制备技术

① 燃料属性开发：循环流化床燃烧技术已实现煤矸石规模化发电（年处理量超 1.4 亿吨），但经济效益和粉煤灰二次处理问题仍需优化。

② 材料属性升级：煤基固废中的硅铝组分可通过化学提纯制取白炭黑、聚合氧化铝等高附加值产品；富含稀有金属（如镓、钛）的灰渣可通过冶金技术回收，拓展其在新能源材料中的应用；改性粉煤灰作为人工湿地基质，已在环境修复中取得实验验证。

（4）环境风险控制与智能化技术

煤基固废的长期堆存可能导致重金属渗滤和土壤污染，需结合智能化监测与钝化技术。此外，智能分选、全流程监控等技术的应用将提升处理效率，降低环境风险。

（5）挑战与应对策略

① 经济性瓶颈：煤矸石发电厂普遍面临亏损，需通过碳交易机制或跨产业收益共享提升经济可行性。

② 技术标准化：行业缺乏统一标准，需加快制定煤基固废分级、分类利用规范。

③ 跨领域协作：打破行业壁垒，推动煤电、化工、建材等产业耦合发展，形成区域性循环经济网络。

• 课后题

10-1　能源转型的时代背景和意义是什么？

10-2　什么是煤化工？现代煤化工包括哪些技术？

10-3　查阅资料，分别对煤制气、煤制油、煤制烯烃、煤制乙二醇和煤制芳香烃项目进行技术和经济性分析。

10-4　简要叙述煤制烯烃的直接和间接路径。

10-5　查阅资料，列举一例典型煤化工与其他行业耦合的工业案例。

10-6　查阅资料，结合教材简述炭材料的制备方式及应用领域。

10-7　除了书中介绍的煤基新材料外，还有哪些煤基新材料的工业开发实例？

10-8　煤基生物可降解塑料有哪些？简述其生产路径。

10-9　什么是煤基固废？主要包括哪些固废？它们的特性分别是什么？

10-10　粉煤灰的组成主要有哪些？如何利用？

10-11　煤基固废处理的主要方法有哪些？

参考文献

[1] 中华人民共和国国务院新闻办公室.《中国的能源转型》[EB/OL]. https://www.nea.gov.cn/2024-08/29/c_1310785406.htm.

[2] 张翼.中国能源转型发展取得显著成就——国家能源局解读《中国的能源转型》白皮书[EB/OL]. https://www.gov.cn/zhengce/202408/content_6971349.htm.

[3] 国家发展改革委,工业和信息化部,自然资源部,等.国家发展改革委等部门关于加强煤炭清洁高效利用的意见[EB/OL]. https://www.gov.cn/zhengce/zhengceku/202410/content_6978315.htm.

[4] 黄格省,师晓玉,鲜楠莹,等.煤制天然气发展现状分析及问题思考[J].石化技术与应用,2023,41(06):405-412.

[5] 吴彦丽,李文英,易群,等.中美洁净煤转化技术现状及发展趋势[J].中国工程科学,2015,17(09):133-139.

[6] 康世勇,苗富强.国内外煤制油工艺技术现状和发展[J].化工设计通讯,2018,44(12):11.

[7] 徐婕,史江维,韩信有,等.煤制芳烃技术研究进展[J].煤炭转化,2024,47(05):103-118.

[8] 李鑫.煤基新材料是煤炭行业转型的重要突破口[J].中国石化,2024,(08):50-53.

[9] 郝彩红,王云伟,胡胜亮.煤基炭材料制备技术研究及展望[J].化工新型材料,2023,51(09):248-253,258.

[10] 发展改革委,科技部,工业和信息化部,等.关于"十四五"大宗固体废弃物综合利用的指导意见[EB/OL]. https://www.gov.cn/zhengce/zhengceku/2021-03/25/content_5595566.htm.

[11] 崔维.国内高铝粉煤灰提取氧化铝主要技术进展及发展建议[J].世界有色金属,2024(10):19-22.

[12] 陈继军.煤化工又遇拦路虎,这回是气化渣[J].中国石油和化工产业观察,2024(05):21-25.

[13] 张凯,陈梦圆,冯少凯,等.煤基固体废物"分级分质"利用技术现状、问题及对策研究[J].环境保护,2024,52(14):16-22.